EUL VERLAG

WESTFÄLISCHE
WILHELMS-UNIVERSITÄT
MÜNSTER

Kapitalausweis nach IFRS unter besonderer Berücksichtigung von Residualkapitalderivaten

Inauguraldissertation
zur Erlangung des akademischen Grades
eines Doktors der Wirtschaftswissenschaften
durch die Wirtschaftswissenschaftliche Fakultät
der Westfälischen Wilhelms-Universität Münster

Vorgelegt von

Dipl.-Kffr. Jana Hecker

Termin der mündlichen Prüfung: 16. Juni 2011

Dekan:	Professor Dr. Thomas Apolte
1. Gutachter:	Professor Dr. Jörg Baetge
2. Gutachter:	Professor Dr. Andreas Pfingsten
Beisitzer:	Professor Dr. Ulrich van Suntum

Reihe: Rechnungslegung und Wirtschaftsprüfung · Band 34

Herausgegeben von Prof. (em.) Dr. Dr. h. c. Jörg Baetge, Münster, Prof. Dr. Hans-Jürgen Kirsch, Münster, und Prof. Dr. Stefan Thiele, Wuppertal

Dr. Jana Hecker

Kapitalausweis nach IFRS unter besonderer Berücksichtigung von Residualkapitalderivaten

EUL VERLAG

Bibliografische Information der Deutschen Nationalbibliothek

Die Deutsche Nationalbibliothek verzeichnet diese Publikation in der Deutschen Nationalbibliografie; detaillierte bibliografische Daten sind im Internet über <http://dnb.d-nb.de> abrufbar.

Dissertation, Westfälische Wilhelms-Universität Münster, 2011

D 6

ISBN 978-3-8441-0115-7
1. Auflage Dezember 2011

JOSEF EUL VERLAG GmbH
Brandsberg 6
53797 Lohmar
Tel.: 0 22 05 / 90 10 6-6
Fax: 0 22 05 / 90 10 6-88
E-Mail: info@eul-verlag.de
http://www.eul-verlag.de

Bei der Herstellung unserer Bücher möchten wir die Umwelt schonen. Dieses Buch ist daher auf säurefreiem, 100% chlorfrei gebleichtem, alterungsbeständigem Papier nach DIN 6738 gedruckt.

Inhaltsübersicht

Inhaltsverzeichnis

Verzeichnis der Übersichten

Abkürzungsverzeichnis

§	Paragraph
§§	Paragraphen

A

Abs.	Absatz
a. F.	alte Fassung
AG	Application Guidance
AktG	Aktiengesetz
Art.	Artikel
Aufl.	Auflage

B

BB	Betriebs-Berater (Zeitschrift)
BBK	Buchführung, Bilanz, Kostenrechnung (Zeitschrift, Loseblattsammlung)
BC	Basis for Conclusions
BfuP	Betriebswirtschaftliche Forschung und Praxis (Zeitschrift)
BGB	Bürgerliches Gesetzbuch
BGBl.	Bundesgesetzblatt
Buchst.	Buchstabe
BuW	Betrieb und Wirtschaft (Zeitschrift)
bzw.	beziehungsweise

C

CF	Conceptual Framework for Financial Reporting
CF OB	Conceptual Framework for Financial Reporting, Chapter 1: The objective of general purpose financial reporting
CF QC	Conceptual Framework for Financial Reporting, Chapter 3: Qualitative characteristics of useful financial information
c. p.	ceteris paribus

D

DAX	Deutsche Aktien IndeX
DB	Der Betrieb (Zeitschrift)
DBW	Die Betriebswirtschaft (Zeitschrift)
DCF	Discounted Cashflow
d. h.	das heißt
DIW	Deutsches Institut für Wirtschaftsforschung
DK	Der Konzern (Zeitschrift)
DO	Dissenting Opinions
DRS	Deutscher Rechnungslegungsstandard
DRSC	Deutsches Rechnungslegungs Standards Committee e. V.
DSRW	Datenverarbeitung – Steuer – Wirtschaft – Recht (Zeitschrift)
DStR	Deutsches Steuerrecht (Zeitschrift)

E

ED	Exposure Draft
EFRAG	European Financial Reporting Advisory Group
EG	Europäische Gemeinschaft
et al.	et alii (und andere)
EU	Europäische Union
EUR	Euro
e. V.	eingetragener Verein

F

F	Framework (a.F.)
FASB	Financial Accounting Standards Board
FB	Formularbuch der Steuer- und Wirtschaftspraxis (Zeitschrift)
FR	Finanz-Rundschau (Zeitschrift)

G

GAAP	Generally Accepted Accounting Principles
GE	Geldeinheit(en)
GenG	Genossenschaftsgesetz
GmbH	Gesellschaft mit beschränkter Haftung
GmbHG	Gesetz betreffend die Gesellschaft mit beschränkter Haftung
GmbHR	GmbH-Rundschau (Zeitschrift)
GoB	Grundsätze ordnungsmäßiger Buchführung
GuV	Gewinn- und Verlustrechnung

H

Halbs.	Halbsatz
HFA	Hauptfachausschuss des Instituts der Wirtschaftsprüfer in Deutschland e.V.
HGB	Handelsgesetzbuch
Hrsg.	Herausgeber
hrsg. v.	herausgegeben von

I

IAS	International Accounting Standard(s)
IASB	International Accounting Standards Board
IASCF	International Accounting Standards Committee Foundation
IDW	Institut der Wirtschaftsprüfer in Deutschland e. V.
IE	Illustrative Examples
IFRIC	International Financial Reporting Interpretations
IFRS	International Financial Reporting Standard(s)
IG	Implementation Guidance
i. H. v.	in Höhe von/vom
InsO	Insolvenzordnung
IRW	Institut für Revisionswesen
IRZ	Zeitschrift für Internationale Rechnungslegung
IStR	Internationales Steuerrecht (Zeitschrift)
i. S. v.	im Sinne von
i. V. m.	in Verbindung mit
i. w. S.	im weiteren Sinne

K

KGaA	Kommanditgesellschaft auf Aktien
KonTraG	Gesetz zur Kontrolle und Transparenz im Unternehmensbereich
KoR	KoR – Zeitschrift für internationale und kapitalmarktorientierte Rechnungslegung
KWG	Kreditwesengesetz

M

m. w. N.	mit weiteren Nachweisen

N

Nr.	Nummer(n)

P

PiR	Praxis der internationalen Rechnungslegung (Zeitschrift)

R

RIW	Recht der Internationalen Wirtschaft (Zeitschrift)
Rn.	Randnummer(n)
RWZ	Zeitschrift für Recht und Rechnungswesen

S

S.	Seite
SE	Societas Europaea
SFAS	Statement of Financial Accounting Standards
SIC	Standing Interpretations Committee
Sp.	Spalte(n)
SP	Staff Paper
StB	Der Steuerberater (Zeitschrift)
StuB	Steuern und Bilanzen (Zeitschrift)
StuW	Steuern und Wirtschaft (Zeitschrift)

U

u. a.	und andere
US	United States of America
US-GAAP	United States Generally Accepted Accounting Principles

V

Verf.	Verfasser
vgl.	Vergleiche
vs.	versus

W

WiSt	Wirtschaftswissenschaftliches Studium
WM	Wirtschaft- und Bankrecht
WPg	Die Wirtschaftsprüfung (Zeitschrift)
WPHG	Wertpapierhandelsgesetz
WpÜG	Wertpapierwerbs- und Übernahmegesetz

Z

z. B.	zum Beispiel
ZGR	Zeitschrift für Unternehmens- und Gesellschaftsrecht
ZHR	Zeitschrift für das gesamte Handelsrecht und Wirtschaftsrecht
ZIP	Zeitschrift für Wirtschaftsrecht
z. T.	zum Teil

1 Einleitung

11 Begriff und Bedeutung von Kapital

Kapital ist ein Begriff, der in der Wirtschaftswissenschaft vielschichtig gebraucht wird[1] und deshalb für den Zweck der vorliegenden Arbeit zu definieren ist. In einem betriebswirtschaftlichen Kontext wird Kapital verstanden

(1) als Geld bzw. sonstiges Vermögen, das für die Investitionen des Unternehmens zur Verfügung steht.[2] Geld ist dabei eine abstrakte Rechengröße und umfasst Sachleistungen, die in Geldeinheiten gemessen werden.[3]

(2) als die Summe aller Investitionsprojekte eines Unternehmens (kapitaltheoretischer Kapitalbegriff). Kapital ist demnach der Wert diskontierter künftiger Zahlungen.[4]

(3) als die Summe aller dem Unternehmen in der Vergangenheit zur Verfügung gestellten finanziellen und sachlichen Mittel und deren Herkunft[5] bzw. damit korrespondierend aller Ansprüche der Kapitalgeber an das Vermögen eines Unternehmens[6] (bilanzieller Kapitalbegriff).

Das bilanzielle Kapital (Passiva) wird in der Bilanz dem bilanziellem Vermögen (Aktiva) gegenübergestellt.[7] Der Begriff des bilanziellen Kapitals kann daher als eine abstrakte Umschreibung desselben Wertes verstanden werden (abstrakter Kapitalbegriff).[8] Ein solches Verständnis impliziert, dass das bilanzielle Kapital in seiner Höhe vollständig den Bilanzvorschriften zur Erfassung des bilanziellen Vermögens unterliegt und damit eine Position ohne eigene Aussagekraft wäre.[9] Der bilanzielle Ansatz

---

1 Vgl. BAETGE, J., Kapital und Vermögen, Sp. 2089–209. Ein in Bewertungseinheiten bestimmbarer, einheitlich definierter Kapitalbegriff existiert nicht. Vgl. Kampmann, H., Kapitalstruktur, S. 80 sowie S. 76–84 mit einem Überblick über die Verwendung des Kapitalbegriffs.

2 Vgl. FRANKE, G./HAX, H., Finanzwirtschaft, S. 1; SCHNEIDER, D., Investition, S. 7, 17.

3 Vgl. SCHNEIDER, D., Investition, S. 7.

4 Vgl. THIELE, S., Eigenkapital, S. 9; FRANKE, G./HAX, H., Finanzwirtschaft, S. 82–85.

5 Vgl. BAETGE, J., Kapital und Vermögen, Sp. 2090; BAETGE, J./KIRSCH, H.-J./THIELE, S., Bilanzen, S. 3.

6 Vgl. KAMPMANN, H., Kapitalstruktur, S. 83.

7 Vgl. BAETGE, J./KIRSCH, H.-J./THIELE, S., Bilanzen, S. 3.

8 Vgl. KAMPMANN, H., Kapitalstruktur, S. 79, m. w. N. zur Diskussion.

9 KAMPMANN spricht in diesem Zusammenhang von Kapital als „Abbild zweiter Ordnung", „ohne eigene empirische Relevanz". Vgl. KAMPMANN, H., Kapitalstruktur, S. 80, m. w. N.

von Kapital erlangt durch Gliederung eine eigenständige Aussagekraft.[10] Das Kapital sollte daher entweder

(1) auf Basis der Ansprüche, die dem Unternehmen als juristische Einheit bzw. dem Bruttovermögen des Unternehmens gegenüber stehen (Kapital als Verfügungsstruktur) [11], oder

(2) auf Basis der Verpflichtungen des Unternehmens (Kapital als Verpflichtungsstruktur)[12] ausgewiesen werden (Perspektive des Bilanzausweises).

Der Ausweis von Kapital als Verfügungsstruktur der Kapitalgeber beschreibt die Höhe und die Art der Ansprüche, die gegen das Unternehmensvermögen bestehen. Diese Ansprüche ergeben sich aus den dem Unternehmen in der Vergangenheit zur Verfügung gestellten finanziellen und sachlichen Mittel[13] sowie aus sonstigen Forderungen gegen das Unternehmen, die aus den wirtschaftlichen Aktivitäten des Unternehmens entstanden sind.[14] Die Darstellung des Kapitals als Verpflichtungsstruktur ist eine Darstellung des Kapitals aus Sicht des Unternehmens durch Ausweis der Verpflichtungen des Unternehmens gegenüber seinen Kapitalgebern. Die Ansprüche und die Verpflichtungen, die nicht in jedem Fall die gleiche Kapitalposition umfassen, sind in ihrer Summe symmetrisch.[15]

Der Begriff Kapital ist von dem Begriff Finanzierung der unternehmerischen Aktivitäten abzugrenzen. Der Begriff der Finanzierung ist nicht einheitlich definiert.[16] Er wird entweder aus einer juristischen (vertraglichen) oder einer realwirtschaftlichen (zahlungsstromorientierten) Perspektive bestimmt.[17] Hier wird unter Finanzierung die Überlassung von Kapital an das Unternehmen durch einen Dritten innerhalb eines Finanzierungsvertrags verstanden.[18] Finanzierungsverträge[19] begründen ein Rechtsver-

10 Vgl. KAMPMANN, H., Kapitalstruktur, S. 81.

11 Vgl. BAETGE, J./KIRSCH, H.-J./THIELE, S., Bilanzen, S. 3 und 459; THIELE, S., Eigenkapital, S. 9f.; Vgl. KAMPMANN, H., Kapitalstruktur, S. 79f., m. w. N.

12 Vgl. KAMPMANN, H., Kapitalstruktur, S. 101–106.

13 Vgl. BAETGE, J./KIRSCH, H.-J./THIELE, S., Bilanzen, S. 3.

14 Vgl. KAMPMANN, H., Kapitalstruktur, S. 83.

15 Vgl. KAMPMANN, H., Kapitalstruktur, S. 103.

16 Vgl. THIELE, S., Eigenkapital, S. 10; KAMPMANN, H., Kapitalstruktur, S. 84–89 mit einem Überblick über die Verwendung des Begriffs.

17 Vgl. KAMPMANN, H., Kapitalstruktur, S. 84–89.

18 Vgl. THIELE, S., Eigenkapital, S. 10f.; SCHNEIDER, D., Investition, S. 7, der Finanzierung als die Kapitalaufnahme des Unternehmens in Form einer Geld- oder Sacheinlage definiert.

hältnis und bündeln Rechte und Pflichten von Kapitalgeber und Unternehmen als Kapitalnehmer in Bezug auf die Natur der Finanzierung.[20] Nach der Unternehmensgründung finanziert sich das Unternehmen weiterhin aus externen und daneben aus internen Quellen, z. B. in Form thesaurierter Gewinne, das zeitliche Vorverlegen von Einnahmen und das Verzögern von Ausgaben.[21] Die „Kapitalausstattung"[22] bzw. die Zusammensetzung des „empirischen Kapitals"[23] des Unternehmens (Kapitalstruktur) ist folglich das Ergebnis der Mittelzuführung durch Dritte (externe Finanzierung) als auch von Finanzierung aus internen Quellen (interne Finanzierung). Die Abbildung der Kapitalstruktur in der Rechnungslegung ist Gegenstand dieser Arbeit. Der Begriff Kapital wird im Folgenden im Sinne von bilanziellem Kapital verwendet. Der Begriff des Kapitalausweises und der Kapitalgliederung wird im Sinne der Beschreibung der bilanziellen Erfassung der Kapitalstruktur verwendet.

12 Problemstellung und Zielsetzung

Die seit 2007 bis heute andauernde Finanzkrise hat deutlich werden lassen, dass die Bedeutung der Verlustaufnahmefähigkeit von Kapital durch Regulierer und Standardsetzer vor dem Ausbruch der Krise unterschätzt wurde. Diese Einschätzung kann auf Basis der Vielzahl von weitreichenden aktuellen Initiativen[24] zur Überarbeitung der

---

19 Auch als „Finanzierungstitel" bezeichnet. Vgl. FRANKE, G./HAX, H., Finanzwirtschaft, S. 30. Die geleistete Kapitaleinlage entspricht dem für den Finanzierungstitel gezahlten Preis. Ein solcher Finanzierungstitel ist z. B. eine Aktie ebenso wie die Rechtsposition eines Kapitalgebers einer Personengesellschaft. Eine wesentliche Eigenschaft von Finanzierungstiteln besteht darin, dass sie dem Kapitalgeber, gegen die Überlassung von Kapital, das Recht auf künftige, mehr oder weniger unsichere Zahlungen durch den Kapitalnehmer verschafft. FRANKE, G./HAX, H. sprechen in diesem Kontext von einer „Anwartschaft auf künftige, mehr oder weniger unsichere Zahlungen".

20 Vgl. THIELE, S., Eigenkapital, S. 11.

21 Vgl. FRANKE, G./HAX, H., Finanzwirtschaft, S. 14 f.; SCHNEIDER, D., Investition, S. 17.

22 Vgl. SCHNEIDER, D., Investition, S. 44 und 46, der den Begriff Kapitalausstattung zur Beschreibung des empirischen Sachverhalts und den Begriff Kapital als Rechtsbegriff verwendet.

23 Vgl. SCHNEIDER, D., Investition, S. 44 und 46; KAMPMANN, H., Kapitalstruktur, S. 77, die das empirische Kapital als „strukturgleiches Urbild" des bilanziellen Kapitals bezeichnet.

24 Vgl. BASLER AUSSCHUSS FÜR BANKENAUFSICHT (Hrsg.), Konsultationspapier: Basel III, Dezember 2009. Dieser Reformvorschlag ist Teil der geplanten Änderungen der Eigenkapitalregeln für Finanzinstitute, die als Basel III bezeichnet werden. Ferner: Richtlinie 2009/111/EG des Europäischen Parlaments und des Rates vom 16. September 2009 zur Änderung der Richtlinien 2006/48/EG, 2006/49/EG und 2007/64/EG bezüglich Zentralorganisationen zugeordneter Banken, bestimmter Eigenmittelbestandteile, Großkredite, Aufsichtsregelungen und Krisenmanagement, im Amtsblatt der Europäischen Union vom 17. November 2009. Und weiter: CEBS (Hrsg.), Leitlinie: Hybrid Capital, Dezember 2009; CEBS (Hrsg.), Konsultationspapier:

Kapitalmindeststandards und der Kapitalklassifikationsregeln vor dem Hintergrund der erheblichen Verflechtung der ökonomisch ausgelegten Risikorechnung aufsichtsrechtlicher Kapital- und Risikogrößen mit der Rechnungslegung sowie externen Ratingverfahren getroffen werden. So formuliert der BASLER AUSSCHUSS FÜR BANKENAUFSICHT als ersten Schwerpunkt seines aktuellen Reformvorschlags der internationalen Eigenkapitalregeln für Finanzinstitute: *„First, the quality, consistency, and transparency of the capital base will be raised. This will ensure that large, internationally active banks are in a better position to absorb losses on both a going concern and gone concern basis. (…)“*[25]. Das Ziel neuer bankaufsichtsrechtlicher Regeln ist ein „härteres und höheres Eigenkapital der Institute“, das über den damit verbundenen höheren Haftungsbeitrag der Eigentümer und niedrigen Fremdkapitalhebel zu mehr Vorsicht und damit mehr Systemstabilität beitragen soll.[26] Von erheblicher Bedeutung für den systemstabilisierenden Erfolg dieser neuen Regeln, mit einem Schwerpunkt auf den Eigenkapitalanforderungen, ist der Regelkranz außerhalb des Bankaufsichtsrechts.[27] Dazu zählen die Fragen nach Gewinnermittlung, Gewinnausweis und Gewinnausschüttung bzw. damit verbunden nach dem Kapitalausweis entsprechend den International Financial Reporting Standards (IFRS)[28], ebenso wie die Anreizwirkung der Rechnungslegung und Bilanzierung. Neben dem aktuellen Reformvorschlag des BASLER AUSSCHUSS FÜR BANKENAUFSICHT veröffentlichte die Ratingagentur MOODY'S einen weithin beachteten Vorschlag[29] zur Überarbeitung seiner Methodologie der Klassifikation von Hybridinstrumenten mit der Begründung, dass in der Belastung der Krise bestimmte Eigenschaften von Finanzierungsinstrumenten deren beigelegte Verlust-

Hybrid Capital, Dezember 2009. Daneben: MOODY'S INVESTOR SERVICES (Hrsg.), Proposed Changes to Moody's Hybrid Tool Kit, March 2010.

25 BASLER AUSSCHUSS FÜR BANKENAUFSICHT (Hrsg.), Konsultationspapier: Basel III, Dezember 2009, § 7.

26 Vgl. BASLER AUSSCHUSS FÜR BANKENAUFSICHT (Hrsg.), Konsultationspapier: Basel III, Dezember 2009, § 1; ZEITLER, F.-C., Regulierung und Aufsicht, S. 4.

27 Vgl. ZEITLER, F.-C., Regulierung und Aufsicht, S. 3. Vgl. ferner BIGUS, J./SCHORN, P., Eigenkapital und Bankenaufsicht, S. 823–827 zu einem Vergleich von aufsichtsrechtlich relevanten Eigenmitteln und bilanziellem Eigenkapital.

28 IFRS ist einerseits der Oberbegriff für alle vom IASB angenommenen Standards und Interpretationen, andererseits die Bezeichnung für einzelne Standards, die der IASB nach seiner Neupositionierung 2002 verabschiedet hat. Vgl. LÜDENBACH, N./HOFFMANN, W.-D., in: Haufe IFRS, § 1, Rn. 58.

29 Vgl. MOODY'S INVESTOR SERVICES (Hrsg.), Proposed Changes to Moody's Hybrid Tool Kit, March 2010.

aufnahmefähigkeit beschränkt haben.[30] Als Hybridinstrument bzw. Mezzanininstrument wird eine Finanzierungsvereinbarung bezeichnet, welches sowohl Merkmale von typischen Beteiligungstiteln (idealtypisches Eigenkapital) als auch Merkmale von typischen Forderungstiteln (idealtypisches Fremdkapital) aufweist und damit keiner der beiden Gruppen eindeutig zugeordnet werden kann.[31] Der Vorschlag von MOODY'S ist ein weiterer Hinweis darauf, dass das bestehende Regelwerk nur unzureichend der Bedeutung der Verlustaufnahmefähigkeit von Kapitalkomponenten gerecht wird und folglich zu überarbeiten ist.

Die Reformbestrebungen der Bankenaufsicht und der Ratingagentur knüpfen an internationale Bilanzierungsstandards und dem darin geregelten bilanziellen Kapitalausweis an. Entsprechend große Bedeutungen für die Reformen erlangen somit die aktuellen Beratungen[32] der internationalen Standardsetzer auf dem Gebiet der Bilanzierung, des INTERNATIONAL ACCOUNTING STANDARDS BOARD (IASB) und des FINANCIAL ACCOUNTING STANDARDS BOARD (FASB), zum bilanziellen Ausweis des Kapitals. Der IASB und der FASB[33] beraten sich zum Kapitalausweis innerhalb eines gemeinsamen Projektes (joint project) mit dem Projektnamen „Financial Instruments with characteristics of equity", das ein Teil des Langzeitprojektes zum Ausweis von Finanzinstrumenten ist.[34] Das Projekt zielt auf die Verbesserung der Regeln zur Gliede-

30 Vgl. MOODY'S INVESTOR SERVICES (Hrsg.), Proposed Changes to Moody's Hybrid Tool Kit, March 2010, S. 1.

31 Vgl. DRUKARCZYK, J., Finanzierung, S. 581. Vgl. zu den Idealtypen von Eigenkapital und Fremdkapital BAETGE, J./KIRSCH, H.-J., Gutachten ED 32, S. 93. Weitere Verweise bei REUTER, M., Eigenkapitalausweis, S. 24; WEIDENHAMMER, S., Eigenkapitalsituation, S. 15; KAMPMANN, H., Kapitalstruktur, S. 90 und 134–136; THIELE, S., Eigenkapital, S. 34–40; Vgl. Diskussion bei SCHNEIDER, D., Messung Eigenkapital, S. 186f.; SCHNEIDER, D., Investition, S. 47–51.

32 Vgl. für eine Zusammenfassung der Aktivitäten IASB/IASC Foundation: Response to G20 Recommendations, März 2009. Ein wichtiges Ziel der Aktivitäten, die das gesamte Regelwerk betreffen, ist die Konvergenz der internationalen Rechnungslegungsmodelle bis zum Jahr 2011.

33 Der FASB diskutiert die Abgrenzung von Eigenkapital und Fremdkapital bzw. die sachgerechte Klassifikation von Finanzinstrumenten als Themenkomplex unter der Bezeichnung „Financial Instruments with Characteristics of Equity (and Liability)" seit 1986. Er veröffentlichte 1990 ein erstes Memorandum in Form eines Milestone Draft (of Proposed Standard). Darin zieht er eine Zwischenbilanz der Diskussionen und bestimmt die weitere Vorgehensweise. Der Milestone Draft wird als nicht hinreichend prinzipienbasiert kritisiert. Vgl. BREKER, N./HARRISON, D. A./SCHMIDT, M., Abgrenzung, S. 478. Vgl. zum Milestone One Draft aus dem Jahr 2005 die Zusammenfassung bei KPMG (Hrsg.), Eigenkapital versus Fremdkapital nach IFRS, S. 186–193.

34 Eine Zusammenfassung des aktuellen Stands des Projektes wird von IASB und FASB unter www.iasb.org bzw. www.fasb.org im Internet veröffentlicht. Das Projekt wird vom FASB auch als "Liabilities and Equity Project" bezeichnet. Vgl. FASB-Webseite unter: www.fasb.org/fi_with_characteristics_of_equity.shtml.

rung des Kapitals durch prinzipienbasierte Differenzierung zwischen Eigenkapitalinstrumenten und Nicht-Eigenkapitalinstrumenten sowie auf die Annäherung der Kapitalausweisregeln von IFRS und United States Generally Accepted Accounting Principles (US-GAAP).[35] Die bislang vorliegenden Ergebnisse der Beratungen zielen auf einen Kapitalausweis anhand einer kasuistischen Betrachtung von eigenkapitalähnlichen Vereinbarungen für den Zweck der Klassifikation.[36] Der aktuelle Stand der Beratungen der Boards wurde durch die Diskussionen[37] im Zusammenhang mit der Revision des International Accounting Standard (IAS) 32 im Jahr 2008[38] wesentlich beeinflusst. Zu Recht wurden in externen Stellungnahmen zur Revision des IAS 32 der Mangel an Prinzipienorientierung und die daraus resultierenden Inkonsistenzen in der bilanziellen Abbildung von Kapital kritisiert.[39] So kann z.B. erst infolge eines Katalogs von Ausnahmetatbeständen, der in die revidierte Fassung des IAS 32 aufgenommen wurde, das gesellschaftsrechtliche Eigenkapital von deutschen Genossenschaften wirtschaftlich zutreffend als Eigenkapital ausgewiesen werden.[40] Wird dem Kapitalausweis ein Prinzip zugrundegelegt, das aus der Kapitalstruktur abgeleitet ist (abbildungsorientiertes Ausweisprinzip)[41], dann kann ein hoher Grad an Kongruenz zwischen empirischem Sachverhalt und bilanziellem Ausweis erreicht werden. **Als zentrale Frage soll in dieser Untersuchung daher beantwortet werden, nach welchem abbildungsorientierten Prinzip Kapital im IFRS-Abschluss auszuweisen ist.**

In der Diskussion neuer Regeln verdienen Vereinbarungen, die Bezug auf die Kapitalstruktur nehmen (Kapitalderivate), besondere Aufmerksamkeit. Kapitalderivate bieten

35 Der Umfang des Projektes und die Vorgehensweise bei seiner Umsetzung wurden mit dem Memorandum of Understanding (MoU) im Februar 2006 zwischen IASB und FASB vereinbart. Vgl. IASB-Webseite unter: www.iasb.org.

36 Vgl. die Zusammenfassung unter www.fasb.org/ fi_with_characteristics_of_equity.shtml.

37 Die Überarbeitung des IAS 32 wurde in Deutschland von einer intensiven Debatte begleitet. Vgl. z.B. BAETGE, J./HAENELT, T., Loss Absorption Approach, S.296–323; BAETGE, J./WINKELJOHANN, N./HAENELT, T., Novellierte Kapitalabgrenzung des IAS 32, S.1518–1523; SCHMIDT, M., Ergebnis- statt Prinzipienorientierung, S.434–439; BLAUM, U., Amendments to IAS 32, Rn. 1–40.

38 Vgl. IAS 32.IN22.

39 Vgl. IASB (HRSG.), SP: Financial Instruments with Characteristics of Equity, Punkt 2. Das Verfahren zur Stellungnahme war auf eine kleine Gruppe externer Adressaten beschränkt. Der genaue Inhalt der Stellungnahmen wurde bislang nicht veröffentlicht. Vgl. IASB (HRSG.), SP: Financial Instruments with Characteristics of Equity, Punkt 1.

40 Vgl. BAETGE, J./KIRSCH, H.-J./THIELE, S., Bilanzen, S.514.

41 Vgl. KAMPMANN, H., Kapitalstruktur, S.91; SCHNEIDER, D., Investition, S.46, spricht von einer „möglichst strukturgleiche[n] Abbildung".

bei kasuistischen Ausweisregeln erhebliches Potential[42], durch strukturelle Ausgestaltung der Vereinbarungen einen bestimmten gewünschten Kapitalausweis zu erzielen, der aber nicht der wirtschaftlichen Substanz der Vereinbarung entsprechen muss (Strukturierungspotential). Die Finanzkrise hat gezeigt, dass ein Strukturierungspotential vor allem in Bezug auf solche Vereinbarungen hohe praktische Relevanz hat, die das Verluste-aufnehmende Kapital berühren. Solche Vereinbarungen werden in dieser Arbeit daher ausführlich untersucht. Solange die Frage nach dem Ausweisprinzip und damit nach der Kapitalgliederung in der vorliegenden Arbeit offen ist, wird das Verluste-aufnehmende Kapital hilfsweise mit dem Residualkapital gleichgesetzt. Das Strukturierungspotential wird durch prinzipienbasierte Ausweisregeln reduziert. **Vor diesem Hintergrund wird mit der vorliegenden Arbeit das Ziel verfolgt, prinzipienbasierte Regeln (de lege ferenda) für den Ausweis von Residualkapitalderivaten nach IFRS vorzuschlagen, die dem Zweck des IFRS-Abschlusses gerecht werden.**

Folgende Einzelfragen sind dabei zu klären:

1. Ein abbildungsorientiertes Ausweisprinzip kann nicht aus einer Normenanalyse bilanzieller Gliederungsregeln bzw. Abgrenzungsregeln von Eigenkapital und Fremdkapital de lege lata gewonnen werden. Die hermeneutische Methode[43] der Auslegung der Bilanzierungsregeln de lege lata ermöglicht lediglich, ein gegebenenfalls durch die Regeln verfasstes Ausweisprinzip zu identifizieren und zu beschreiben. Das abbildungsorientierte Ausweisprinzip ist hingegen aus den empirischen Eigenschaften der Kapitalstruktur abzuleiten. So wurden in der jüngeren Vergangenheit neue, zumeist neoklassisch orientierte ökonomische Begründungen für die Kapitalgliederung im Kontext der Debatte der bilanziellen Darstellung hybrider Finanzierungsvereinbarungen bzw. der sachgerechten Kapitalabgrenzung entwickelt.[44] Die vorliegende Arbeit folgt dieser Herangehens-

42 Vgl. zu Arbitragebeispielen der aktuell diskutierten Regeln IASB (HRSG.), SP: Financial Instruments with Characteristics of Equity, Punkt 2–4.

43 Vgl. LARENZ, K., Methodenlehre, S. 195f. Und 298–332; Zur Anwendung auf das Bilanzrecht vgl. BAETGE, J./KIRSCH, H.-J./THIELE, S., Bilanzen, S. 107–112.

44 Vgl. SWOBODA, P., Betriebswirtschaftliche Abgrenzung von Eigenkapital und Fremdkapital, S. 42–81; SWOBODA, P., Risikograd, S. 343–361; SCHNEIDER, D., Messung Eigenkapital, S. 187–191, sowie SCHNEIDER, D., Investition, S. 51–56, mit einem Konzept von Risikokapital aus Sicht des Investors; KAMPMANN, H., Kapitalstruktur, S. 164–177, mit einem haftungsorientierten Konzept der Kapitalgliederung; KNABE, A./WALTHER, U., Unterscheidung von Eigen-

weise, indem das Ausweisprinzip auf Basis finanzierungstheoretischer Überlegungen aus der Kapitalstruktur abgeleitet wird. Die Untersuchung setzt also bereits vor einer bilanzorientierten Diskussion der Kapitaldichotomie an. Eine zentrale Frage dieser Arbeit, die an erster Stelle zu beantworten ist, ist daher die Frage nach einer empirisch indizierten Zusammensetzung der Kapitalstruktur. Um diese Frage zu beantworten, werden die Entstehung und die Zusammensetzung der Kapitalstruktur analysiert. Dafür werden auf der Basis der dem Kapital innewohnenden Funktionen Kapitalklassen ermittelt. Eine Kapitalklasse ist unerlässlich, wenn ihre Funktion benötigt wird, damit die Kapitalstruktur zustande kommt. Funktional konstitutive Kapitalklassen indizieren die Kapitalgliederung in der Bilanz. Die Eigenschaften der Kapitalklasse(n) sind Anknüpfungspunkt dafür, rechtsformübergreifende Kriterien der Kapitalabgrenzung zu bestimmen. Der Kapitalausweis nach IFRS de lege lata ist anhand des Ergebnisses der Untersuchung zu validieren oder zu widerlegen. **Die Forschungsfragen lauten also: Wie setzt sich die ökonomisch indizierte Kapitalstruktur zusammen, die durch den Jahresabschluss gemessen[45] werden soll, und welches Ausweisprinzip lässt sich daraus bestimmen?**

2. Konkrete Bilanzierungsregeln sind mit Bezug auf den jeweiligen zugrunde liegenden Zweck der Regelung zu entwickeln. Folglich sind der Zweck und die Adressanten der IFRS-Rechnungslegung als Maßstab der Analyse de lege ferenda sowie die sachgerechte Perspektive des Bilanzausweises zu bestimmen. Die Perspektive des Bilanzausweises setzt den konzeptionellen Rahmen für den Kapitalausweis und bestimmt damit auch maßgeblich die Darstellung von Rechtspositionen des Unternehmens in Bezug auf die Kapitalstruktur, also die Darstellung von Residualkapitalderivaten. **Die Forschungsfragen sind folglich: Welche Konsequenzen ergeben sich aus dem Messzweck[46] für den Ausweis**

---

kapital und Fremdkapital, S. 8–17, mit einem kapitalmarktorientierten und einem produktionsfaktororientierten Ansatz; BIGUS, J., Abgrenzung von Eigen- und Fremdkapital, S. 11–18; BIGUS, J., Abgrenzung von Eigen- und Fremdkapital-Erwiderung, S. 352–355; EFRAG (Hrsg.), DP Liabilities Equity, S. 41–93 mit einem an der Verlustaufnahmefähigkeit orientierten Konzept der Kapitalgliederung. Vgl. dazu BAETGE, J./HAENELT, T., Loss Absorption Approach, S. 309–323; BARCKOW, A., Distinguishing Liabilities from Equity, S. 318 f. und MÜLLER, S./WELLER, N./REINKE, J., Entwicklungstendenzen, S. 1109–1115.

45 Der Jahresabschluss ist ein Messinstrument. Vgl. SCHNEIDER, D., Deduktion, S. 149.

46 Der Messzweck entspricht den Zwecken des Jahresabschlusses. Vgl. SCHNEIDER, D., Deduktion, S. 149–152.

von Residualkapitalderivaten? Wie sind Residualkapitalderivate unter Anwendung des Ausweisprinzips zu bilanzieren?

Die vorliegende Untersuchung beantwortet die formulierten Fragen schrittweise. Dabei wird wie nachfolgend dargestellt vorgegangen.

13 Gang der Untersuchung

Die Entwicklung von Regeln (de lege ferenda) für den Ausweis von Residualkapitalderivaten nach IFRS erfordert sowohl finanzierungstheoretische als auch rechtliche Voruntersuchungen. Die Arbeit ist daher in fünf Abschnitte gegliedert.

In **Abschnitt 1** werden die Problemstellung und die Zielsetzung sowie der Aufbau der Arbeit erläutert.

In **Abschnitt 2** wird die Bilanzierung von Kapital im IFRS-Abschluss de lege lata dargestellt. Dafür wird ein Überblick zum Conceptual Framework for Financial Reporting[47] (Rahmenkonzept) als Maßstab für den Ausweis von Kapital im IFRS-Abschluss gegeben und der im Rahmenkonzept verfasste Zweck der Rechnungslegung erörtert. Daran anknüpfend werden die Adressaten der Rechnungslegung und ihre vermuteten Interessen an der Rechnungslegung dargestellt, sowie die Wahl der Bilanzperspektive begründet. Schließlich werden die qualitativen Anforderungen an die IFRS-basierte Finanzberichterstattung ausgeführt. Anschließend wird der Kapitalausweis de lege lata dargestellt und gewürdigt. Für die Würdigung ist das abbildungsorientierte Ausweisprinzip zu bestimmen. Mithilfe einer abgestuften Herangehensweise wird zunächst ermittelt, ob anhand finanzierungstheoretischer Überlegungen auf der Basis der Forschung zur optimalen Kapitalstruktur Argumente für eine bestimmte Zusammensetzung des Kapitals identifiziert werden können. Im Anschluss an diese deduktive Analyse der Kapitalstruktur wird die Frage nach einer Klassenbildung auf Basis ihrer inhärenten Kapitalfunktion mit einer induktiven Analyse der Merkmale von

47 Die Bezeichnung "Framework for the Preparation and Presentation of Financial Statements bzw. Framework" (F) wurde mit Abschluss von Phase A des Projekts zur Überarbeitung des Rahmenkonzepts im September 2010 durch die Bezeichnung "Conceptual Framework for Financial Reporting bzw. Conceptual Framework" (CF) ersetzt. Vgl. LÜDENBACH, N./FREIBERG, J., Weiterentwicklung, S. 3139 f.

Finanzierungsvereinbarungen beantwortet. Der Abschnitt schließt mit einem Vorschlag für einen funktionsbegründeten und damit abbildungsorientierten Kapitalausweis nach IFRS de lege ferenda.

In **Abschnitt 3** wird die Untersuchung des sachgerechten bilanziellen Ausweises von Residualkapitalderivaten konzeptionell vorbereitet. Dafür werden zunächst die unterschiedlichen ökonomischen Varianten von derivativen Vereinbarungen systematisiert und die konstitutiven Eigenschaften für das Vorliegen eines Derivates bestimmt. Vereinbarungen, die das Residualkapital betreffen, werden eingehend untersucht, indem die strukturellen Möglichkeiten der Erfüllung solcher Vereinbarungen im Kontext der gesellschaftsrechtlichen Bestimmungen für deutsche Aktiengesellschaften beleuchtet werden.

In **Abschnitt 4** wird auf Basis der in den Abschnitten 2 und 3 gewonnenen Ergebnisse die Bilanzierung de lege lata von Residualkapitalderivaten dargestellt und gewürdigt, sowie Vorschläge zum Ausweis de lege ferenda verfasst. Diese Vereinbarungen sind wirtschaftlich mit Transaktionen mit eigenen Aktien vergleichbar. Daher wird in einer Voruntersuchung die bilanzielle Behandlung von Transaktionen mit eigenen Anteilen nach IFRS untersucht.

In der Untersuchung werden die sechs Basistypen derivativer Vereinbarungen einzeln betrachtet. Dazu gehört der Verkauf und Kauf des Basiswertes auf Termin, sowie der Erwerb bzw. die Veräußerung einer Verkaufoption und Kaufoption.[48] Komplexere Derivatvereinbarungen können aus diesen sechs Basistypen zusammengesetzt werden. Die Ergebnisse dieser Betrachtung können daher auf eine sehr große Zahl von Instrumenten übertragen werden. Das Rahmenkonzept als Leitlinie für die Rechnungslegung nach IFRS, dient als Bezugsrahmen für die Vorschläge de lege ferenda.

Die Arbeit schließt mit der Zusammenfassung der wesentlichen Ergebnisse und einem Ausblick auf die weitere Entwicklung der Kapitalstrukturbilanzierung in **Abschnitt 5**.

48 Die sechs Basistypen umfassen: (1) Terminverkauf (forward sale bzw. short forward), (2) Terminkauf (forward purchase bzw. long forward), (3) Erwerb Verkaufsrecht (long put option), (4) Erwerb Kaufrecht (long call option), (5) Veräußerung Verkaufsrecht (short put option), (6) Veräußerung Kaufrecht (short call option). Vgl. HULL, J. C., Optionen, Futures und andere Derivate, S. 1–10.

Da nationale Güter- und Kapitalmärkte international wirtschaftlich eng miteinander verflochten sind, ist eine supranationale Harmonisierung von Bilanzierungsnormen[49] erforderlich. Die Untersuchung wird daher unabhängig vom rechtlichen Rahmen bestehender Rechnungslegungssysteme vorgenommen. Vorschläge zur Bilanzierung werden rechtsformneutral verfasst[50], um sie international anwenden zu können. Der Kontext deutscher gesellschaftsrechtlicher und zivilrechtlicher Vorschriften wird punktuell berücksichtigt, um bestimmte Folgerungen zu verankern. Vorschläge zum bilanziellen Ausweis werden dabei mit Bezug auf die Rechtsform der Aktiengesellschaft (AG) vor dem Hintergrund der großen gesamtwirtschaftlichen Relevanz[51] dieser Gesellschaftsform[52] diskutiert. Die Rechtsfolgen, die an den Kapitalausweis anknüpfen, wie die Besteuerung oder die Ausschüttungsbemessung, werden nicht betrachtet. Die Überlegungen zum Ausweis der Kapitalstruktur müssen auf der Ebene des einzelnen Unternehmens ansetzen und können danach auf den Konzernabschluss übertragen werden. Aus diesem Grund ist die Untersuchung auf den Ausweis im Einzelabschluss beschränkt.

49 Vgl. CF Introduction.

50 Vgl. CF 4.6.

51 Bezogen auf den Anteil der gesamtwirtschaftlichen Wertschöpfung und nicht auf die absolute Zahl an inkorporierten Gesellschaften. Die in DAX, MDAX und SDAX erfassten Publikumsgesellschaften, auf die das Recht der Akiengesellschaft Anwendung findet, auch wenn sie als SE oder KGaA verfasst sind, haben im Jahr 2010 mehr als 60 % des deutschen Bruttoinlandsprodukts erwirtschaftet. Vgl. STATISTISCHES BUNDESAMT DEUTSCHLAND unter www.destatis.de. MDAX bzw. SDAX sind Aktienindices, die die Wertentwicklung der 100 grössten auf die DAX-Werte folgenden deutschen börsennotierten Unternehmen abbildet. Vgl. DEUTSCHE BOERSE GRUPPE unter www.boerse-frankfurt.de

52 Der Begriff „Gesellschaft", der häufig synonym zu „Unternehmen" gebraucht wird, ist ein juristischer Begriff. Gesellschaften sind alle privatrechtlich, rechtsgeschäftlich begründeten Personenzusammenschlüsse zu einem gemeinsamen Zweck. Vgl. HOPT, K. J., in: Baumbach, A./Hopt, K. J., HGB, Einl. vor § 105, Rn. 1. Der Begriff der Gesellschaft beschreibt folglich eine bestimmte rechtliche Organisationsform eines Unternehmens, z.B. eine Aktiengesellschaft. In der vorliegenden Arbeit wird der Begriff Unternehmen der allgemeinen Bedeutung entsprechend benutzt. Der Begriff der Gesellschaft wird lediglich in seiner engen juristischen Bedeutung verwendet.

2 Kapitalausweis nach IFRS

21 Vorbemerkungen

Ein Ziel dieser Arbeit ist es, die Prinzipien des Kapitalausweises nach IFRS de lege lata mit Blick darauf zu würdigen, wie sie dem Zweck des Jahresabschlusses gerecht werden. Dafür ist ein konzeptioneller Bezugsrahmen erforderlich, der als Maßstab für die Würdigung dient. Das Rahmenkonzept bildet diesen Bezugsrahmen, da es als Leitlinie für die Regelsetzung und Regelanwendung nach IFRS dient.[1] In Abschnitt 22 werden daher zunächst die Bedeutung des Rahmenkonzepts innerhalb der IFRS, Zweck und Adressatenkreis und anschließend die an die einzelnen Rechnungslegungsstandards zu stellenden qualitativen Anforderungen des Rahmenkonzepts erläutert. In Abschnitt 23 werden die Prinzipien der bilanziellen Abbildung des unternehmerischen Kapitals im IFRS-Abschluss de lege lata dargestellt und anschließend in Abschnitt 24 gewürdigt. Dabei wird auf Basis finanzierungstheoretischer Überlegungen zur Kapitalstruktur untersucht, ob der Kapitalausweis de lege lata dem Abschlusszweck des Rahmenkonzepts gerecht wird.

Ein weiteres Ziel dieser Arbeit ist es, Prinzipien für den Kapitalausweis nach IFRS vorzuschlagen, die dem Abschlusszweck und den qualitativen Anforderungen des Rahmenkonzepts gerecht werden. Abschnitt 25 ist daher dem Vorschlag eines Funktionsbegründeten Kapitalausweises im IFRS-Abschluss de lege ferenda gewidmet, der auf den in Abschnitt 24 erzielten Erkenntnissen zur Kapitalstruktur aufbaut.

---

1 Vgl. CF Purpose and status. Vgl. BAETGE, J./KIRSCH, H.-J./THIELE, S., Bilanzen, S. 54; GASSEN, J./FISCHKIN, M./HILL, V., Rahmenkonzept-Projekt, S. 875.

22 Das Rahmenkonzept als Maßstab der Bilanzierung

221 Die Stellung des Rahmenkonzepts innerhalb des Regelwerks des IASB

Das Regelwerk des IASB besteht aus dem Rahmenkonzept, den Einzelstandards und Interpretationen und wird zusammenfassend als International Financial Reporting Standards (IFRS) bezeichnet.[2] Die Einzelstandards (International Accounting Standards (IAS) und International Financial Reporting Standards (IFRS))[3] enthalten die Regeln zu dem Ansatz, der Bewertung, dem Ausweis und der Erläuterung der Posten des Abschlusses.[4] Die Standards werden in Detailfragen durch Interpretationen (Standing Interpretations Committee (SIC) und International Financial Reporting Interpretations (IFRIC)), Anwendungsleitlinien bzw. Umsetzungsleitlinien (Application Guidance (AG) bzw. Implementation Guidance (IG)) und Beschreibende Beispiele (Illustrative Examples (IE)) ergänzt.[5]

Das Rahmenkonzept bildet zum einen die Deduktionsbasis für die Regelsetzung, um bestehende Rechnungslegungsprobleme konsistent zu lösen, neue Standards zu entwickeln bzw. bestehende Standards zu überarbeiten, und bildet zum anderen eine „Auslegungs- und Orientierungshilfe"[6] für die Regelanwendung nach IFRS.[7] Der IASB benennt dafür die nachfolgenden Zwecke[8], denen das Rahmenkonzept dienen soll:

---

2 Vgl. BAETGE, J./KIRSCH, H.-J./THIELE, S., Bilanzen, S. 54; HEUSER, P. J./THEILE, C., IFRS, Rn. 30; LÜDENBACH, N./HOFFMANN, W.-D., in: Haufe IFRS, § 1, Rn. 1.

3 Der Begriff International Financial Reporting Standards i.e.S. umfasst die ab dem 1.4.2001 vom IASB veröffentlichten Einzelstandards. I.w.S. bezeichnet der Begriff alle Veröffentlichungen des IASB. Im Folgenden wird der Begriff in seiner weiten Bedeutung verwendet, soweit nicht ausdrücklich auf einen Einzelstandard verwiesen wird. Vgl. BAETGE, J./KIRSCH, H.-J./THIELE, S., Bilanzen, S. 54.

4 Vgl. BAETGE, J./KIRSCH, H.-J./THIELE, S., Bilanzen, S. 55.

5 Vgl. BAETGE, J./KIRSCH, H.-J./THIELE, S., Bilanzen, S. 56; LÜDENBACH, N./HOFFMANN, W.-D., in: Haufe IFRS, § 1, Rn. 57–60.

6 Vgl. BAETGE, J./KIRSCH, H.-J./THIELE, S., Bilanzen, S. 54.

7 Vgl. CF Purpose and status. Vgl. GASSEN, J./FISCHKIN, M./HILL, V., Rahmenkonzept-Projekt, S. 875.

8 Das IASB verfasst in der Einleitung (CF Introduction) den Zweck (purpose) des Rahmenkonzepts. Vgl. CF Introduction, Purpose and status. In CF OB2 wird die Zielsetzung (objective) der IFRS basierten Finanzberichterstattung für allgemeine Zwecke (general purpose financial reporting) benannt. Die Begriffe Zweck (purpose) und Ziel (objective) werden sowohl in der Einleitung als auch der nichtamtlichen Übersetzung der IFRS synonymisch gebraucht. Vgl. LÜDENBACH, N./FREIBERG, J., Weiterentwicklung, S. 3139; ferner BAETGE, J./KIRSCH, H.-J./THIELE, S., Bilanzen, S. 141 und S. 150. Für eine Betrachtung einer methodologischen Ab-

(a) Unterstützung des IASB bei der Entwicklung künftiger IFRS sowie bei der Überprüfung bereits bestehender International Accounting Standards;

(b) Unterstützung des IASB bei der Förderung der Harmonisierung von Vorschriften, Rechnungslegungsstandards und Verfahren betreffend die Darstellung von Abschlüssen, indem eine Grundlage für die Reduzierung der Zahl alternativer Bilanzierungsmethoden, die nach den IFRS zulässig sind, geschaffen wird;

(c) Unterstützung der nationalen Standardsetter bei der Entwicklung nationaler Standards;

(d) Unterstützung der mit der Aufstellung von Abschlüssen befassten Personen bei der Anwendung der IFRS sowie bei der Behandlung von Themen, die künftig Gegenstand eines IFRS sein werden;

(e) Unterstützung von Abschlussprüfern bei der Urteilsfindung, ob Abschlüsse den IFRS entsprechen;

(f) Unterstützung der Abschlussadressaten bei der Interpretation der Informationen aus den IFRS-Abschlüssen; und

(g) Bereitstellung von Informationen über das Vorgehen bei der Formulierung der IFRS.[9]

Das Rahmenkonzept ist kein Einzelstandard und definiert keine Grundsätze für konkrete Fragen der Bewertung oder des Ansatzes.[10] Mithin geht auch keine Passage aus dem Rahmenkonzept einem speziellen Einzelstandard der IFRS vor.[11] Das Rahmenkonzept kann auf eine Reihe verschiedener Rechnungslegungsmodelle sowie Kapitalkonzepte und Kapitalerhaltungs-konzepte angewendet werden.[12] Weder Rahmenkonzept noch die sonstigen IFRS enthalten rechtsformspezifische Vorschriften, da ihr Anwendungsgebiet aufgrund nationaler Ausprägungen heterogen ist und ein entspre-

grenzung von Ziel (Messziel) und Zweck (Messzweck) des Jahresabschlusses als ein Messinstrument vgl. SCHNEIDER, D., Deduktion, S. 149–152.

9 CF Introduction, Purpose and status.

10 CF Introduction, Purpose and status.

11 Mit der Überarbeitung des IAS 1 im Jahr 1997 wurden wesentliche Gedanken aus dem Rahmenkonzept in den Standard übernommen, ergänzt und konkretisiert. Damit ist das Rahmenkonzept durchs IAS 1 materiell weitgehend verpflichtend geworden. Vgl. LÜDENBACH, N./HOFFMANN, W.-D., in: Haufe IFRS, § 1, Rn. 4.

12 Die Abschlüsse werden in der Regel gemäß einem Rechnungslegungsmodell auf der Grundlage historischer Anschaffungs- oder Herstellungskosten und dem Konzept der nominalen Kapitalerhaltung aufgestellt. Andere Modelle und Konzepte können unter der Zielsetzung, nützliche Informationen für wirtschaftliche Entscheidungen bereitzustellen, angemessener sein. Vgl. CF Introduction i. V. m. CF 4.65.

chender Bezug daher nicht sinnvoll ist.[13] Das Rahmenkonzept beschäftigt sich mit der Zielsetzung von Abschlüssen, den qualitativen Anforderungen, die den Nutzen der im Abschluss enthaltenen Informationen bestimmen, der Definition, dem Ansatz und der Bewertung der Abschlussposten, aus denen der Abschluss besteht, sowie mit Kapital- und Kapitalerhaltungskonzepten (CF Scope (a)–(d)).[14]

222 „Improved Conceptual Framework Project“

Das Rahmenkonzept wurde erstmals im Juli 1989 veröffentlicht und durch den IASB im April 2001 angenommen.[15] Seit 2004 verfolgen der IASB und der FASB ein gemeinsames Projekt mit dem Ziel der Überarbeitung der jeweiligen Rahmenkonzepte der Rechnungslegungsvorschriften US-GAAP und IFRS.[16] Das Ziel der Überarbeitung und Konsolidierung der bestehenden Rahmenkonzepte von US-GAAP und IFRS ist die Schaffung eines einheitlichen Rahmenkonzepts, das die angemessene Basis für prinzipienorientierte und konsistente Rechnungslegungsstandards bildet.[17] Der FASB und der IASB beabsichtigen dabei keine umfassende Neukonzeption, sondern konzentrieren sich auf die Verbesserung und Konsolidierung der bestehenden Rahmenkonzepte. Der Schwerpunkt bei der Überarbeitung wird auf solche Themen gelegt, die in naher Zukunft bei der Entwicklung von Rechnungslegungsstandard von Nutzen

13 Vgl. CF Introduction. Die Anforderung der rechtsformneutralen Abbildung ist in F 35 a.F. als Sekundäranforderung einer wirtschaftlichen Betrachtungsweise (substance over form) verfasst. Vgl. dazu BAETGE, J./KIRSCH, H.-J./THIELE, S., Bilanzen, S. 145–147. Da die IFRS in erster Linie für kapitalmarktorientierte Unternehmen erstellt werden, sind die Regeln an den gesellschaftsrechtlichen Vorschriften für Kapitalgesellschaften, vor allem denen für börsenfähige Gesellschaften wie die SE oder AG, orientiert. Gliederungsvorschriften für Rechnungslegende mit einer anderen Rechtsform sind entsprechend erforderlich.

14 Vgl. BAETGE, J./KIRSCH, H.-J./THIELE, S., Bilanzen, S. 54 f.; LÜDENBACH, N./HOFFMANN, W.-D., in: Haufe IFRS, § 1, Rn. 2–7.

15 Vgl. Untertitel Rahmenkonzept.

16 Der Name des Projektes ist „Improved Conceptual Framework Project“. Zum Status des Projektes vgl. www.iasb.org oder www.fasb.org. Für die deutschsprachige Zusammenfassung vgl. http://www.standardsetter.de/drsc/ifrs.html. Das Projekt ist in acht Phasen (A bis H) unterteilt. Vgl. http://www.ifrs.org/Current+Projects/IASB+Projects/Conceptual+Framework/Conceptual+Framework.htm. Vgl. für eine Beschreibung des Projektes die Darstellung bei GASSEN, J./FISCHKIN, M./HILL, V., Rahmenkonzept-Projekt, S. 875; KAMPMANN, H./SCHWEDLER, K., Rahmenkonzept, S. 521–530; Vgl. LÜDENBACH, N./FREIBERG, J., Weiterentwicklung, S. 3139; PELGER, C., Exposure Draft, S. 156 f.; ZÜLCH, H./NELLESSEN, T., Überarbeitung der Rahmenkonzepte, S. 270–273; vgl. ferner KIRSCH, H., Unternehmensperspektive, S. 233–238; BAETGE, J./KIRSCH, H.-J./THIELE, S., Bilanzen, S. 463 f.

17 Vgl. IASB (Hrsg.), ED Conceptual Framework C1 and C2, P4-5; und DP Conceptual Framework, P3.

sind („likely to yield standard setting benefits in the near term").[18] Das Ergebnis der Diskussion soll ein einheitliches Rahmenkonzept sein.[19] Das überarbeitete Rahmenkonzept soll unverändert subsidiär zu den Einzelstandards sein.[20]

Im September 2010 hat der IASB den ersten Abschnitt des überarbeiteten gemeinsamen Rahmenkonzepts veröffentlicht und damit Phase A des Projekts fertig gestellt.[21] Die aktuell gültige Version des Rahmenkonzepts basiert auf einer Neugliederung der Komponenten, die mit dem Abschluss von Phase A vorgenommen wurde.[22] Das neue Kapital 1 (The objective of financial reporting) ersetzt F 6 bis 21 a.F. und das neue Kapital 3 (Qualitative characteristics of useful financial information) ersetzt F 24 bis 46 a.F. Phase D befasst sich mit dem Konzept der berichtspflichtigen Einheit (Reporting entity concept).[23] Seit März 2010 liegt ein Entwurf vor.[24] Die Kommentierungsphase endete im Juli 2010.[25] Das Ergebnis wird als Kapital 3 in das Rahmenkonzept aufgenommen.[26] Die Weiterführung der Arbeiten am Rahmenkonzept (Phase B und C sowie E bis H) sollen frühestens im zweiten Halbjahr 2011 wieder aufgenommen werden.[27]

223 Zielsetzung der IFRS-basierten Finanzberichterstattung

Der IASB wird bei der Erstellung und Veröffentlichung des Rahmenkonzepts von der Absicht geleitet, dass die Rechnungslegungsvorschriften der einzelnen Länder harmo-

18 Vgl. IASB (Hrsg.), ED Conceptual Framework C1 and C2, P8; IASB (HRSG.), DP Conceptual Framework, P3.

19 Vgl. IASB (Hrsg.), ED Conceptual Framework C1 and C2, P8; IASB (HRSG.), DP Conceptual Framework, P3.

20 Vgl. IASB (Hrsg.), ED Conceptual Framework C1 and C2, P14. Regelungslücken der IFRS sind unter Bezug auf das Rahmenkonzept auszufüllen. Eine entsprechende Verpflichtung besteht nach US-GAAP nicht. Vgl. FASB Statement No. 162, „The Hierarchie of Generally Accepted Accounting Principles", §§ 4 and 5 „(...) Concept Statements have the same authoritative status as accounting textbooks, handbooks and articles, and a lower authoritative status than practices that are widely recognised and prevalent either generally or in the industry".

21 Vgl. LÜDENBACH, N./FREIBERG, J., Weiterentwicklung, S. 3139.

22 Vgl. IASB (Hrsg.), Framework Revision Paper, Foreword.

23 Vgl. IASB Arbeitsplan (Stand 15. April 2011). Im Internet veröffentlicht unter: http://www.ifrs.org/Current+Projects/IASB+Projects/Conceptual+Framework/Conceptual+Framework.htm.

24 Vgl. IASB (Hrsg.), Conceptual Framework Reporting Entity.

25 Vgl. IASB (Hrsg.), Conceptual Framework Reporting Entity.

26 Vgl. IASB (Hrsg.), Framework Revision Paper, Foreword.

27 Vgl. IASB Arbeitsplan (Stand 15. April 2011). Im Internet veröffentlicht unter: http://www.iasb.org/Current+Projects/IASB+Projects/IASB+Work+Plan.htm.

nisiert werden können, indem Abschlüsse mit dem Ziel aufgestellt werden, nützliche Informationen als Grundlage wirtschaftlicher Entscheidungen (economic decisions) bereit zu stellen.[28] Die Zielsetzung (objective)[29] von IFRS-basierter Finanzberichterstattung für allgemeine Zwecke (general purpose financial reporting)[30] wird vor diesem Hintergrund in CF OB2 formuliert und besteht darin, Finanzinformationen über das berichterstattende Unternehmen bereitzustellen, die für gegenwärtige und mögliche künftige Investoren, Kreditgeber und andere Kreditoren bei der Entscheidungsfindung über das Bereitstellen von Ressourcen an das Unternehmen nützlich ist.

> *"The objective of general purpose financial reporting is to provide financial information about the reporting entity that is useful to existing and potential investors, lenders and other creditors in making decisions about providing resources to the entity."*

Dazu gehören Entscheidungen über den Kauf, den Verkauf bzw. das Halten von Eigenkapitalinstrumenten und Fremdkapitalinstrumenten, das Bereitstellen oder Abwickeln von Krediten und sonstigen Darlehen (CF OB2).

Der Jahresabschluss hat Finanzinformationen über das berichterstattende Unternehmen und nicht über die Jahresabschlussadressaten bereitzustellen bzw., in anderen Worten ausgedrückt, die Finanzberichterstattung hat aus Unternehmensperspektive (entity view)[31] und nicht aus Eigentümerperspektive (proprietary view)[32] oder Kapitalgeberperspektive (investor view)[33] stattzufinden.[34] Diese Anforderung wird damit

---

28 Vgl. CF Introduction.

29 Vgl. Abschnitt 2, Fußnote 8.

30 Die Begriffe "Finanzberichte" (financial reports) und "Finanzberichterstattung" (financial reporting) werden im Rahmenkonzept unter Bezug auf "Finanzberichte für allgemeine Zwecke" (general purpose financial reports) bzw. "Finanzberichterstattung für allgemeine Zwecke" (general purpose financial reporting) verwendet, soweit nicht anders vermerkt. Vgl. CF OB2.

31 Vgl. IASB (Hrsg.), ED Conceptual Framework C1 and C2, OB5-6 und BC1.11–16.

32 Auch als Eignerperspektive bezeichnet. Zur Diskussion der Anwendung vgl. IASB (Hrsg.), ED Conceptual Framework C1 and C2, BC1.11–16 und Stellungnahmen zu IASB (Hrsg.), ED Conceptual Framework C1 and C2; EFRAG (Hrsg.), DP Liabilities Equity, 1.40–1.42; ROSENFIELD, P., Focus of Attention, S. 1–19; ROSENFIELD, P., Contemporary Issues, S. 185–189; daneben SIEGEL, T., Bilanzierung von Aktienoptionen, S. 345f. und 365f.; LANGE, J., Stock Options, S. 355–357 m. w. N. Letztere im Kontext der Debatte der Bilanzierung von Aktienoptionsprogrammen. Die Finanzberichterstattung aus Sicht des Unternehmers als Eigentümer entspricht der Reinvermögensbilanzierung.

33 Die Darstellung aus Sicht aller Kapitalgeber erfordert die Darstellung des unternehmerischen Vermögens als eine für den Zweck der Haftungsbeschränkung isolierte Vermögensmasse, die rechtlich der Kapitalgesellschaft, aber wirtschaftlich den verfügungsberechtigten Kapitalgebern

begründet, dass die Unternehmensverfassung durch Personenidentität von Unternehmen und Eigentümer[35] mit der zunehmenden Kapitalintensität wirtschaftlicher Transaktionen, die sowohl zur Erweiterung des Kreises von Kapitalgebern als auch zur Trennung der Vermögenssphäre und der Haftungssphäre von Unternehmen und Unternehmer geführt hat,[36] zunehmend von der der Publikumsgesellschaften abgelöst wird.[37] Die juristische Person der Kapitalgesellschaft als Träger der Rechte und Pflichten, die mit der wirtschaftlichen Unternehmung verbunden sind, begründet diese Trennung.[38] Das Unternehmensvermögen ist im juristischen und betriebswirtschaftlichen Sinne Vermögen der Kapitalgesellschaft und wird der direkten, unbeschränkten Verfügung des Unternehmers als Eigentümer der Unternehmung entzogen (Trennungsprinzip).[39] Die Haftungspflicht des Unternehmers für die Verbindlichkeiten aus der Unternehmung wird auf seine Einlage in die Gesellschaft beschränkt.[40] Neben der Trennung der Vermögenssphäre von Unternehmer und Unternehmen führte die Entwicklung der modernen Publikumsgesellschaft auch zu einer Trennung der traditionell beim Unternehmer gebündelten, auf das Unternehmen bezogenen, unternehmerischen Funktion der Kapitalüberlassung und Risikoübernahme von der unternehmerischen

zuzurechnen ist. Damit korrespondierend sind die Verfügungsrechte an dieser Vermögensmasse auszuweisen. Diese Perspektive ist der Ausgangspunkt von Ausweiskonzepten, die auf eine Kapitaldichotomie verzichten. Dazu zählt z. B. eine am Risikograd orientierte Darstellung aus Sicht der Kapitalgeber. Vgl. dazu SCHNEIDER, D., Investition, S. 51–56; SCHNEIDER, D., Messung Eigenkapital, S. 185–188; SWOBODA, P., Abgrenzung von Eigenkapital und Fremdkapital, S. 55–63; SWOBODA, P., Risikograd, S. 356–360; KAMPMANN, H., Kapitalstruktur, S. 164–177.

34 Vgl. CF BC 1.8.

35 Vgl. auch RICHTER, R./FURUBOTN, E. G., Neue Institutionenökonomik, S. 180–182 zum so genannten „klassischen Unternehmen" mit Personenidentität von Entscheidungs- und Risikoträger als Sonderfall der unternehmerischer Organisationsformen mit Verweis auf ALCHIAN, A. A./DEMSETZ, H., Production, S. 782. Die Berichterstattung über das Ergebnis der unternehmerischen Aktivitäten wurde historisch parallel zur Berichterstattung über hauswirtschaftliche oder persönliche wirtschaftliche Aktivitäten aus der Sicht des Unternehmers vorgenommen. Dies lässt sich durch Aufzeichnungen von PACIOLI belegen. Vgl. PACIOLI, L., Buchhaltung, S. 90f. Das Eigentümerkapital bildet in diesem einfachen Modell in seiner Gesamtheit den Maßstab für die Berechnung des Unternehmenserfolges. Gewinn bzw. Verlust werden durch den Vergleich der Höhe des Eigentümerkapitals am Periodenbeginn und am Periodenende, angepasst um Entnahmen und Einlagen, ermittelt.

36 Auch als „kapitalgeleitetes Unternehmen" bezeichnet. Vgl. FRANKE, G./HAX, H., Finanzwirtschaft, S. 4; ADAM, M., Eigentum, S. 47f. m. w. N.

37 Vgl. CF BC 1.8.

38 Aus dem Wirtschaftssubjekt wird auch ein Rechtssubjekt. Zu den Vorteilen und Nachteilen der beschränkten Haftung vgl. ADAMS, M., Eigentum, S. 47–70.

39 Vgl. HÜFFER, U., AktG, § 1, Rn. 4, 15–24.

40 Vgl. HÜFFER, U., AktG, § 1, Rn. 8.

Funktion der Geschäftsführung.[41] Die Kapitalgeber einer Publikumsgesellschaft, also einer Kapitalgesellschaft mit großer Zahl von Kapitalgebern, haben nicht mehr die umfassende Herrschaft über die Unternehmung.

Die Anwendung der Unternehmensperspektive auf die Finanzberichterstattung erfordert nicht, dass das Unternehmen eine eigene Sicht bzw. eigene Ziele hat.[42] Eine Entscheidung des Unternehmens ist eine Entscheidung seiner Organe. Die Entscheidungen sind auf Gewinnerzielung unter Sicherung des Bestandes des Unternehmens gerichtet. Die Gewinnerzielung unter Sicherung des Bestandes ist kein autonomes Ziel[43] des Unternehmens, sondern ein mit der Schaffung und Erhaltung des Unternehmens verbundenes ökonomisches Ziel seiner Kapitalgeber.[44] Autonome Ziele einer Kapitalgesellschaft bestehen nur dann, wenn von der Existenz eines „Unternehmens an sich“ ausgegangen werden kann. Eine solche Existenz eines autonomen Unternehmens ist abzulehnen.[45] Die rechtliche Verfassung der Unternehmung als juristische Person begründet keine ökonomisch autonome Existenz einer Unternehmung, sondern stellt lediglich ein Rechtskleid für vertragliche und andere Beziehungen im Zusammenhang mit wirtschaftlichen Aktivitäten dar.[46]

Der Ausweis der Kapitalstruktur vermittelt Finanzinformationen über das berichterstattende Unternehmen und ist daher aus Unternehmensperspektive als eine Verpflichtungsstruktur des Unternehmens gegenüber seinen Kapitalgebern darzustellen.[47] Der

41 CF BC 1.8. Vgl. RICHTER, R./FURUBOTN, E. G., Neue Institutionenökonomik, S. 421–432. Zur Trennung zwischen Entscheidungsfindung, Entscheidungsmanagement und residualer Risikoübernahme im Kontext des Prinzipal-Agenten-Modells mit Verweisen auf FAMA, E., Theory of the Firm, S. 295 und FAMA, E./JENSEN, M., Separation, S. 310.

42 Vgl. IDW (Hrsg.), Stellungnahme: Discussion Paper – Preliminary Views on an Improved Conceptual Framework for Financial Reporting, S. 3.

43 Auch als „Verdienstziel“ und „Sicherungsziel“ bezeichnet. Vgl. BAETGE, J./KIRSCH, H.-J./THIELE, S., Bilanzen, S. 6.

44 Vgl. SIEGEL, T., u. a., Stille Reserven, S. 2081; WENGER, E., Managementanreiz und Kapitalallokation, S. 217 f.; ADAMS, M., Eigentum, S. 15, m. w. N.; WAGNER, F. W., Shareholder Value, S. 482–485, mit einem historischen Abriss über das „Unternehmen an sich“; vgl. auch SCHMIDT, R. H./TERBERGER, E., Grundzüge, S. 49 und KAMPMANN, H., Kapitalstruktur, S. 33, Fn. 157 m. w. N. zur Diskussion der Existenz eigenständiger Unternehmensinteressen.

45 Zustimmend SIEGEL, T., u. a., Stille Reserven, S. 2081; WENGER, E., Managementanreiz und Kapitalallokation, S. 217; ADAMS, M., Eigentum, S. 15.; WAGNER, F. W., Shareholder Value, S. 485.

46 Vgl. RICHTER, R./FURUBOTN, E. G., Neue Institutionenökonomik, S. 393–508 mit einem Überblick zur Institutionenökonomik des Unternehmens; vgl. auch ADAMS, M., Eigentum, S. 14 f.

47 Die Darstellung der Kapitalstruktur als Verpflichtungsstruktur, in der Bilanz von kapitalmarktorientierten Unternehmen aus Sicht des Unternehmens, ist konzeptionell der Darstellung als

Anhang oder andere Teile des Jahresabschlusses stehen daneben zur Weitergabe von ergänzenden Informationen, wie eine Berechnung des Ergebnisses pro Aktie bzw. der Verwässerungswirkung bestimmter Kapitalmaßnahmen, zur Verfügung.[48] Die vormals inkonsistente Anforderung bezüglich der anzuwendenden Bilanzperspektive[49] wurde von FASB[50] und IASB in der Überarbeitung des Rahmenkonzepts nominal adressiert, ohne dass bislang die Einzelvorschriften der IFRS diesbezüglich angepasst wurden.

Durch den IFRS-Abschluss sollen entscheidungsnützliche Informationen (decision useful information bzw. decision usefulness) vermittelt werden.[51] Das einzige Ziel des IFRS-Abschlusses ist folglich die Erfüllung der Informationsfunktion.[52] Das Ziel des IFRS-Abschlusses steht im Einklang mit der Begründung des Erfordernisses externer

---

Verfügungsstruktur überlegen. Zustimmend LÜDENBACH, N., in: Haufe IFRS, § 20 und § 31 zur Auslegung des IAS 32. Vgl. auch BREKER, N., Optionsrechte und Stillhalterverpflichtungen, S. 22.

48 Vgl. BAETGE, J./KIRSCH, H.-J./THIELE, S., Bilanzen, S. 691–701 und 722–724.

49 Mit gleichem Ergebnis in Bezug auf das Rahmenkonzept EFRAG (Hrsg.), DP Liabilities Equity, 1.42. Rahmenkonzept, IAS 1, IAS 32 und IAS 39 implizieren eine durch die Eigentümerperspektive geprägte bilanzielle Dichotomie von Eigenkapital und Fremdkapital. Zentrales wirtschaftliches Kriterium der Klassifikation in IAS 32 ist hingegen die Permanenz, d. h. der Dauerhaftigkeit der Kapitalüberlassung, aus Sicht des Unternehmens. Die Klassifikation von Finanzinstrumenten nach IAS 32 ist aus Sicht des Unternehmens vorzunehmen. Vgl. LÜDENBACH, N., in: Haufe IFRS, § 20, Rn. 31, in Bezug auf die Vorschriften zur Angrenzung von Eigenkapital und Fremdkapital in IAS 32. IFRS 2 impliziert wiederum die Darstellung aus Sicht der Eigner. Der IFRS-Jahresabschluss enthält daneben explizit eignerorientierte Informationen, wie das gemäß IAS 33 auszuweisende Ergebnis pro Aktie.

50 Zur Perspektive der Bilanzierung in den US-GAAP vgl. WHITTINGTON, G., Conceptual Framework Project, S. 21. Die Rechnungslegung nach US-GAAP hat primär die Funktion, entscheidungsrelevante Informationen zu vermitteln. Eine steuerliche Maßgeblichkeits-, Ausschüttungsbemessungs- oder Gläubigerschutzfunktion wird dem Jahresabschluss nicht übertragen. In der Konsequenz misst US-GAAP dem Jahresabschluss der Holdinggesellschaft nur geringe Bedeutung bei. Ein Einzelabschluss für diese Gesellschaft wird regelmäßig nicht erstellt. Demgegenüber hat der Jahresabschluss der Holdingsgesellschaft (Einzelabschluss) in Europa und Ländern mit kontinentaleuropäisch beeinflusster Rechnungslegung, aufgrund des weiter gefassten Funktionsbereiches der externen Rechnungslegung, große Bedeutung. Der Einzelabschuss dient in den vielen europäischen Ländern z. B. als Grundlage für die Ausschüttungsbemessung, für die Überwachung von Kapitalisierungsvorschriften bei Banken und Versicherungen und auch für die steuerliche Maßgeblichkeit. Dieser Unterschied führt zu einer Präferenz in US-GAAP für die Darstellung des Jahresabschlusses aus Sicht des Unternehmens.

51 Vgl. LÜDENBACH, N./FREIBERG, J., Weiterentwicklung, S. 3139; PELGER, C., Exposure Draft, S. 158 f. zum Entwicklungsprozess der Zwecksetzung der IFRS-Rechnungslegung. Vgl. ferner jeweils zur Fassung des Rahmenkonzepts bis September 2010 PEEMÖLLER, V.-H., in: Wiley, Abschnitt 17, Rn. 51; BAETGE, J./KIRSCH, H.-J./THIELE, S., Bilanzen, S. 141 und S. 150; LÜDENBACH, N./HOFFMANN, W.-D., in: Haufe IFRS, § 1, Rn. 5; HEUSER, P. J./THEILE, C., IFRS, Rn. 260.

52 Vgl. LÜDENBACH, N./FREIBERG, J., Weiterentwicklung, S. 3139. Vgl. ferner jeweils zur Fassung des Rahmenkonzepts bis September 2010 PEEMÖLLER, V.-H., in: Wiley, Abschnitt 17, Rn. 41; BAETGE, J./KIRSCH, H.-J./THIELE, S., Bilanzen, S. 141 und S. 150. Vgl. für einen Vergleich der Funktionalität von IFRS bzw. HGB-Abschluss HENNRICHS, J., Eignung für Ausschüttungszwecke, S. 417–424.

Rechnungslegung auf Basis der Ökonomischen Theorie des Rechts. Danach kann externe Rechnungslegung mit der Notwendigkeit der Reduktion von Informationsasymmetrien zwischen den an einer Unternehmung ökonomisch Interessierten begründet werden.[53] Standardisierte Rechnungslegung wird danach als die Ergänzung unvollständiger Verträge unter der Anwendung der Theorie der Verfügungsrechte, der Prinzipal-Agenten-Theorie und der Transaktionskostenökonomik verstanden.[54]

Die Rechnungslegung dient der Informationstransparenz zwischen den Marktteilnehmern und damit dem Funktionsschutz des Kapitalmarktes durch Sicherung der optimalen Kapitalallokation.[55] Informationsintransparenz zwischen den Kapitalgebern und dem Unternehmen als Kapitalnehmer resultiert aus der Unternehmensverfassung. In der Unternehmung sind die Inhaber verschiedener Ressourcen durch gesetzlich und vertraglich begründete Rechtsbeziehungen mit einem zentralen Akteur vereint.[56] Diese Rechtsbeziehungen regeln die Ansprüche, die Pflichten und Einflussmöglichkeiten der Einzelnen. Die Vertragsbeziehungen zwischen den am Unternehmen wirtschaftlich Beteiligten setzen diesen bestimmte planvolle und nicht-planvolle Anreize zum Handeln bzw. Nichthandeln. Daraus kann aus Sicht der Kapitalgeber (Prinzipale) unerwünschtes opportunistisches Handeln der Unternehmensinsider, vorwiegend in der Geschäftsführung (Agenten), resultieren.[57] Die Kapitalgeber verfügen im Vergleich zu den unternehmensinternen Parteien, speziell der Geschäftsführung, regelmäßig nicht über den gleichen Informationsstand über die Lage des Unternehmens und darüber, wie die geschäftsführenden Organe ihre Aufgabe wahrnehmen. Diese Diskrepanz in Bezug auf den Informationsstand der Parteien wird als asymmetrische Informationsverteilung bezeichnet.[58] Infolge der asymmetrischen Informationsverteilung besteht

53 Vgl. RICHTER, R./FURUBOTN, E. G., Neue Institutionenökonomik, S. 314–318.

54 Vgl. dazu die grundlegenden Überlegungen bei JENSEN, M. C./MECKLING, W. H., Theory of the Firm, S. 307–310; ALCHIAN, A. A./DEMSETZ, H., Production, S. 749–795; WILLIAMSON, O. E., Economic Institutions, S. 570–579. Vgl. ferner RICHTER, R./FURUBOTN, E. G., Neue Institutionenökonomik, S. 269–279; FRANKE, G./HAX, H., Finanzwirtschaft, S. 453–457; HAX, H., Rechnungslegungsvorschriften, S. 190–200; KAMPMANN, H., Kapitalstruktur, S. 24–40 und OBERDÖRSTER, T., Finanzberichterstattung und Prognosefehler, S. 9–14 m. w. N.

55 Vgl. HAX, H., Rechnungslegungsvorschriften, S. 190–200. Kritisch SCHNEIDER, D., Kapitalmarkteffizienz, S. 16–32.

56 Vgl. ALCHIAN, A. A./DEMSETZ, H., Production, S. 749–795 und KAMPMANN, H., Kapitalstruktur, S. 34.

57 Diese Problematik wird unter dem Stichwort Prinzipal-Agent-Ansatz bzw. Principal-Agent-Theorie diskutiert. Vgl. RICHTER, R./FURUBOTN, E. G., Neue Institutionenökonomik, S. 30 f.

58 Vgl. RICHTER, R./FURUBOTN, E. G., Neue Institutionenökonomik, S. 269–279; FRANKE, G./HAX, H., Finanzwirtschaft, S. 420.

für die Kapitalgeber die Gefahr der nachteiligen Behandlung durch diejenigen, die für das Unternehmen handeln.[59] Im Extremfall ist dieses Risiko so hoch, dass kein Finanzierungsvertrag zustande kommt und die Investition unterbleibt.[60] Kontrahierungsbereitschaft ist vom Informationsstand abhängig.

Durch die Rechnungslegung werden Informationen vermittelt, welche die Beurteilung der wirtschaftlichen Lage des Unternehmens ermöglichen sollen.[61] Die Rechnungslegung reduziert damit den Grad der asymmetrischen Informationsverteilung und somit das Risiko einer Schädigung der Kapitalgeber (Informationsfunktion durch Schaffung von Markttransparenz).[62] Die durch die Rechnungslegung bereitgestellten Informationen ermöglichen daneben die Kontrolle des Periodenergebnisses (Rechenschaftsfunktion). Die Erfolgskontrolle auf Basis des Bilanzergebnisses ermöglicht es, Anreizstrukturen zu schaffen, um das Handeln der Agenten an den Interessen der Prinzipale auszurichten. An das Ergebnis der Rechnungslegung anknüpfende Rechtsfolgen können den Handlungsspielraum der Agenten einschränken (Rechtsfolgenfunktion). Opportunistisches Verhalten der Agenten kann somit reduziert werden. [63]

224 Adressaten der IFRS-basierten Finanzberichterstattung

Gegenwärtige und mögliche künftige Investoren (investors) sowie Kreditgeber und andere Kreditoren (lenders and other creditors), daher die Kapitalgeber, sind laut CF OB5 Primärnutzer und Adressaten der Finanzberichterstattung.[64] In F 9 (a) und 10 a. F. wurden diejenigen als Investoren bezeichnet, die dem Unternehmen Risikokapital zur Verfügung stellen. Investoren sind an den Risiken und Erträgen ihrer Investition interessiert (F 9 (a) a. F.). Kreditgeber und Lieferanten bzw. sonstige Gläubiger sind an Informationen über die Rückzahlung von Darlehensbetrag und Zins interessiert (F 9

59 Vgl. FRANKE, G./HAX, H., Finanzwirtschaft, a. a. O.

60 Vgl. FRANKE, G./HAX, H., Finanzwirtschaft, a. a. O.

61 Vgl. KAMPMANN, H., Kapitalstruktur, S. 37–40.

62 Vgl. OBERDÖRSTER, T., Finanzberichterstattung und Prognosefehler, S. 13 f.

63 Vgl. OBERDÖRSTER, T., Finanzberichterstattung und Prognosefehler, S. 13 f. m. w. N.

64 Vgl. LÜDENBACH, N./FREIBERG, J., Weiterentwicklung, S. 3139. Zwischen den Begriffen Nutzer (user) und Adressaten wird in der deutschen Übersetzung und Diskussion nicht differenziert. Adressat ist ein ausgewählter Empfänger für das Ziel einer Nachricht bzw. von Informationen. Ein Nutzer von Informationen muss nicht zwangsläufig Adressat dieser Informationen sein. Trotz seiner von der wörtlichen Übersetzung mit Nutzer abweichenden Bedeutung wird allgemein der Begriff Adressat (als berechtigter Informationsempfänger) verwendet.

(c) (d) a. F.). Die begriffliche Differenzierung zwischen Risikokapital und Nicht-Risikokapital in Form von Krediten bzw. sonstigen Zahlungsverpflichtungen in der alten Fassung des Rahmenkonzepts impliziert eine dichotome Kapitalstruktur anhand des Kriteriums des Bestehens einer Risikoteilhabe derjenigen, die dem Unternehmen Kapital zur Verfügung gestellt haben. In CF OB3 wird zwischen Investoren sowie Kreditgebern und anderen Kreditoren unterschieden. Das Unterscheidungskriterium zwischen den beiden Primäradressatengruppen ist anders als in F 9 (a) und F 10 a. F. nicht die Risikoübernahme mittels des überlassenen Kapitals und damit nicht implizit die Klassifikation als (risikotragendes) Eigenkapitalinstrument oder (nicht-risikotragendes) Fremdkapitalinstrument. Die Abwendung vom Kriterium Der Risikotragung zur Unterscheidung der Kapitalgeber ist zu begrüßen, da jede Form der Kapitalüberlassung dem faktischen Ausfallrisiko unterliegt und damit risikotragend ist.

Die Unterscheidung zwischen der Adressatengruppe der Investoren, die Eigenkapitalinstrumente (equity instruments) und Fremdkapitalinstrumente (debt instruments) erwerben einerseits, und der Adressatengruppe der Kreditgeber, die Darlehen und sonstige Kredite zur Verfügung stellen andererseits, kann auch in der neuen Fassung des Rahmenkonzepts nicht eindeutig vorgenommen werden, da in CF OB3 nicht zwischen Fremdkapitalinstrument und Darlehen bzw. sonstigem Kredit differenziert wird.

Sowohl die Gruppe der Investoren als auch die Gruppe der Kreditgeber hat ein Interesse an der Möglichkeit zur Abschätzung künftiger Nettoeinzahlungen[65] und an der Rechenschaft des Managements[66], um dessen Leistung beurteilen zu können. Dazu dienen Informationen über die Ressourcen und über die Verpflichtungen des Unternehmens, sowie darüber, wie effizient und effektiv die Unternehmensleitung Geschäftsvorfälle und Ereignisse, die diese verändern, verwaltet.[67] Jahresabschlüsse

65 Vgl. CF OB3.

66 Vgl. CF OB4 i. V.m. CF OB 16. Als Management (management) werden die Geschäftsführung und die verwaltenden Organe der Gesellschaft bezeichnet.

67 Vgl. PEEMÖLLER, V.-H., in: Wiley, Abschnitt 17, Rn. 49.

können nicht alle Informationsbedürfnisse dieser Primäradressaten erfüllen (CF OB6).[68]

Sonstigen Parteien, wie Aufsichtsbehörden (regulators), Vertreter der Öffentlichkeit, die nicht Investor oder Kreditgeber sind, (members of the public other than investors, lenders and other creditors) können aus dem Abschluss entscheidungsnützliche Informationen erlangen, ohne dass die Informationen an diese Gruppe adressiert sind (CF OB10).[69] Diese sonstigen Parteien werden nachfolgend in Abgrenzung zum Begriff Primärnutzer als Sekundärnutzer bezeichnet. Die Beschrämkung der Adressatenorientierung auf die Primärnutzer entspricht den Ergebnissen der Forschung zur Ökonomischen Theorie des Rechts, die die Funktion von Rechnungslegung darin sieht, Vertragsanbahnung und Vertragsüberwachung zu ermöglichen bzw. zu erleichtern.[70] Zum einen haben staatliche Behörden im Vergleich zu den (häufig anonymen) Teilnehmern des Kapitalmarktes weiterreichende Informationsrechte, zum anderen sind deren Informationsinteressen vom politischen Regulierungszweck und vom Steuerungszweck geprägt.[71]

Die Finanzinformationen über das berichterstattende Unternehmen sind dann für die Entscheidungsfindung über das Bereitstellen von Ressourcen an das Unternehmen nützlich, wenn sie dem Konzept der Periodenabgrenzung (accrual accounting) genügen.[72] Gemäß diesem Konzept werden die Auswirkungen von Geschäftsvorfällen und anderen Ereignissen erfasst, wenn sie auftreten (und nicht wenn ein Zahlungsmittel oder ein Zahlungsmitteläquivalent eingeht oder bezahlt wird). Sie werden in jener Periode in der Buchhaltung erfasst und im Abschluss der Periode ausgewiesen, der sie zuzurechnen sind. Jahresabschlüsse, die nach dem Konzept der Periodenabgrenzung erstellt sind, informieren auch über künftige Zahlungsverpflichtungen sowie Ressourcen, die in der Zukunft zu Zahlungsmittelzuflüssen führen. Somit liefern sie die Art

68 Vgl. BAETGE, J./KIRSCH, H.-J./THIELE, S., Bilanzen, S. 143; BAETGE, J./THIELE, S., Gesellschafterschutz, S. 17 zu den unterschiedlichen Informationsinteressen, die bei Abschlussadressaten bestehen können.

69 Vgl. CF BC1.16 sowie BC1.19–23 mit einer Begründung der Beschränkung der primären Adressatengruppe im Vergleich zur alten Fassung des Rahmenkonzepts.

70 Vgl. FRANKE, G./HAX, H., Finanzwirtschaft, S. 462 f.; SCHNEIDER, D., Kapitalmarkteffizienz, S. 16–20.

71 SCHNEIDER, D., Kapitalmarkteffizienz, S. 16–20.

72 Vgl. CF OB17–19. Der Grundsatz der Periodenabgrenzung wird in IAS 1.27–28 wiederholt.

von Informationen, die für die Adressaten bei deren wirtschaftlichen Entscheidungen besonders nützlich sind.

225 Qualitative Anforderungen an IFRS-basierte Finanzberichterstattung

225.1 Grundlegende qualitative Anforderungen

Der Grad, zu dem die Informationen nützlich sind, hängt von den qualitativen Eigenschaften des Jahresabschlusses ab.[73] In der Neufassung des Rahmenkonzepts werden an entscheidungsnützliche Informationen nur noch zwei grundlegende qualitative Anforderungen (fundamental qualitative characteristics) gestellt.[74] Die Informationen sollen nämlich laut CF QC 5

(1) relevant sein (relevance)[75] und

(2) eine glaubwürdige Darstellung (faithful presentation)[76] liefern.

Informationen sind relevant, wenn sie die wirtschaftlichen Entscheidungen der Adressaten beeinflussen, indem sie ihnen bei der Beurteilung vergangener, derzeitiger oder künftiger Ereignisse helfen oder ihre Beurteilungen aus der Vergangenheit bestätigen oder korrigieren (predictive and/or confirmative value).[77] Die Relevanz einer Information wird durch ihre Wesentlichkeit auf Ebene der berichterstattenden Einheit bestimmt.[78]

Eine Finanzberichterstattung ist entscheidungsnützlich, wenn sie die Geschäftsvorfälle und anderen Ereignisse ausserdem glaubwürdig darstellt, die sie zum Inhalt haben oder die sie entweder vorgeben darzustellen oder von denen vernünftigerweise erwartet werden kann, dass sie sie darstellen.[79] Eine vollkommen glaubwürdige Darstellung

---

73 Vgl. CF QC1 i.V.m. CF QC17. Vgl. PEEMÖLLER, V.-H., in: Wiley, Abschnitt 17, Rn. 49.

74 Vgl. CF QC4f. Vgl. LÜDENBACH, N./FREIBERG, J., Weiterentwicklung, S. 3139.

75 Vgl. CF QC6–11.

76 Vgl. CF QC12–16. Mit der Hochstufung der Anforderung der glaubwürdigen Darstellung von einem Sekundärgrundsatz (F 33 a.F.) zu einem Primärgrundsatz (CF QC4) soll keine wesentliche inhaltliche Änderung bewirkt werden, sondern der uneinheitlich verwendete Begriff der Verlässlichkeit (reliability) besser gefasst werden. Vgl. CF BC3.20–25.

77 Vgl. CF QC6–9 i.V.m. CF BC3.14.

78 Vgl. CF QC11 i.V.m. CF BC3.18.

79 Vgl. CF QC12 i.V.m. CF BC3.18.

bedingt, dass die dargestellte Information komplett, neutral und fehlerfrei ist (CF QC12). Dieser Optimalzustand wird selten erreicht (CF QC12). Eine glaubwürdige Darstellung erfordert indes nicht eine in allen Aspekten vollkommen akkurate Darstellung (CF QC15).

Die Anwendung dieser grundlegenden qualitativen Anforderungen sollte auf Basis eines dreistufigen Prozesses geschehen[80]: Auf der ersten Stufe ist der wirtschaftliche Sachverhalt zu bestimmen, welcher entscheidungsnützlich sein könnte. Auf der zweiten Stufe sind die Informationen bezüglich des Sachverhalts zu bestimmen, die am relevantesten wären, wenn sie verfügbar wären und glaubwürdig dargestellt werden können. Auf der dritten Stufe ist zu ermitteln, ob die Information verfügbar und glaubwürdig darstellbar ist.

225.2 Ergänzende qualitative Anforderungen

Neben den grundlegenden qualitativen Anforderungen sind ergänzende (enhancing) qualitative Anforderungen zu erfüllen (CF QC4 i. V. m. CF OB19). Dazu gehören die Vergleichbarkeit (comparability), die Überprüfbarkeit (verifiability), die Aktualität (timeliness) und die Verständlichkeit (understandability) (CF QC4 i. V. m. CF OB19).[81] Der Board begründet die Differenzierung zwischen grundlegenden qualitativen und ergänzenden qualitativen Anforderungen damit, dass Finanzinformationenen immer den grundlegenden qualitativen Anforderungen genügen müssen, wenn sie entscheidungsnützlich sein sollen, sie indes auch entscheidungsnützlich sein können, wenn die Information nicht den ergänzenden qualitativen Anforderungen genügen.[82]

Die Bestimmungen zur Vergleichbarkeit (comparability) sind in CF QC20–25 festgelegt. Vergleichbarkeit ermöglicht den Adressaten, die Abschlüsse eines Unternehmens bzw. die Abschlüsse verschiedener Unternehmen über die Zeit hinweg zu vergleichen, indem Gemeinsamkeiten bzw. Unterschiede identifiziert und verstanden werden können (CF QC21). Vergleichbarkeit entspricht nicht bloßer Einheitlichkeit der Darstellung (CF QC23), sondern zielt auf materielle Vergleichbarkeit. Die Anforderung der Nachprüfbarkeit (verifiability) wird in CF QC26–28 dargestellt. Sie bedeutet, dass

80 Vgl. CF QC18.
81 Vgl. CF QC19–32.
82 Vgl. CF BC3.10.

Beobachter unabhängig von ihrem Wissensstand bei der Beurteilung der Informationen darin übereinstimmen, dass die Informationen glaubwürdig dargestellt sind.[83] Nachprüfbarkeit der Informationen wurde in der alten Fassung des Rahmenkonzepts nicht explizit als Anforderung aufgeführt. Die Anforderung der Zeitnahen Berichterstattung (timeliness) bedeutet, dass die Informationen rechtzeitig bereit stehen, um die Entscheidungsfindung zu beeinflussen (CF QC29). Die Anforderung der Verständlichkeit (understandability) wird durch klar und präzise klassifizierte und dargestellte Information erfüllt.[84] Für die Adressaten wird vorausgesetzt, dass sie eine angemessene Kenntnis geschäftlicher und wirtschaftlicher Tätigkeiten und der Rechnungslegung sowie die Bereitschaft besitzen, die Informationen mit entsprechender Sorgfalt zu lesen.[85] Informationen zu komplexen Themen, die auf Grund ihrer Relevanz für wirtschaftliche Entscheidungen der Adressaten im Abschluss enthalten sein müssen, dürfen indes nicht allein deswegen weggelassen werden, weil sie für bestimmte Adressaten zu schwer verständlich sein könnten, denn Relevanz der Information ist wichtiger als ihre Verständlichkeit.[86] Die Vermittlung entscheidungsnützlicher Informationen wird schließlich durch die einschränkenden Nebenbedingungen des Kosten-Nutzen-Postulats geformt, welches besagt, dass die Kosten der Rechnungslegung durch den Nutzen ausgeglichen sind, der aus der zusätzlichen Informationsvermittlung erwächst.[87]

Das Rahmenkonzept benennt in der überarbeiteten Fassung in CF 4.1 nur noch das Prinzip der Unternehmensfortführung (going concern) als Basisannahme (underlying assumption). Dieses Prinzip besagt, dass bei der Aufstellung von Abschlüssen im Regelfall von der Annahme der Unternehmensfortführung für den absehbaren Zeitraum auszugehen ist. Das bedeutet, dass das Unternehmen weder die Absicht haben noch gezwungen sein darf, seine Tätigkeiten einzustellen oder deren Umfang wesentlich einzuschränken.[88] Besteht eine derartige Absicht oder Notwendigkeit, dann muss der Abschluss auf einer anderen Grundlage erstellt werden, die dann anzugeben ist.[89]

83 Vgl. CF BC3.35.
84 Vgl. CF QC30.
85 Vgl. CF QC32 i. V.m. CF BC3.40.
86 Vgl. CF QC31 i. V.m. CF BC3.41 f.
87 Vgl. CF QC35–39.
88 Vgl. CF 4.1.
89 Vgl. CF 4.1.

23 Kapitalausweis nach IFRS de lege lata

231 Die Ansatzgrundsätze des Rahmenkonzepts

Die Ansatzgrundsätze des Rahmenkonzepts sind in CF 4.2–4.53 niedergelegt. Die Ansatzgrundsätze werden neben den Bewertungsgrundsätzen in CF 4.54–4.56 und den Kapitalerhaltungsgrundsätzen in CF 4.57–4.65 als ergänzende Rechnungslegungsgrundsätze bezeichnet.[90] Das Rahmenkonzept sieht für die Bilanz ein zweistufiges Ansatzkonzept vor.[91] Der abzubildende Sachverhalt muss auf der ersten Stufe die Definition eines Abschlusspostens, also entweder eines Vermögenswertes oder einer Schuld bzw. indirekt des Residualbetrages Eigenkapital, erfüllen (Klassifikation).[92] Im zweiten Schritt wird die Ansatzpflicht in der Bilanz anhand der konkreten Vorgaben in CF 4.37–4.46 bestimmt.[93]

Zu den Abschlussposten der Bilanz gehören gemäß CF 4.2 i. V. m. CF 4.4 Vermögenswerte (assets), Schulden (liabilities) und Eigenkapital (equity). Die Abschlussposten zeigen die wirtschaftlichen Auswirkungen von Geschäftsvorfällen und anderen Ereignissen (CF 4.2). Ein Vermögenswert ist gemäß CF 4.4 (a) eine in der Verfügungsmacht des Unternehmens stehende Ressource, die ein Ergebnis der Vergangenheit darstellt und von der erwartet wird, dass dem Unternehmen aus ihr ein wirtschaftlicher Nutzen zufließt. Eine Schuld ist gemäß CF 4.4 (b) eine gegenwärtige Verpflichtung des Unternehmens, die aus Ereignissen der Vergangenheit entsteht und deren Erfüllung für das Unternehmen erwartungsgemäß mit einem Abfluss von Ressourcen mit wirtschaftlichem Nutzen verbunden ist. Die Abbildung der vertraglich und gesetzlich begründeten Ansprüche auf Basis von Passivierungsregeln, die vom Vermögensausweis unabhängig ist, entkoppelt die Darstellung des Vermögens vom Ausweis der dem Unternehmen gegenüberstehenden Ansprüche. Zur Erzielung des Gleichlaufs von Vermögen und Kapital, daher der strengen Symmetrie der Bilanz, ist das potentiell resultierende Ungleichgewicht zwischen aktivierter Vermögensmasse

90 Vgl. BAETGE, J./KIRSCH, H.-J./THIELE, S., Bilanzen, S. 147.

91 Vgl. CF 4.5, S. 2 i. V.m. CF 4.37.

92 Vgl. CF 4.5, S. 2 i. V.m. CF 4.37.

93 Einzelne IFRS enthalten spezielle Ansatzregeln, die den Bestimmungen des Rahmenkonzepts vorgehen bzw. teilweise widersprechen. Vgl. BAETGE, J./KIRSCH, H.-J./THIELE, S., Bilanzen, S. 181 f.

und passivierten Ansprüchen durch den Ansatz einer indirekt ermittelten Residualposition aufzuheben. Entsprechend findet sich in CF 4.4 (c) i. V. m. CF 4.20–4.23 eine Definition von Eigenkapital als Vermögensresiduum, daher als der nach Abzug aller Schulden verbleibende residuale Anspruch an den Vermögenswerten des Unternehmens. Das Rahmenkonzept enthält folglich keine wirtschaftlich eigenständige Definition des Begriffes Eigenkapital, sondern verfasst lediglich eine Negativdefinition. Eigenkapital ist damit Residualkapital, dessen materieller Gehalt ein Derivat der Definition von Schuld ist.

Die Darstellung aller Verfügungsrechte schließt den Ausweis eines außerhalb der Verfügungsstruktur stehenden Anspruchs auf das Vermögensresiduum aus.[94] Die Darstellung bedingt folglich die Differenzierung der Ansprüche nach solchen, die der Höhe nach bestimmt sind, und solchen, die ein Residuum umfassen. Das Eigenkapitalinstrument wird z. B. daher gemäß IAS 32.16 anhand von Merkmalen in Abgrenzung zum Begriff der finanziellen Verbindlichkeit in IAS 32.11 definiert, ohne dass eigenständige qualitative Merkmale verfasst werden.[95] Dabei kann es zum Widerspruch zwischen der auf Basis der Definition von Eigenkapitalinstrument direkt ermittelten Höhe des Eigenkapitals und der sich indirekt ergebenden Höhe des Eigenkapitals als Residual kommen. Ein solcher konzeptioneller Widerspruch ist in einem kohärenten Kapitalausweiskonzept zu beheben, wonach die Kapitalstruktur konsequent aus Unternehmenssicht auszuweisen ist.

232 Gliederung und Untergliederung des Kapitalausweises

Die Gliederung des Kapitalausweises ist die bilanzielle Abbildung der Kapitalstruktur in gegliederter Form und nicht nur als solitäre Kapitalgröße. Bilanzielles Kapital wird durch differenzierende Bezeichnungen und eine bestimmte Anordnung der einzelnen

94 Vgl. BITZ, M., Eigenkapitalbegriff, S. 162; WAGENHOFER, A., Eigenkapital, S. 119. Vgl. den Vorschlag von SCHNEIDER, D., Betriebswirtschaftslehre Bd. 2, S. 376–390, zur Abbildung der Kapitalstruktur aus Sicht der Kapitalgeber als Risikokapital, also durch Vermögen gedeckte, in der Insolvenz nachrangig oder gleichrangig zu befriedigende Kapitalbestandteile (Verlustpuffer). Diese Darstellung unterliegt konzeptionell der Beschränkung, dass der bilanzielle Verlustpuffer nur im Zeitpunkt der Errichtung des Unternehmens erkennbar gemacht werden kann, SCHNEIDER, D., Betriebswirtschaftslehre Bd. 2, S. 388.

95 Der Begriff des Eigenkapitalinstruments ist infolge dieser Negativdefinition enger gefasst als der Begriff des Eigenkapitals, denn finanzielle Verbindlichkeiten bilden eine Teilmenge aller Verbindlichkeiten bestehens aus finanziellen und nicht-finanziellen Verbindlichkeiten.

Kapitalpositionen gegliedert. Jede Kapitalposition bildet eine bilanziell beschriebene Aggregation von Verpflichtungen des Unternehmens ab.

Das Rahmenkonzept unterscheidet in CF 4.4 zwischen den Kapitalpositionen Schulden[96] und Eigenkapital als Residuum und verfasst damit eine dichotome Kapitalgliederung. Die dichotome Kapitalgliederung ist die einfachste Form eines kardinalen Ausweises in Form eines Zweiklassenausweises.[97] Flexibilität für eine Dreiteilung der Kapitalgliederung, z. B. in Form eines Wahlrechts, ist in den IFRS gegenwärtig nicht vorgesehen.

Der Informationsnutzen des dichotomen Ausweises, daher der Gliederung in Schulden und Eigenkapital, ist durch eine Untergliederung der jeweiligen Position zu erhöhen.[98] Die Schulden können beispielsweise anhand ihrer wirtschaftlichen Funktion für das Unternehmen untergliedert werden, um damit Informationen bereitzustellen, die für die Adressaten bei deren wirtschaftlichen Entscheidungen von größtmöglichem Nutzen sind.[99] Das Eigenkapital einer Kapitalgesellschaft kann in Gesellschafterbeiträge, Gewinnrücklagen vor oder nach Verwendung und Kapitalerhaltungsrücklagen gesondert ausgewiesen werden (CF 4.20 Satz 2).[100] Daneben sind solche Rücklagen unterscheidbar auszuweisen, die durch die gesellschaftsrechtlichen Statuten oder durch Gesetze vorgeschrieben sind, um das Unternehmen und seine Gläubiger in einem höheren Maß vor den Auswirkungen von Verlusten zu schützen bzw. wenn das nationale Steuerrecht bei einem Übertrag auf solche Rücklagen Befreiungen von der Besteuerung oder Steuervergünstigungen gewährt, denn das Bestehen und die Höhe dieser Rücklagen können für die Abschlussadressaten und deren wirtschaftliche

96 Nachfolgend wird neben Schuld der Begriff Fremdkapital in Abgrenzung zum Begriff Eigenkapital verwendet.

97 Dabei handelt es sich um einen nominalen Ausweis anhand diskreter Kriterien. Vgl. KAMPMANN, H., Kapitalstruktur, S. 98 m. w. N.; KAMPMANN, H., Abgrenzung von Eigen- und Fremdkapital, S. 188–192. Zu messtheoretischen Grundlagen im Kontext der Bilanzgliederung vgl. SCHNEIDER, D., Betriebswirtschaftslehre Bd. 1, S. 204–211; SCHNEIDER, D., Betriebswirtschaftslehre Bd. 2, S. 328.

98 Vgl. CF 4.3 i. V.m. CF 4.20.

99 Vgl. CF 4.3.

100 Eine solche Aufgliederung kann für die Abschlussadressaten bezüglich ihrer Entscheidungserfordernisse relevant sein, wenn sie z. B. auf gesetzliche oder andere Einschränkungen in der Fähigkeit des Unternehmens hinweisen, Ausschüttungen vorzunehmen oder das Eigenkapital anderweitig zu verwenden. Diese Aufgliederung kann auch die Tatsache widerspiegeln, dass Anteilseigner eines Unternehmens unterschiedliche Dividendenrechte oder unterschiedliche Rechte auf Rückzahlung von eingezahltem Kapital haben. Vgl. CF 4.20 S. 3 f.

Entscheidungen relevant sein (CF 4.21). Diese Überlegungen bezüglich einer Untergliederung gelten gleichermaßen für sonstige Gesellschaftstypen.[101]

Für die Untergliederung der Kapitalpositionen sind in den IFRS detaillierte Regeln verfasst. Die Vorschriften orientieren sich am Beispiel der Aktiengesellschaft als Grundtyp der Publikumsgesellschaft.[102] Die Vorschriften zur Mindestgliederung der Bilanz finden sich in IAS 1.54. Danach sind neben den Vermögenswerten, Verbindlichkeiten aus Lieferungen und Leistungen, sonstige Verbindlichkeiten, Rückstellungen, finanzielle Schulden, Steuerschulden bzw. Steuererstattungsansprüche und latente Steueransprüche bzw. Steuerschulden gemäß IAS 12, im Eigenkapital ausgewiesene Minderheitenanteile, gezeichnetes Kapital und Rücklagen, die den Anteilseigner der Muttergesellschaft zuzuordnen sind, darzustellen. IAS 1.54 schreibt nicht die Reihenfolge oder die Gliederung der erwähnten Posten vor, sondern liefert lediglich eine Liste von Posten, deren Eigenschaften und Funktionen so unterschiedlich sind, dass ein getrennter Ausweis in der Bilanz erforderlich ist. Eine Darstellung in T-Kontenform ist nicht erforderlich. Eine fortlaufende Darstellung kann gewählt werden. Die jeweiligen Gliederungspflichten variieren für jeden Posten.

Das gezeichnete Kapital und die Rücklagen sind laut IAS 1.54 (r) zumindest nach eingezahltem Kapital, Agio und Rücklagen zu gliedern.[103] Daneben bestehen laut IAS 1.79–80A umfangreiche Offenlegungspflichten für jede Klasse von Anteilen einschließlich der Verpflichtung, für jede Klasse von Anteilen die Rechte, Vorzugsrechte und Beschränkungen für die jeweilige Kategorie von Anteilen anzugeben, einschließlich Beschränkungen bei der Ausschüttung von Dividenden und der Rückzahlung des

101 Vgl. CF 4.23.

102 Zur Kapitalgliederung nach IFRS bei der Personengesellschaft vgl. WEBER, C.-P., in: Wiley, Abschnitt 17, Rn. 43–54; LÜDENBACH, N./Hoffmann, W.-D., in: Haufe IFRS, § 20, Rn. 21–41 und 74–87; HEUSER, P. J./THEILE, C., in: IFRS, Rn. 2050–2065; BAETGE, J./WINKELJOHANN, N./HAENELT, T., Novellierte Kapitalabgrenzung des IAS 32, S. 1519–1522; BÖMELBURG, P./LANDGRAF, C./LUCE, K., Eigenkapitalabgrenzung, 2008; HENSELMANN, K., Eigenkapital, S. 468–474; KRAFT, E. T., Abgrenzung, S. 336–341; LÖW, E./ANTONAKOPOULOS, N., Die Bilanzierung ausgewählter Gesellschaftsanteile, S. 143–149, 261–271; RÜCKLE, D., Eigenkapital der Personengesellschaften, S. 228–232; SIEKER, S., Personengesellschaft, S. 849–861; BERGER, R./GRÜNEWALD, H./KOLB, S., Zweifelsfragen Eigen- und Fremdkapital, S. 83–88. Vgl. ferner REUTER, M., Eigenkapitalausweis, S. 37–68 und WEIDENHAMMER, S., Eigenkapitalsituation, S. 30–47.

103 Zur Gliederung des Eigenkapitals in der Bilanz vgl. WAGENHOFER, A., Eigenkapital, S. 121–127.

Kapitals. Hinweise oder Ausführungen zu einer weiterreichenden Gliederung anhand wirtschaftlicher Eigenschaften werden nicht gegeben.

Laut IAS 1.69–76 ist bei einer Gliederung der Bilanzposition Verbindlichkeiten auf den Betrag des Schuldtitels, die Art und den Fälligkeitszeitpunkt abzustellen. Eine Schuld ist nach IAS 1.69 als kurzfristig einzustufen, soweit ihre Tilgung innerhalb des gewöhnlichen Verlaufs des Geschäftszyklus[104] des Unternehmens oder innerhalb von zwölf Monaten nach dem Bilanzstichtag erwartet wird, das Unternehmen kein uneingeschränktes Recht zur Verschiebung der Erfüllung der Verpflichtung um mindestens zwölf Monate nach dem Bilanzstichtag hat oder der Schuldtitel primär für Handelszwecke gehalten wird. Verbindlichkeiten, die keines der oben genannten Merkmale tragen, sind als langfristige Schulden einzustufen.

Die Flexibilität der Darstellung in einem IFRS-Abschluss ist groß, weil sich der Rechnungslegende nicht an eine Mindestgliederung halten muss.[105] IAS 1.57 stellt klar, dass IAS 1 gerade nicht die Reihenfolge oder Gliederung für die Darstellung von Bilanzposten vorschreibt, sondern in IAS 1.54 lediglich eine Liste von Posten kodifiziert ist, die ihrem Charakter oder ihrer Funktion nach so unterschiedlich sind, dass sie einen getrennten Ausweis in der Bilanz erfordern. Die diesbezügliche Flexibilität der IFRS wird in IAS 1.38–47 durch eine umfassende Darstellungspflicht im Anhang zu den einzelnen Positionen ausgeglichen. Dabei sind die Darstellung und der Ausweis von Posten im Abschluss grundsätzlich von einer Periode zur nächsten Periode beizubehalten.

233 Kriterien der Klassifikation von Kapitalposten

Die Klassifikation von Kapitalposten kann auf Basis formeller oder materieller Kriterien vollzogen werden.[106] Ein formelles Kriterium ist die rechtliche Form der Vereinbarungen. Eine solche Differenzierung zwischen Kapitalposten basiert daher auf dem Rechtsrahmen, welchem die Gesellschaft unterworfen ist. Innerhalb des deutschen

104 Ein normaler Geschäftszyklus kann sich über eine Dauer erstrecken, die einen Zeitraum von mehr als zwölf Monaten umfasst. Vgl. IAS 1.71.

105 Vgl. WAGENHOFER, A., Eigenkapital, S. 121.

106 Vgl. THIELE, S., Eigenkapital, S. 91–93 m. w. N., der unter diesem Blickwinkel die Abgrenzung von Eigenkapital und Fremdkapital untersucht.

Rechtsrahmens kann zwischen gesellschaftsrechtlich verfassten Verträgen, daher Vereinbarungen auf Basis des Gesellschaftsrechts, und schuldrechtlich verfassten Verträgen unterschieden werden.[107] Gesellschaftsrechtliche Verträge unterscheiden sich dadurch von schuldrechtlichen Vereinbarungen, dass die Vertragsparteien vereinbaren, einen gemeinsamen Zweck zu verfolgen.[108] Ein schuldrechtlicher Vertrag beruht auf der Hypothese, dass die eigene Leistung erbracht wird, um die Gegenleistung zu erhalten.[109] Die rechtliche Qualifikation der Vertragsnatur eines Finanzierungsinstrumentes kann lediglich eine abgeleitete, den Besonderheiten des nationalen Rechtssystems unterliegende Beschreibung seiner ökonomischen Natur sein.[110] Eine Gliederung anhand der rechtlichen Natur eines Vertrags greift daher zu kurz.[111]

Ob ein Sachverhalt die Definition eines Vermögenswertes, einer Schuld oder von Eigenkapital erfüllt, muss laut CF 4.6 auf Basis des tatsächlichen wirtschaftlichen Gehalts (underlying substance and economic reality) der zugrundeliegenden Vereinbarung und nicht allein aufgrund der rechtlichen Form ermittelt werden. Das Kriterium des wirtschaftlichen Gehalts ist ein materielles Kriterium. Die Klassifikation eines Abschlusspostens als Schulden oder in Abgrenzung dazu als Eigenkapital ist folglich anhand materieller Kriterien vorzunehmen.[112] Dabei ist zu beachten, dass bei der wirtschaftlichen Betrachtung zwar nicht die formal-rechtliche Natur der Vereinbarung maßgebend ist, aber die vertraglich vereinbarten Rechte und Pflichten den Ausgangspunkt der Analyse für einen sachgerechten Ausweis bilden. Die Klassifikation muss immer auch unter Einbeziehung von nicht explizit verfassten Vertragsbedingungen ebenso wie von Elementen, die für die Vertragsparteien einen ökonomischen Zwang hervorrufen, geschehen.

Der Begriff der Schuld wird in CF 4.4 (b) als gegenwärtige Verpflichtung des Unternehmens definiert, die aus Ereignissen der Vergangenheit entsteht und deren Erfül-

---

107 Vgl. THIELE, S., Eigenkapital, S. 16 mit Bezug auf das deutsche Gesellschaftsrecht und m. w. N. auf juristische Quellen. Vgl. REUTER, M., Eigenkapitalausweis, S. 20–25; WEIDENHAMMER, S., Eigenkapitalsituation, S. 18–20 und 30–44.

108 Vgl. THIELE, S., Eigenkapital, S. 16 mit Bezug auf das deutsche Gesellschaftsrecht und m. w. N. auf juristische Quellen.

109 Vgl. THIELE, S., Eigenkapital, S. 15 f. mit Bezug auf das deutsche Gesellschaftsrecht.

110 Vgl. THIELE, S., Eigenkapital, S. 93.

111 Vgl. THIELE, S., Eigenkapital, S. 93; KAMPMANN, H., Kapitalstruktur, S. 93 m.w.N.

112 Zur Unterscheidung zwischen formeller und materieller Kapitalabgrenzung vgl. THIELE, S., Eigenkapital, S. 91–93. Vgl. zu Kriterien der Gliederung auch KAMPMANN, H., Kapitalstruktur, S. 90–92; KAMPMANN, H., Abgrenzung von Eigen- und Fremdkapital, S. 188.

lung für das Unternehmen erwartungsgemäß mit einem Abfluss von Ressourcen mit wirtschaftlichem Nutzen verbunden ist. Gemäß CF 4.15 ist eine Verpflichtung eine rechtlich durchsetzbare Pflicht oder Verantwortung des Unternehmens, als Folge eines bindend vereinbarten Vertrages oder einer gesetzlichen Vorschrift in bestimmter Weise zu handeln oder eine Leistung zu erbringen. Verpflichtungen können auch aus dem üblichen Geschäftsgebaren des Unternehmens erwachsen (CF 4.15). Die Verpflichtung ist gemäß CF 4.16 dann gegenwärtig, wenn das Unternehmen eine unwiderrufliche Vereinbarung abschließt, deren Erfüllung für das Unternehmen erwartungsgemäß zum Abfluss von Ressourcen mit wirtschaftlichem Nutzen führt. Kapitalpositionen, die als Schuld zu klassifizieren sind, bilden zeitlich beschränkt überlassenes Kapital.[113] Vermögenswerte, die von Ansprüchen umfasst werden, die nicht gegenwärtig sind und/ oder deren Erfüllung für das Unternehmen erwartungsgemäß nicht mit einem Abfluss von Ressourcen mit wirtschaftlichem Nutzen verbunden ist, bilden daher zeitlich unbeschränkt überlassenes Kapital. Die Klassifikation wird folglich anhand der Dauerhaftigkeit der Kapitalüberlassung vorgenommen. Das Kriterium der Dauerhaftigkeit der Kapitalüberlassung (Prinzip der Permanenz) ist ein materielles Kriterium der Klassifikation.[114] Der Verlustaufnahmefähigkeit von Kapital (Prinzip der Haftung) wird im Rahmenkonzept keine Bedeutung bei der Klassifikation eingeräumt.

Die ausschließlich am Prinzip der Permanenz orientierte Kapitalgliederung, welches in IAS 32.16 (revidiert 2003) verfasst war, führte dazu, dass z. B. das gesellschaftsrechtliche Eigenkapital von deutschen Genossenschaften wirtschaftlich unzutreffend als Fremdkapital auszuweisen war, da den Gesellschaftern bzw. Mitgliedern ein gesetzliches Kündigungsrecht gemäß § 723 BGB bzw. § 65 Abs. 1 GenG zusteht.[115] Der überarbeitete IAS 32 (revidiert 2008) ergänzt Dauerhaftigkeit als Kriterium der Kapitalklassifikation bezogen auf eine beschränkte Zahl von Vereinbarungen mit residua-

113 Eine als Schuld zu passivierende Verpflichtung kann sich mangels deckungsgleicher Definitionen von Ressource in CF 4.4 (a) und CF 4.4 (b) auf eine Ressource beziehen, die nicht die Definition eines Vermögenswertes erfüllt und daher nicht zu aktivieren ist. Für die Betrachtung wird Kongruenz des Begriffsinhalts von Ressource gemäß CF 4.4 (a) und gemäß CF 4.4 (b) angenommen.

114 Andere Ansicht bei SCHEFFLER, E., Eigenkapital, S. 63 sowie HEUSER, P. J./THEILE, C., IFRS, Rn. 2012, die Permanenz als ausschließlich formalrechtliches Kriterium verstehen. BREKER, N./HARRISON, D. A./SCHMIDT, M., Abgrenzung, S. 478 sprechen in Abgrenzung zur Haftung von einer Finanzierungsfunktion.

115 Vgl. BAETGE, J./KIRSCH, H.-J./THIELE, S., Bilanzen, S. 514.

lem Charakter daher um das Kriterium der Haftung[116], ohne dass diese Ergänzung im Rahmenkonzept einen Niederschlag fand. Die Änderung wird durch den IASB als kurzfristige und vorübergehende Ausnahmeregelung zu der in IAS 32 verfassten Pflicht zur Fremdkapitalklassifikation bestimmter Finanzinstrumente bezeichnet, die aus dem in nationalen Gesellschaftsrechten verfassten Ausschlussverbot von Gesellschafterkündigungsrechten bei Gesellschaften bestimmter Rechtsform resultiert.[117] Infolge der Änderungen des IAS 32 sind Kapitalpositionen, die infolge von Kündigungsrechten zeitlich beschränkt überlassenes Kapital darstellen, als Eigenkapital zu klassifizieren, vorausgesetzt der Rückzahlungsanspruch ist auf den beizulegenden Zeitwert des Instrumentes beschränkt und eine Zahl weiterer Bedingungen ist erfüllt.[118] Die Ausnahmeregeln sollen durch neue Regeln zu Finanzinstrumenten mit Eigenkapitalmerkmalen ersetzt werden.[119] Ein singuläres Ausweisprinzip besteht daher seit 2008 in IFRS nicht mehr. Das Rahmenkonzept steht diesbezüglich im Widerspruch zu den Einzelstandards. Die Überarbeitung des IAS 32 wurde in Deutschland von einer intensiven Debatte begleitet.[120] In der Debatte wurde auf alternative Vor-

---

116 Vgl. IAS 32.IN23-24 i. V. m. BC50–74.

117 Vgl. IAS 32.IN 24 und IAS 32.BC 50–74.

118 Vgl. IAS 32.16A und IAS 32.16B. Vgl. Für eine detaillierte Darstellung der Anforderungen bei REINKE, J./NISSEN-SCHMIDT, A., Eigenkapital, S. 72–78; BLAUM, U., Amendments to IAS 32, Rn. 1–40; WINKELJOHANN, N., Eigenkapital nach IFRS/Änderung, S. 45 f.; BARCKOW, A., IFRS Kommentar, IAS 32, Rn. 61–78.

119 Die Veröffentlichung eines gemeinsamen Exposure Drafts durch IASB und FASB wurde mangels Arbeitskapazität verschoben. Im 2. Halbjahr 2011 soll über den neuen zeitlichen Rahmen des Projekts entschieden werden Vgl. IASB Arbeitsplan (Stand: 15. April 2011). Im Internet veröffentlicht unter: www.iasb.org.

120 Nennenswert sind folgende Quellen, die in chronologischer Folge aufgeführt werden. Aus dem Jahr 2004: BROSER, M./HOFFIAN, A./STRAUCH, J., Bilanzierung Kommanditgesellschaften, S. 452–459; BRÜGGEMANN, B./LÜHN, M./SIEGEL, M., Hybride Finanzierungsinstrumente, S. 340–352, 389–402; LÜDENBACH, N./HOFFMANN, W.-D., Kein Eigenkapital in der IAS/IFRS-Bilanz, S. 1042–1047. Aus dem Jahr 2005: BALZ, G. K./ILINA, K., Kommanditkapital nach International Accounting Standards, S. 2759–2763; BERGER, R./GRÜNEWALD, H./KOLB, S., Zweifelsfragen Eigen- und Fremdkapital, S. 83–88; BREKER, N./HARRISON, D. A./SCHMIDT, M., Abgrenzung, S. 469–479; HOFFMANN, W.-D./LÜDENBACH, N., IFRS-Rechnungslegung für Personengesellschaften, S. 404–409; PAWELZIK, K. U., Eigenkapital, S. 1137–1146; SCHABER, M./ISERT, D., Abgrenzung, S. 299–310, 357–364; LEUSCHNER, C.-F./WELLER, H., Qualifizierung, S. 261–269. Aus dem Jahr 2006: BAETGE, J./KIRSCH, H.-J./LEUSCHNER, C.-F./JERZEMBEK, L., Aufsatz zum Gutachten IAS 32, S. 2133–2138; BARCKOW, A./SCHMIDT, M., Abgrenzung von Eigenkapital und Fremdkapital, S. 950–952; BARCKOW, A./SCHMIDT, M., IASB Exposure Draft, S. 623–634; BINGEL, E./WEIDENHAMMER, S., Ausweis Eigenkapital, S. 675–679; ERDMANN, M.-K./CLARK, J., Abgrenzung nach HGB und IFRS, S. 227–232; HENNRICHS, J., Kündbare Gesellschaftereinlagen nach IAS 32, S. 1253–1262; HOFFMANN, W.-D./LÜDENBACH, N., Neuregelung des IASB (HRSG.), S. 1797–1800; KÜTING, K./WIRTH, J./DÜRR, U., Personenhandelsgesellschaft vor der Schuldenfalle, S. 69–79; KÜTING, K./WIRTH, J./DÜRR, U., Standardkonforme Anwendung von IAS 32, S. 345–355; PAWELZIK, K. U., Personengesellschaften, S. 153–159; PRINZ, U., Eigenkapitalvernichtende

schläge zur Gliederung von Kapital und der Klassifikation von Kapitalposten Bezug genommen bzw. es wurden neue Konzepte entwickelt, die nachfolgend dargestellt werden.

234 Alternative Vorschläge zur Gliederung von Kapital und zur Klassifikation von Kapitalposten

In der Diskussion[121] der Kapitalgliederung bzw. Bilanzstruktur wird neben einem diskreten Kapitalausweis eine Reihe von Konzepten diskutiert, die entweder vollständig auf eine Kapitalgliederung in Kapitalklassen verzichten[122] bzw. einen stetigen Ausweis mit der Konsequenz einer zunächst undefinierten Zahl von Kapitalklassen vor-

---

Konsequenzen freiwilliger IAS/IFRS, S. 566–572; RAMMERT, S./MEURER, H., Geplante Änderungen, S. 1–6; RATHGEBER, A., Eigen- und Fremdkapital, S. 133–140; SCHILDBACH, T., Das Eigenkapital deutscher Unternehmen nach IFRS, S. 325–341; SCHMIDT, M., Eigenkapital nach IAS 32, S. 198–201; SCHMIDT, M., Eigenkapital nach IAS 32 bei Personengesellschaften, S. 1563–1566; SCHUBERT, D., Einlage in Personenhandelsgesellschaften, S. 1033–1040; SCHUBERT, D., Eigenkapitalabgrenzung bei Personenhandelsgesellschaften, S. 251–256; WEIDENHAMMER, S., Änderungen von IAS 32, S. 155–161; WEIDENHAMMER, S., Personenhandelsgesellschaften im IRFS-Einzelabschluss, S. 228–232; ZÜLCH, H./ERDMANN, M.-K./CLARK, J., Abgrenzung nach HGB und IFRS, S. 227–232. Aus dem Jahr 2007: COENENBERG, A. G./BERGER, S./JOEST, A., Kapitalabgrenzung nach IAS 32, S. 139–169; HENNRICHS, J./DETTMEIER, M./PÖSCHKE, M./SCHUBERT, D., Neues Eigenkapital, S. 61–69; HENSELMANN, K., Eigenkapital, S. 461–476; KAMPMANN, H., Abgrenzung von Eigen- und Fremdkapital, S. 185–192; MENTZ, A., Eigenkapitalausweis nach ED IAS 32; 2007, S. 453–460; MÜLLER, S., Aktuelle Entwicklung; 2007, S. 139–152; RÜCKLE, D., Zum Eigenkapital der Personengesellschaften, S. 479–503; STEINER, M./SCHIFFEL, S., Bilanzielle Kapitalabgrenzung, S. 7–21; WEIDENHAMMER, S., Vorschlag Kapitalabgrenzung, S. 191–197; SCHIEMER, V. S., Eigen- und Fremdkapital bei Personengesellschaften, S. 105–134; ZÜLCH, H./BIGUS, J., Abgrenzung von Eigen- und Fremdkapital, S. 7–21. Aus dem Jahr 2008: BAETGE, J./HAENELT, T., Loss Absorption Approach, S. 296–323; BAETGE, J./WINKELJOHANN, N./HAENELT, T., Novellierte Kapitalabgrenzung des IAS 32, S. 1518–1523; BÖMELBURG, P./LANDGRAF, C./LUCE, K., Eigenkapitalabgrenzung, S. 143–149; MÜLLER, S./WELLER, N./REINKE, J., Entwicklungstendenzen, S. 1109–1115; SCHMIDT, M., Ergebnis- statt Prinzipienorientierung, S. 434–439; WINKELJOHANN, N., Eigenkapital nach IFRS/Änderung, S. 45–47. Aus dem Jahr 2009: BLAUM, U., Amendments to IAS 32, Rn. 1–40.

121 Vgl. SWOBODA, P., Betriebswirtschaftliche Abgrenzung von Eigenkapital und Fremdkapital, S. 42–81; SWOBODA, P., Risikograd, S. 343–361; SCHNEIDER, D., Messung Eigenkapital, S. 187–191, sowie SCHNEIDER, D., Investition, S. 51–56, mit einem Konzept von Risikokapital aus Sicht des Investors; KAMPMANN, H., Kapitalstruktur, S. 164–177, mit einem haftungsorientierten Konzept der Kapitalgliederung; KNABE, A./WALTHER, U., Unterscheidung von Eigenkapital und Fremdkapital, S. 8–17, mit einem kapitalmarktorientierten und einem produktionsfaktororientierten Ansatz; BIGUS, J., Abgrenzung von Eigen- und Fremdkapital, S. 11–18; BIGUS, J., Abgrenzung von Eigen- und Fremdkapital-Erwiderung, S. 352–355; EFRAG (Hrsg.), DP Liabilities Equity, S. 41–93 mit einem an der Verlustaufnahmefähigkeit orientierten Konzept der Kapitalgliederung.

122 Vgl. SWOBODA, P., Betriebswirtschaftliche Abgrenzung von Eigenkapital und Fremdkapital, S. 42–81; SWOBODA, P., Risikograd, S. 343–361; SCHNEIDER, D., Messung Eigenkapital, S. 187–191, sowie SCHNEIDER, D., Investition, S. 51–56, mit einem Konzept von Risikokapital aus Sicht des Investors.

schlagen[123]. Ein solcher Ausweis genügt nicht der qualitativen Anforderung der Vergleichbarkeit[124] und ist damit nicht entscheidungsnützlich. Vergleichbarkeit bedeutet dabei, dass Adressaten die Abschlüsse eines Unternehmens bzw. die Abschlüsse verschiedener Unternehmen über die Zeit hinweg vergleichen können, indem Gemeinsamkeiten bzw. Unterschiede identifiziert und verstanden werden können (CF QC21). Mangelt es an der Vergleichbarkeit, dann ist der Nutzen der Informationen im Abschluss für Abschlussadressaten bei deren wirtschaftlichen Entscheidungen beschränkt.[125] Ein stetiger bzw. gradueller Ausweis erlaubt nicht den intraperiodischen bzw. interobjektischen Vergleich. Eine diskrete Gliederung ist daher vorzugswürdig. Eine Kapitalklasse muss dabei Saldoposition sein, um eine leere Menge zu vermeiden. Das Residualkapital kann als Saldoposition verstanden werden.

Die Dreiteilung der Kapitalgliederung, daher die Gliederung in Eigenkapital, Fremdkapital und eine dritte Position zwischen Eigen- und Fremdkapital als Zwischen- oder Auffangposten, ist eine diskrete Gliederung und wird als ein sachgerechter Kapitalausweis empfohlen, der der dichotomen Gliederung überlegen sei.[126] In dem Zwischen- oder Auffangposten sollen derartige Kapitalbestandteile aufgeführt werden, die sich weder dem idealtypischen Eigenkapital noch dem idealtypischen Fremdkapital zuordnen lassen.[127] Die Vorteile und Nachteile einer Dreiteilung im Vergleich zu einer Zweiteilung bzw. dem stetigen Ausweis wurden und werden intensiv diskutiert.[128] Gegen eine solche Dreiteilung in reines Eigen- und Fremdkapital und eine Mischposition sprechen

(1) der Mangel der Behebung der Abgrenzungsproblematik und

(2) die resultierenden Schwierigkeiten bei der Erfolgsmessung.

---

123 Vgl. EFRAG (Hrsg.), DP Liabilities Equity, ES. 2. Die konzeptionelle Entwicklung eines Multiklassenausweises kann aufgrund des Arbeitsaufwands nicht von der Arbeitsgruppe im Zusammenhang des „Equity Liability Projects“ von FASB und IASB bewältigt werden.

124 Vgl. CF QC 4 i. V. m. CF QC 19, CF QC20–25.

125 Vgl. CF QC 4 i. V. m. CF QC 19.

126 Zuletzt detailliert begründet bei KAMPMANN, H., Kapitalstruktur, S. 164–177.

127 Vgl. Abschnitt 1, Fußnote 31 mit Nachweisen zu den Idealtypen von Eigenkapital und Fremdkapital.

128 Vgl. BAETGE, J./KIRSCH, H.-J., Gutachten ED 32, S. 95–97; BRÜGGEMANN, B./LÜHN, M./SIEGEL, M., Hybride Finanzierungsinstrumente, S. 347; KAMPMANN, H., Kapitalstruktur, S. 182–193; m. w. N.; THIELE, S., Eigenkapital, S. 85–91; KÜTING, K./KESSLER, H., Eigenkapitalähnliche Mittel in der Handelsbilanz, S. 2104.

Ad (1): Ansatz und Folgebewertung der Kapitalteile werden gemäß den Regeln für Eigenkapital oder denen für Fremdkapital durchgeführt. Solange keine speziellen Regeln für Ansatz und Folgebewertung entwickelt werden, käme es bei der Bilanzierung von Posten dieser Zwischenposition zu einer Systemdurchbrechung entweder in Bezug auf die Behandlung von Komponenten des Eigenkapitals oder des Fremdkapitals, da die Bilanzierung dieser Kapitalposten konzeptionell der Bilanzierung von Eigenkapital oder von Fremdkapital folgen muss.[129] Soweit eine gemischt-bilanzielle Behandlung dieser Gruppe vorgesehen ist, verlagert sich die Klassifizierung lediglich um eine Stufe. Die unscharfe Teilung innerhalb dieser Zwischenposition und das damit verbundene Strukturierungspotential bleibt in diesem Fall bestehen.

Ad (2): Eine Dreiteilung der Kapitalstruktur macht das auf einer dichotom gegliederten Bilanz basierende Konzept der erfolgswirksam bzw. erfolgsneutral erfassten Kapitalüberlassungsvergütung obsolet. Zahlungen könnten als erfolgsabhängiger Zins oder erfolgsneutrale Ertragsausschüttung erfasst werden. Damit sind erhebliche Konsequenzen für die Ausschüttungsbemessung, die noch an das Handelsrecht anknüpfende Besteuerung und für die Ermittlung von Renditekennzahlen[130] verbunden. Die Konsolidierungsvorschriften zur Erstellung der Konzernbilanz (Kapital- und Schuldenkonsolidierung) würden insgesamt obsolet und müssten der veränderten Systematik des Kapitalausweises angepasst werden.[131]

Der separate Ausweis von Finanzierungsvereinbarungen, die vom Idealtyp abweichen, führt zu einer Fragmentierung der Kapitalstruktur. Dadurch können weder die Abgrenzungsproblematik noch können die resultierenden Schwierigkeiten bei der Erfolgsmessung befriedigend gelöst werden. Eine Fragmentierung kann daher nicht gerechtfertigt werden.

Der FASB lehnt ebenso die Einführung eines vierten Bilanzelements[132] – neben Vermögen, Fremdkapital und Eigenkapital – als Ausweismöglichkeit auf der Passivseite

129 Vgl. Baetge, J./Kirsch, H.-J., Gutachten ED 32, S. 96.

130 Vgl. Baetge, J./Kirsch, H.-J., Gutachten ED 32, S. 95 f. mit Hinweis auf die Bedeutung von Bilanzkennzahlen für das Verständnis sowohl der Bestandskraft als auch der Ertragskraft des Unternehmens, die nur basierend auf einer eindeutigen Höhe des Eigenkapitals ermittelt werden können.

131 Vgl. Baetge, J./Kirsch, H.-J., Gutachten IAS 32, S. 96.

132 Die US-GAAP enthalten lediglich drei Bilanzkomponenten. Das Konzept einer aktivischen oder passivischen Bilanzierungshilfe gibt es nicht.

ab.[133] Ein solches Bilanzelement könnte entweder für die Erfassung von Instrumenten, die sowohl Eigenkapital- als auch Fremdkapitaleigenschaften besitzen, oder solchen Instrumenten, die gegenwärtig als temporäres Eigenkapital („temporary equity“)[134] erfasst werden, dienen. Die Ablehnung dieses „Mezzanine Approach“ wird unter anderem damit begründet, dass Schwierigkeiten bei der Klassifikation bestimmter Finanzierungsinstrumente nicht durch die Einführung eines neuen Ausweispostens behoben würden, sondern dass damit vielmehr ein Präzedenzfall zur Schaffung von (willkürlichen) neuen Bilanzpositionen im Fall künftiger Klassifizierungsschwierigkeiten geschaffen würde.[135] Daneben besteht Unklarheit, welchen Ansatz- und Bewertungsvorschriften die Passivierung zu folgen hätte.[136]

24 Würdigung des Kapitalausweises nach IFRS de lege lata

Der IFRS-Abschluss dient gemäß CF OB2 dem Zweck, entscheidungsnützliche Informationen zu vermitteln. Um entscheidungsnützlich zu sein, muss die Finanzberichterstattung die Geschäftsvorfälle gemäß CF QC12 i. V. m. CF BC3.18 glaubwürdig darstellen, die sie zum Inhalt hat oder die sie entweder vorgibt darzustellen oder von denen vernünftigerweise erwartet werden kann, dass sie sie darstellt. Die Regeln zur Kapitalgliederung, also zur Abbildung der Kapitalstruktur in der Bilanz, sind daher mit dem Ziel zu verfassen, qualitative Kongruenz bzw. mindestens ordinalen Gleichlauf zwischen empirischer Kapitalstruktur und bilanziellem Kapitalausweis zu ermöglichen. Das bilanzielle Kapital ist folglich auf Grundlage von Kriterien zu gliedern, die aus der empirischen Kapitalstruktur abzuleiten und damit abbildungsorientiert sind. Die Kriterien sollten prinzipienbasiert sein, um die Möglichkeit der Strukturierung von Vereinbarungen zur Erzielung eines bestimmten Kapitalausweises in Abweichung des wirtschaftlichen Gehalts zu minimieren.

Das Rahmenkonzept sowie die einzelnen Rechnungslegungsstandards verfassen eine dichotome Gliederung des Kapitals in Schulden und Eigenkapital anhand des Prinzips

133 Vgl. FASB (Hrsg.), PV Financial Instruments, E10.
134 Vgl. FASB (Hrsg.), Accounting Series Release No. 268, Presentation in Financial Statements of Redeemable Preferred Stocks.
135 Vgl. FASB (HRSG.), PV Financial Instruments, E10.
136 Vgl. FASB (HRSG.), PV Financial Instruments, E10.

der Permanenz.[137] Der Ausweis speziell definierter Ausnahmefälle in den Einzelvorschriften[138] unterliegt davon abweichend dem Prinzip der Haftung.[139] Nachfolgend wird mittels finanzierungstheoretischer Überlegungen untersucht, welches abbildungsorientierte Gliederungsprinzip aus der empirischen Kapitalstruktur abgeleitet werden kann, um aufzuzeigen, wieweit die Gliederungsregeln für Kapital im IFRS-Abschluss de lege lata ein abbildungsorientiertes Gliederungsprinzip darstellen bzw. nicht darstellen.

241 Ermittlung abbildungsorientierter Gliederungskriterien mittels finanzierungstheoretischer Überlegungen

In der Debatte des bilanziellen Kapitalausweises[140] findet das Zustandekommen der empirischen Kapitalstruktur selbst wenig Beachtung. Das Vorhandensein von ökonomischen bzw. kapitalstrukturtheoretischen Kriterien, die eine dichotome Kapitalstruktur begründen und anhand derer ein abbildungsorientierter bilanzieller Ausweis der Kapitalstruktur vorgenommen werden kann, wird vereinzelt bezweifelt.[141] Die nachfolgenden Ausführungen zielen daher darauf, abbildungsorientierte Kriterien der Kapitalgliederung zu identifizieren und zu einem singulären Ausweisprinzip zu verdichten.

Abbildungsorientierte Kriterien können aus Kapitalklassen abgeleitet werden. Kapitalklassen werden in dieser Untersuchung als wirtschaftlich eigenständige Kapitalkomponenten definiert. Eine Kapitalkomponente ist dann wirtschaftlich eigenständig

137 Vgl. Abschnitt 232.

138 Vgl. IAS 32.IN23–24 i. V. m. BC50–74.

139 Vgl. Abschnitt 233.

140 Vgl. SWOBODA, P., Betriebswirtschaftliche Abgrenzung von Eigenkapital und Fremdkapital, S. 42–81; SWOBODA, P., Risikograd, S. 343–361; SCHNEIDER, D., Messung Eigenkapital, S. 187–191 sowie SCHNEIDER, D., Investition, S. 51–56 mit einem Konzept von Risikokapital aus Sicht des Investors. Vgl. KAMPMANN, H., Kapitalstruktur, S. 164–177 mit einem haftungsorientierten Konzept der Kapitalgliederung. Vgl. KNABE, A./WALTHER, U., Unterscheidung von Eigenkapital und Fremdkapital, S. 8–17 mit einem kapitalmarktorientierten und einem produktionsfaktororientierten Ansatz. Vgl. BIGUS, J., Abgrenzung von Eigen- und Fremdkapital, S. 11–18 und BIGUS, J., Abgrenzung von Eigen- und Fremdkapital-Erwiderung, S. 352–355; EFRAG (Hrsg.), DP Liabilities Equity, S. 41–93 mit einem an der Verlustaufnahmefähigkeit orientierten Konzept der Kapitalgliederung. Vgl. dazu BAETGE, J./HAENELT, T., Loss Absorption Approach, S. 309–323; BARCKOW, A., Distinguishing Liabilities from Equity, S. 318 f. und MÜLLER, S./WELLER, N./REINKE, J., Entwicklungstendenzen, S. 1109–1115.

141 Vgl. HERZIG, N., Spannungsverhältnis, S. 593; HÖFLACHER, S., Erfolgsermittlung, S. 102; THIELE, S., Eigenkapital, S. 34.

bzw. in anderen Worten ausgedrückt, hat einen abgrenzbaren Zweck, wenn die Komponente für das Zustandekommen bzw. Bestehen der Kapitalstruktur unerlässlich ist (konstitutive Wirkung). Die konstitutive Wirkung der Kapitalklasse auf die Kapitalstruktur wird in dieser Untersuchung als Kapitalfunktion verstanden.

Durch eine mehrstufige Analyse wird dafür die Existenz von Kapitalklassen untersucht. In der ersten Stufe wird analysiert, ob mittels finanzierungstheoretischer Überlegungen zur optimalen Kapitalstruktur Argumente für eine bestimmte Klassenbildung innerhalb der Kapitalstruktur identifiziert werden können. Im Anschluss daran wird die Klassenbildung anhand finanzierungstheoretischer Überlegungen zum Zustandekommen der Kapitalstruktur analysiert. In Stufe drei wird die Klassenbildung mittels einer Analyse der Merkmale von Finanzierungsvereinbarungen diskutiert.

241.1 Ermittlung von Kapitalklassen aus der Theorie der Kapitalstruktur

Die Theorie der Kapitalstruktur ist als Teilgebiet der betriebswirtschaftlichen, kapitalmarkttheoretisch orientierten Forschung[142] entstanden und war zunächst vom neoklassischen Verständnis von Unternehmen beeinflusst.[143] Nach dem neoklassischen Unternehmensverständnis werden Unternehmen als technische, Güter produzierende Einheiten definiert, die dem Ziel der Maximierung der Differenz zwischen Verkaufserlös der Ausbringung und den Kosten des Faktoreinsatzes unterliegen.[144] Aus finanzierungstheoretischer Sicht stellt das Unternehmen ein Gefüge von gesetzlich sowie vertraglich begründeten Rechtsbeziehungen zwischen Koalitionspartnern dar, die das

142 Im Folgenden auch als „neoklassisch" bzw. „neoklassische Sicht" bezeichnet. Investitions- und Finanzierungsaktivitäten werden aus dem Blickwinkel eines seinen Nutzen maximierenden Wirtschaftssubjektes untersucht. Relevantes Wirtschaftssubjekt der Investitions- und Finanzierungstheorie sind primär Investoren und Kapitalgeber und unter Umständen das Management des Unternehmens. Vgl. SCHMIDT, R. H. / TERBERGER, E., Grundzüge, S. 42f.

143 Vgl. SCHNEIDER, D., Betriebswirtschaftslehre Bd. 1, S. 249–252 zum historischen Kontext der Entstehung; BREALEY, R.,/MYERS, S. / ALLEN, F., Corporate Finance, S. 445–459 S. 463 m. w. N.; BITZ, M., Kapitalstruktur, S. 1317–1340 und BOEHM-BEZING, P., Eigenkapital, S. 43–49 für einen Überblick über die Entwicklungsstufen der Theorie der Kapitalstruktur; MILLER, M. H., Modigliani-Miller Proposition, S. 6–18 mit einem Überblick über die Entwicklung der Diskussion seit der Veröffentlichung der richtungweisenden Arbeit von MODIGLIANI, M./MILLER, M. H., Cost of Capital, 1958, S. 261–297. Für einen Überblick über die historische Entwicklung des Verständnisses von Unternehmen und Unternehmer anhand der Unternehmerfunktion vgl. SCHNEIDER, D., Betriebswirtschaftlehre Bd. 4, S. 509–521. Vgl. auch SCHNEIDER, D., Theorien, S. 471–502 zur Verknüpfung der Theorie der Unternehmung und der Theorie der Rechnungslegung.

144 Vgl. SCHNEIDER, D., Betriebswirtschaftslehre Bd. 4, S. 636; RICHTER, R./FURUBOTN, E. G., Neue Institutionenökonomik, S. 394.

Ziel verfolgen, ein Investitionsprojekt mithilfe des dafür zur Verfügung gestellten Kapitals zu realisieren.[145] Das Rechtsgefüge regelt, welche Ansprüche und Einwirkungsmöglichkeiten jeder der Beteiligten geltend machen kann. Die Unternehmensgründung ist für die Kapitalgeber eine Investitionsentscheidung in Bezug auf ein Investitionsportfolio.

Die Theorie der Kapitalstruktur befasst sich mit dem Zustandekommen bzw. der Zusammensetzung der Kapitalstruktur von Unternehmen. Dabei wird die Existenz einer optimalen Kapitalstruktur untersucht. Traditionell[146] wird argumentiert, dass sich die Kapitalstruktur, verstanden als Dichotomie von idealtypischem Eigenkapital und idealtypischem Fremdkapital,[147] aus der sich gegenseitig beschränkenden Entwicklung der renditesteigernden Hebelwirkung von zunehmender Verschuldung und dem steigenden Insolvenzrisiko bei zunehmendem Grad der Verschuldung ergibt.[148] Dabei wird unterstellt, dass zusätzliches Insolvenzrisiko zu einem höheren Risikozuschlag führt und die Minimierung der Kapitalkosten der Maximierung des Unternehmenswertes entspricht.[149] Die Minimierung der Kapitalkosten bestimmt den optimalen Verschuldungsgrad und damit die optimale Kapitalstruktur, die als bestimmte quotale Zusammensetzung von Eigen- und Fremdkapital verstanden wird.[150]

Diese Überlegung wird durch das Ergebnis der neoklassischen Forschung zur Theorie der Kapitalstruktur relativiert, welches im Theorem von der Irrelevanz der Finanzierung zusammengefasst ist. Irrelevanz der Finanzierung bedeutet, dass eine Änderung der Finanzierungspolitik eines Unternehmens bei vollkommenem Kapitalmarkt[151] we-

145 Finanzwirtschaftliche Definition nach FRANKE, G./HAX, H., Finanzwirtschaft, S. 2.

146 Vgl. SCHMIDT, R. H./TERBERGER, E., Grundzüge, S. 29–31 zur güterwirtschaftlich geprägten, traditionellen Finanzwirtschaftslehre und den historischen Komponenten des Übergangs zur neoklassischen Sicht.

147 Vgl. Abschnitt 1, Fußnote 31 mit Nachweisen zu den Idealtypen von Eigenkapital und Fremdkapital.

148 Vgl. SCHNEIDER, D., Investition, S. 546–552 m. w. N. Vgl. auch BREALEY, R.,/MYERS, S./ALLEN, F., Corporate Finance, S. 456–459; FRANKE, G./HAX, H., Finanzwirtschaft, S. 481–484, SÜCHTING, J., Finanzmanagement, S. 466–474.

149 Vgl. z. B. SCHNEIDER, D., Investition, S. 547; BREALEY, R.,/MYERS, S./ALLEN, F., Corporate Finance, S. 458.

150 Vgl. SCHNEIDER, D., Investition, S. 547; BREALEY, R.,/MYERS, S./ALLEN, F., Corporate Finance, S. 458.

151 Die Prämisse vom vollkommenen Kapitalmarkt besagt, dass keine Informationskosten, keine Transaktions- oder Insolvenzkosten und keine Steuern bestehen, dass alle Wertpapiere (bzw. Finanzierungsvereinbarungen) beliebig teilbar sind, dass jeder Kapitalgeber seinen Nutzen maximiert und dass alle Kapitalgeber bzw. Kapitalnehmer den gleichen Zugang zum Kapitalmarkt

der seinen Marktwert noch den finanziellen Nutzen eines Kapitalgebers verändert, soweit das Investitionsprogramm unabhängig von seiner Finanzierung vorgegeben ist.[152] In anderen Worten ausgedrückt: Die Herkunft der eingesetzten Kapitalmittel ist für die Investitionen des Unternehmens irrelevant. Wird Wertadditivität der Kapitalkomponenten[153] angenommen, dann ist der Marktwert des Unternehmens von der Zusammensetzung seiner Kapitalstruktur unabhängig und eine optimale Finanzierungsstruktur existiert nicht. Dem Theorem liegen zwei Prämissen zugrunde. Die erste Prämisse besagt, dass keine finanzierungsabhängige Belastung neben den vertraglich vereinbarten Zahlungen an den Kapitalgeber (z.B. Steuern) besteht.[154] Die zweite Prämisse besteht darin, dass das Investitionsprogramm gegeben ist.[155] Das Kapitalmarktgleich-gewichtsmodell der Irrelevanz der Finanzierung erklärt nicht die Zusammen-setzung der Kapitalstruktur und kann daher auch nicht für die Bestimmung abbildungsorientierter Gliederungskriterien des bilanziellen Kapitalausweises herangezogen werden.

In Erwiderung und Ergänzung des Irrelevanztheorems wurde und wird eine Vielzahl von Faktoren diskutiert,[156] die konzeptionell oder empirisch eine bestimmte optimale Kapitalstruktur indizieren, aber nicht die Herleitung einer verallgemeinerbaren Kapi-

haben. Vgl. MODIGLIANI, M./MILLER, M. H., Cost of Capital, 1958, S. 288; FRANKE, G./HAX, H., Finanzwirtschaft, S. 343f. für eine Zusammenfassung.

152 Das Theorem von der Irrelevanz der Finanzierung ist eine Gleichgewichtsbetrachtung. Sie wurde erstmals formal durch MODIGLIANI, M./MILLER, M. H. in MODIGLIANI, M./MILLER, M. H., Cost of Capital, 1958, S. 261–297 angestellt. Vgl. auch MILLER, M. H., Modigliani-Miller Proposition, S. 6–18; BREALEY, R.,/MYERS, S./ALLEN, F., Corporate Finance, S. 445–461; FRANKE, G./HAX, H., Finanzwirtschaft, S. 337–340 und 484f.; SÜCHTING, J., Finanzmanagement, S. 475–497; SCHMIDT, R. H./TERBERGER, E., Grundzüge, S. 252–269 bzw. 370–374; TITMAN, S., Modigliani-Miller Theorem, S. 101–115; kritisch SCHNEIDER, D., Investition, S. 552–555 und 565–568; SCHNEIDER, D., Eigenkapitallücke, S. 2297f.

153 Wertadditivität der Kapitalkomponenten bedeutet, dass der Markt Finanzierungstitel zum jeweiligen Marktpreis unbegrenzt aufnimmt, also jedes Investitionsprogramm finanzierbar ist, solange der Erwartungswert des daraus resultierenden Zahlungsstromes positiv ist. Vgl. FRANKE, G./HAX, H., Finanzwirtschaft, S. 333–337. Wertadditivität setzt voraus, dass ein gegebener Zahlungsstrom in mehrere Teilströme additiv zerlegt werden kann und der Wert der aggregierten Zahlungsströme auf Basis einer homogenen Bewertungsfunktion ermittelt wird. Vgl. zum Vorliegen der Voraussetzungen FRANKE, G./HAX, H., Finanzwirtschaft, S. 343–346.

154 Vgl. FRANKE, G./HAX, H., Finanzwirtschaft, S. 340.

155 Vgl. BREALEY, R.,/MYERS, S./ALLEN, F., Corporate Finance, S. 445; FRANKE, G./HAX, H., Finanzwirtschaft, S. 342.

156 So bereits bei MODIGLIANI, M./MILLER, M. H., Cost of Capital, 1958, S. 292–297; Vgl. auch MILLER, M. H., Modigliani-Miller Proposition, S. 6–18; vgl. zusammenfassend BREALEY, R.,/MYERS, S./ALLEN, F., Corporate Finance, S. 469–496 und 497 m. w. N. und WOHLSCHIESS, V., Unternehmensfinanzierung, S. 286–288 mit einem Überblick über die Ergebnisse von Arbeiten zu empirischen Faktoren.

talstruktur zulassen.[157] Kapitalmarktgleich-gewichtsmodelle mit dem Ergebnis der Irrelevanz der Finanzierung bzw. bestimmte, die Kapitalstruktur modifizierende Sachverhalte können nicht als Erklärungsmodell für Beobachtungszustände bestimmter Kapitalstrukturen dienen.[158] Ihr Nutzen ist auf den eines Referenzmodells für eine logische Möglichkeitsanalyse beschränkt.[159] Auf eine weiterführende Diskussion wird daher verzichtet.

Die neoklassisch orientierte Forschung zur Theorie der Kapitalstruktur hat ihren Schwerpunkt in der Ermittlung der quotalen Zusammensetzung einer als dichotom verstandenen optimalen Kapitalstruktur. Das Zustandekommen der Kapitalstruktur selber bzw. die Begründung der Dichotomie findet in der Diskussion wenig Beachtung. Eine Trennung von Eigen- und Fremdkapital wird vorausgesetzt, ohne die Validität einer Kapitaldichotomie von Eigenkapital und Fremdkapital oder grundsätzlich den implizierten ökonomischen Aufbau der Kapitalklassen zu untersuchen.[160] Mangels einer, in Hinblick auf die Kapitalstruktur, ergebnisoffenen Modellbildung werden im Folgenden finanzierungstheoretische Überlegungen zum Zustandekommen der Kapital-struktur angestellt, um dergestalt die Existenz von Kapitalklassen zu begründen.

241.2 Bestimmung von Kapitalklassen anhand der finanzierungstheoretischen Begründung der Finanzierungsstruktur

241.21 Vormerkungen

Die Kapitalstruktur ist die Gesamtheit der expliziten und impliziten Finanzierungsvereinbarungen zwischen Unternehmen und Kapitalgeber. Daher wird nachfolgend untersucht, warum Finanzierungsvereinbarungen getroffen werden, denn daraus können Rückschlüsse auf die Kapitalstruktur gezogen werden. Dafür wird analysiert, ob Merkmale identifiziert werden können, die einer konstitutiven Kapitalklasse zuzuordnen sind.

Finanzierungsvereinbarungen lassen sich finanzierungstheoretisch

157 Vgl. SCHNEIDER, D., Investition, S. 567.
158 Vgl. SCHNEIDER, D., Investition, a. a. O.
159 Vgl. SCHNEIDER, D., Investition, a. a. O.
160 Vgl. KAMPMANN, H., Kapitalstruktur, S. 75.

(1) als Mittel intertemporaler Allokation von Kapital,

(2) als Vereinbarung von Risikopositionen durch Risikotransformation und Risikoallokation zwischen Kapitalmarktparteien und

(3) als Vertragsgefüge zwischen ungleich informierten (Informationsasymmetrie[161]) und auf den eigenen Vorteil bedachten Vertragsparteien

auffassen.[162] Dabei handelt es sich um neoklassische und neoinstitutionalistische Perspektiven, die aufeinander aufbauen und sich ergänzen. Diese basieren auf der Annahme, dass Kapitalgeber ihren subjektiven Nutzen maximieren (subjektives Nutzenmaximierungskalkül) und rational entscheiden (individuelle Rationalität).[163] Während die neoklassische Sicht[164] Investitions- und Finanzierungsprobleme mit Bezug auf den Kapitalmarkt analysiert, wird die Problemstellung aus neoinstitutionalistischer Sicht[165] mit Bezug auf Institutionen bzw. institutionelle Regeln untersucht. Nachfolgend werden diese drei Perspektiven mit Blick auf ihre Implikationen für die Kapitalstruktur diskutiert.

241.22 Finanzierungsvereinbarungen als Mechanismus der intertemporalen Allokation von Kapital

Finanzwirtschaftliche Entscheidungen bei Sicherheit werden auf Basis einer sicheren Erwartung getroffen.[166] Diese Prämisse besagt, dass derjenige, der die Entscheidung trifft, alle entscheidungsrelevanten Informationen kennt, und dass die Erwartung sicher eintrifft.[167] Ausgehend von der sicheren Erwartung wählt der Kapitalgeber bei gegebenem Mittelbestand die durchzuführende Investition anhand seiner individuellen Konsumnutzenfunktion.[168] Das Investitionsportfolio wird dabei so gewählt, dass der

161 Als „asymmetrisch" wird eine Informationsverteilung bezeichnet, wenn ein oder einige Marktteilnehmer besser informiert sind als andere oder zumindest sein könnten und wenn die anderen dies wissen oder befürchten müssen. Vgl. SCHMIDT, R. H. / TERBERGER, E., Grundzüge, S. 391.

162 Vgl. FRANKE, G. / HAX, H., Finanzwirtschaft, S. 67 f.

163 Vgl. SCHMIDT, R. H. / TERBERGER, E., Grundzüge, S. 40–43.

164 Vgl. Abschnitt 241.1.

165 Die Forschungen der Institutionenökonomik zur Unternehmung werden unter dem Begriff „Neue Institutionenökonomik" und „Neue Organisationstheorie" zusammengefasst; im Folgenden auch als „neoinstitutionalistische" bzw. „neoinstitutionalistische" Sicht bezeichnet. Vgl. RICHTER, R. / FURUBOTN, E. G., Neue Institutionenökonomik, S. 393–434. für einen Überblick der Entwicklung der Diskussion und zu einzelnen Theorieansätzen.

166 Vgl. FRANKE, G. / HAX, H., Finanzwirtschaft, S. 67 f. und 147.

167 Vgl. FRANKE, G. / HAX, H., Finanzwirtschaft, S. 147.

168 Vgl. FRANKE, G. / HAX, H., Finanzwirtschaft, S. 150.

für den Konsum verfügbare Zahlungsstrom, der im Zeitablauf aus dem Investitionsportfolio resultiert, einen maximalen Nutzen stiftet.[169] Die Konsumnutzenfunktion des individuellen Kapitalgebers ist unbekannt, plausibel sind folgende Eigenschaften:

(1) Positiver Grenznutzen – der Nutzen des Kapitalgebers wächst, wenn der Konsum zu einem beliebigen Zeitpunkt bzw. die Höhe des Erbes wächst, und

(2) Abnehmender Grenznutzen – je höher der Konsum in einem Zeitpunkt ist, desto geringer ist der Nutzen einer zusätzlichen Einheit, die zusätzlichen Konsum ermöglicht.[170]

Besteht ein vollkommener Kapitalmarkt, ist wegen der Separation von Investitionspolitik und ihrer Finanzierung kein Rückschluss auf eine ökonomisch indizierte Fristigkeitsstruktur als eine Dimension zur Beschreibung von Kapital möglich. Ein vollkommener Kapitalmarkt ermöglicht jedem Kapitalgeber, solange Geld anzulegen oder aufzunehmen, bis seine marginale Zeitpräferenz mit dem Bruttokapitalmarktzins übereinstimmt.[171] Auf Basis derselben Argumentation lässt sich auch keine Notwendigkeit von dauerhafter Kapitalüberlassung als Erfordernis für das Zustandekommen der Kapitalstruktur ermitteln. Das Zustandekommen von Finanzierungsvereinbarungen und damit der Kapitalstruktur ist eine von ihrer Zusammensetzung unabhängige Konsequenz der Maximierung der individuellen Nutzenfunktion der Kapitalgeber durch Mittelinvestition.[172] Unter Maßgaben der Modellbedingungen lässt sich keine Aussage über die Existenz einer konstitutiven Kapitalklasse induzieren.

241.23 Finanzierungsvereinbarungen als Mechanismus der Risikotransformation

Das Zustandekommen von Finanzierungsvereinbarungen lässt sich nicht allein durch die Zeitpräferenzen der Kapitalgeber erklären. Differenziert ausgestaltete Finanzierungsvereinbarungen bilden die Grundlage von Risikopositionen, die den Risikopräferenzen der Kapitalgeber entsprechen, und bewirken damit eine Risikotransformation. Risiko wird bei dieser kapitalmarktorientierten Betrachtung als bestimmtes Maß für

169 Vgl. FRANKE, G./HAX, H., Finanzwirtschaft, S. 151–153.
170 Vgl. FRANKE, G./HAX, H., Finanzwirtschaft, S. 150; SCHMIDT, R. H./TERBERGER, E., Grundzüge, S. 101–103.
171 Vgl. FRANKE, G./HAX, H., Finanzwirtschaft, S. 163; SCHMIDT, R. H./TERBERGER, E., Grundzüge, S. 57 m. w. N.
172 Vgl. SCHMIDT, R. H./TERBERGER, E., Grundzüge, S. 59.

die Ungewissheit einer Investition bzw. als Streuung (Standardabweichung) der Rendite um ihren Ertragswert definiert.[173] Der Mechanismus der Risikotransformation ist zu untersuchen.

Dafür werden die Überlegungen zur intertemporalen Allokation[174] um die Dimension der Allokation des Risikos des Ausfalls von Zahlungen (Risiko der Investition) erweitert, indem die Prämisse der sicheren Erwartung aufgehoben wird. Zahlungen an die Kapitalgeber sind vom Erfolg des Investitionsportfolios des Unternehmens, daher dem Erfolg seiner wirtschaftlichen Aktivitäten, abhängig. Diese Erträge sind unsicher und damit sind auch die vertraglich vereinbarten Zahlungen an die Kapitalgeber mit Unsicherheit[175] behaftet. Das Risiko der Investitionen, also eine Streuung der Zahlungen aus den Investitionen um ihren Erwartungswert, wirkt sich somit auf die Fähigkeit zu Zahlungen an die Kapitalgeber aus. Der Grad der Partizipation an diesem Risiko wird durch die Finanzierungsvereinbarungen bestimmt. Das Unternehmen kann mit seinen Kapitalgebern Finanzierungsverträge vereinbaren, die nach dem Grad der Risikoteilhabe differenziert sind.

Eine Differenzierung nach dem Grad der Risikoteilhabe erlaubt es, das Investitionsrisiko für den einzelnen Kapitalgeber so zu transformieren, dass es seiner Risikopräferenz auf Basis seiner Risikonutzenfunktion entspricht.[176] Diese Risikotransformation erlaubt eine Ausweitung der Risikoallokation auf eine größere Gruppe von Kapitalgebern.[177]

Eine maximale Zahl von unterschiedlichen Investoren mit unterschiedlichen Eigenschaften in Bezug auf ihre Risikoneigungen wird innerhalb dieser Modellbetrachtung zu einer Investition bewegt. Die Kapitalkosten werden dadurch in Bezug auf die Ei-

173 Vgl. SCHNEIDER, D., Investition, S. 35 und 427–430; SCHMIDT, R. H./TERBERGER, E., Grundzüge, S. 309.

174 Vgl. Abschnitt 242.2.

175 Unsicherheit wird hier als unvollständiges Wissen über die Zukunftslage verstanden. Vgl. SCHNEIDER, D., Investition, S. 36 und 429.

176 Vgl. FRANKE, G./HAX, H., Finanzwirtschaft, S. 68 f.

177 Vgl. FRANKE, G./HAX, H., Finanzwirtschaft, S. 68. Die Risiko(re)allokation über einen vom Unternehmen unabhängigen Sekundärmarkt für Unternehmensrisiken wird hier nicht berücksichtigt. Der Derivatmarkt bietet diese Möglichkeit und ergänzt damit den Markt für Unternehmensfinanzierungen. Ein Derivatmarkt im eigentlichen Sinne des Wortes, ist ein Markt, auf dem mit abgeleiteten, daher derivaten Risiken gehandelt wird. Vgl. TITMAN, S., Modigliani-Miller Theorem, S. 111 f.

genschaften des gewählten Investitionsportfolios minimiert. In der Folge kann das größtmögliche Investitionsportfolio[178] realisiert werden.[179]

Auf Basis dieser Überlegungen kann die Schlussfolgerung gezogen werden, dass die Kapitalstruktur aus Kapitalklassen besteht. Diese entstehen infolge der Differenzierung der Finanzierungsvereinbarungen anhand von Risikopräferenzen der Kapitalgeber. Die Differenzierung ermöglicht die gesamtwirtschaftlich als sinnvoll unterstellte Vergrößerung des Investitionsportfolios und erhöht die Allokationseffizienz im Vergleich mit und in Ergänzung des unvollständigen Marktes. Folglich kann die Entstehung des Unternehmens und seiner Kapitalstruktur im neoklassischen Unternehmensparadigma mit Marktversagen, daher der Aufhebung der Prämisse des generellen Konkurrenzgleichgewichts, begründet werden[180]: Kapitalklassen entstehen, indem Allokationseffizienz erzielt werden soll. Das auf die Gesamtheit aller Investitionsprojekte bezogene Erfordernis der Risikotransformation lässt indes mangels eines zwingend einsetzenden Transformationsmechanismus keine Aussage über die Existenz und die Eigenschaften der konstitutiven Kapitalklasse zu. Mechanismen der Risikotransformation werden daher in einem Folgeabschnitt zur Untersuchung der Existenz der Kapitalstruktur aus finanzierungstheoretischer Sicht näher untersucht, um zu ermitteln, ob eine solche konstitutive Kapitalklasse besteht.

241.24 Finanzierungsverträge bei Informationsasymmetrie und opportunistischem Handeln

Die Entstehung von Unternehmen und ihrer Kapitalstruktur kann nicht nur unter dem eingeschränkten Blickwinkel eines Tauschgleichgewichtes betrachtet werden. Das Verständnis von der Finanzierungsstruktur wurde durch die Forschungen der Institutionenökonomik[181] durch eine neuartige Betonung des methodologischen Individualismus unter der Prämisse opportunistischen Verhaltens erweitert.[182] Das Nutzenmaximierungskalkül und die Annahme individueller Rationalität wurden beibehal-

178 Das Investitionsportfolio ist die Summe aller Investitionsprojekte des Unternehmens.

179 Eine Interdependenz des Erfolges der einzelnen Projekte wird nicht untersucht.

180 Vgl. dazu auch SCHNEIDER, D., Betriebswirtschaftslehre Bd. 4, S. 635–654.

181 Vgl. RICHTER, R./FURUBOTN, E. G., Neue Institutionenökonomik, S. 393–434 für einen Überblick der Entwicklung der Diskussion und zu einzelnen Theorieansätzen.

182 Vgl. KAMPMANN, H., Kapitalstruktur, S. 24.

ten, aber die Prämisse des gleichen Informationstandes[183] und der Transaktionskostenfreiheit[184] aufgehoben.

Die neoinstitutionalistische Perspektive der Analyse von Finanzierungsvereinbarungen zur Ermittlung der Kapitalstruktur setzt die Unternehmensfinanzierung mit der Unternehmensorganisation in Zusammenhang.[185] Die Unternehmung verfasst eine geordnete Menge von Handlungsabläufen durch einen Unternehmer bzw. als eine Institution im Sinne eines Handlungssystems.[186] Bei diesen Handlungsabläufen setzen zeitweise mehrere Menschen Teile ihres Wissens, ihrer Arbeitskraft und ihres sonstigen Vermögens gemeinsam ein, um Einkommensunsicherheiten[187] zu verringern.[188] Die Kapitalstruktur ist aus neoinstitutionalistischer Sicht nicht nur eine Sammlung von Zahlungsströmen, sondern sie ist Ausdruck des Ziels, Anreiz- und Informationsprobleme innerhalb des Handlungssystems zu reduzieren.[189]

Die Informationsasymmetrie verbunden mit der Vermutung, dass sich die Transaktionspartner opportunistisch verhalten, sich also ausschließlich auf Maximierung ihres individuellen Nutzens beschränken, muss die Erwartungshaltung von (rationalen) Transaktionspartnern beeinflussen und damit zu weitreichenden Konsequenzen für das Zustandekommen von Verträgen sowie für den Vertragsaufbau selbst führen.[190] Die Transaktionspartner agieren mit dem Ziel, ihren individuellen Nutzen zu maximieren

183 Modellüberlegungen zur Prinzipal-Agent-Beziehungen werden auch in der neoklassischen Theorie angestellt. Vgl. SCHNEIDER, D., Betriebswirtschaftslehre, Bd. 4, S. 252 f.

184 Transaktionskosten werden als Determinante für das Entstehen von Unternehmen diskutiert. SCHNEIDER, D., Betriebswirtschaftslehre Bd. 1, S. 263–276 zum historischen Kontext der Entstehung. Vgl. grundlegend COASE, R. H., Nature of Firm, S. 390–395.

185 Vgl. SCHMIDT, R. H. / TERBERGER, E., Grundzüge, S. 462. Die Theorie der Kapitalstruktur wird als Teil einer Theorie der Unternehmung verstanden. Vgl. RICHTER, R./ FURUBOTN, E. G., Neue Institutionenökonomik, S. 393–508; SCHMIDT, R. H. / TERBERGER, E., Grundzüge, S. 455 f.; m. w. N. bei KAMPMANN, H., Kapitalstruktur, S. 74.

186 Der sogenannte „institutionsbezogene Unternehmungsbegriff". Von dem „institutionsbezogenen Unternehmungsbegriff" ist der „personenbezogene Unternehmungsbegriff", also der Unternehmer, zu unterscheiden. Der Unternehmer ist derjenige, der die Investitions- und Finanzierungsentscheidungen trifft. Vgl. SCHNEIDER, D., Investition, S. 5 f.

187 SCHNEIDER versteht unter Einkommensunsicherheit den Umstand, dass es Menschen aufgrund der „Unvollständigkeit und Ungleichverteilung des Wissens nur in höchst unterschiedlichem Ausmaß gelingt, das, was sie an Einkommen erwerben wollen, und das, was sie mit der Verwendung des Einkommens verwirklichen wollen, auch zu erreichen", vgl. SCHNEIDER, D., Investition, S. 5.

188 Vgl. SCHNEIDER, D., Investition, S. 6.

189 Vgl. KAMPMANN, H., Kapitalstruktur, S. 74.

190 Vgl. SCHMIDT, R. H. / TERBERGER, E., Grundzüge, S. 452–456; FRANKE, G./ HAX, H., Finanzwirtschaft, S. 419–428 sowie die begründenden Ausführungen verbalen „Agency Theory" bei MECKLING, W. H. / JENSEN, M. C., Theory of the Firm, S. 305–360 sowie FAMA, E. F./ JENSEN, M. C., Separation, S. 301–325.

und mögliche Schädigungen zu vermeiden. Diesem Gesichtspunkt wird durch die Struktur von Verfügungsrechten am Unternehmen Rechnung getragen.

Von Bedeutung ist zum einen die Anreizwirkung, die aus der Vereinbarung über die Aufteilung des aus dem Investitionsprogramm erzielten Überschusses (Teilungsregeln) entsteht. Zum anderen ist die Verfassung von Einwirkungs- und Informationsrechten (Kontrollrechte i. w. S.) der Kapitalgeber zum Schutz gegen opportunistisches Verhalten der Vertragsparteien zu berücksichtigen. Finanzierungsvereinbarungen umfassen neben monetären[191] auch nicht-monetäre Rechte und Pflichten. Diese setzen Anreize für die Handlungen von Unternehmen (bzw. seiner Organe) und Kapitalgebern. Sie sind folglich bei der Untersuchung der Kapitalstruktur zu berücksichtigen. Der anreizorientierte Aufbau von Kapitalstruktur wird auch unter dem Stichwort „Governance Structure“ diskutiert.[192]

Die Ex-ante-Einigung über die Verteilung der Kontrollrechte bildet die kritische qualitative Schwelle für das Zustandekommen des Unternehmens durch Bereitstellung des notwendigen Kapitals. Die qualitative Verteilung der Kontrollrechte ist von der Verteilung des monetären unternehmerischen Risikos sowie der absoluten Höhe der mit der Verteilung implizierten Kosten der Ausübung, bzw. Durchsetzung dieser Rechte zwischen den Kapitalgebern, abhängig. Mithilfe des theoretischen Grenzfalls einer Kapitalstruktur mit vollständiger Trennung der monetären Rechte und Pflichten von den nicht-monetären Kontrollrechten wird die Interdependenz der Dimensionen bzw. Kapitalstrukturfunktionen Kontrolle i. w. S. und Allokation von Risiko erkennbar. Ein solcher theoretischer Grenzfall ist z. B. ein Unternehmen, bei dem die risikotragenden Kapitalgeber keine Kontrollrechte in Bezug auf die Organe der Gesellschaft haben.[193] Ein solches Unternehmen kann unter der Prämisse rationaler Entscheidung nicht entstehen. Die Kapitalgeber, die das Risiko tragen, werden in einem gewissen Umfang Kontrollrechte i. w. S. verlangen.

---

191 „Monetär“ im Sinne von unmittelbar auf den Zahlungsstrom aus der Finanzierungsvereinbarung einwirkend.

192 Vgl. COASE, R. H., Social Cost, S. 1–44, als maßgebenden Beitrag zu den Grundlagen der „Property Rights Theory“ in der neoinstitutionalistischen Finanzierungsforschung sowie WILLIAMSON, O. E., Markets and Hierarchies, und WILLIAMSON, O. E., Corporate Governance, S. 567–591, zur Begründung des „Transaktionskostenansatzes“.

193 Vgl. für eine ähnliche Betrachtung ADAMS, M., Eigentum, S. 35–41.

Eine Kapitalstrukturtheorie unter Berücksichtigung neoinstitutionalistischer Überlegungen, die in ihrer Geschlossenheit der kapitalmarktorientierten, neoklassischen Bewertungstheorie gleicht und Aussagen über eine optimale Kapitalstruktur bzw. die Existenz von Kapitalklassen, zulassen würde, existiert noch nicht.[194] Die konstitutive Wirkung von Kontrollrechten für die Kapitalstruktur wird daher in dieser Arbeit lediglich qualitativ berücksichtigt.

241.3 Ermittlung von Kapitalklassen aus Merkmalen von Finanzierungsvereinbarungen

241.31 Vorbemerkungen

Im Folgenden soll die Frage nach einer Kapitalfunktion auf Basis einer Analyse der Merkmale von Finanzierungsvereinbarungen beantwortet werden. Merkmale von Finanzierungsvereinbarungen beschreiben die durch diese Vereinbarungen begründete Kapitalstruktur und geben damit Aufschluss über inhärente Kapitalfunktionen.[195] Der Begriff Merkmal ist auf den rechtlichen Aufbau der Verfügungsvereinbarung bezogen. Die Gleichsetzung von Merkmal und Kapitalfunktion ist abzulehnen. Die ökonomische Funktion von Kapital ist daneben von der Funktion der Rechtsfolgenfixierung anhand von bilanziellen Kapitalpositionen, die z. B. an das bilanzielle Eigenkapital anknüpft und daher die Messung der Kapitalposition voraussetzt, zu unterscheiden.[196]

Idealtypisches Eigenkapital und idealtypisches Fremdkapital sind Grenzfälle der Kapitalstruktur.[197] Die Merkmale von idealtypischem Eigenkapital und idealtypischem Fremdkapital bilden daher einen geeigneten konzeptionellen Ausgangspunkt der Untersuchung, denn sie ermöglichen eine trennscharfe Abgrenzung zweier Kapitalkomponenten durch modellartig vereinfachte Bildung von Idealtypen. Diese ermöglichen

194 Vgl. SCHMIDT, R. H. / TERBERGER, E., Grundzüge, S. 455; MÜLLER-KÄNEL, O., Mezzanine Finance, S. 92, 110–118 m. w. N. zur Entwicklung von Finanzierungsvereinbarungen unter Berücksichtigung von Agency-Problemen und Informationsassymmetrie; SCHULTE-MATTLER, H. / GAUMERT, U., Eigenkapital, S. 31 m. w. N. zu aktuellen Analysen; ferner KAMPMANN, H., Kapitalstruktur, S. 74.

195 Vgl. dazu KAMPMANN, H., Kapitalstruktur, S. 137.

196 Vgl. THIELE, S., Eigenkapital, S. 41–50 m. w. N.

197 Vgl. Abschnitt 1, Fußnote 31 mit Nachweisen zu den Begriffen idealtypisches Eigenkapital und idealtypisches Fremdkapital.

eine *„gedankliche klare und eindeutige Positionierung“*[198] der Kapitalklassen. Die Merkmale sind Ausdruck eines durch die historische Entwicklung von Unternehmen bedingten und daran anknüpfenden gesellschaftsrechtlich verfassten Verständnisses[199] der Kapitalstruktur. Sie werden im Kontext der sachgerechten Kapitalabgrenzung bzw. Klassifikation von Finanzierungsinstrumenten diskutiert.[200] Die folgende Übersicht bildet das in der Literatur anzutreffende Verständnis[201] der unterschiedlichen Merkmalsgruppen ab:

Bezeichnung Merkmal	Ausformung bei idealtypischem Eigenkapital	Ausformung bei idealtypischem Fremdkapital
Vermögensrechte	**Residualanspruch:**	**Nominalanspruch:**
Verlustübernahme	Unbeschränkte vertragliche Haftung mit der gesamten Kapitaleinlage für Verluste	Keine vertragliche Verlustübernahme
Ergebnisbeteiligung	Gewinnorientiert, gewinnabhängig, variabel (Ausschüttung erst nach Ausgleich vorheriger Verluste)	Erfolgsunabhängig, fix
Befristung der Kapitalüberlassung	Vertraglich unbefristete Kapitalüberlassung, daher keine Rückzahlung vor dem Ende des unternehmerischen Planungshorizontes	Vertraglich befristete Kapitalüberlassung, daher Rückzahlung vor dem Ende des unternehmerischen Planungshorizontes
Mitgliedschaftliche Rechte[202]	**Leitungsrechte, Einwirkungsrechte,** Informationsrechte, Kontrollrechte	**Keine Rechte**

Übersicht 2-1: *Merkmale von idealtypischem Eigenkapital und idealtypischem Fremdkapital*

Aus diesen Merkmalen wurde in der bilanzorientierten betriebswirtschaftlichen Literatur eine Vielzahl von Funktionen bzw. Zwecken von Kapital abgeleitet. Im Folgenden wird von Funktionen gesprochen, ohne eine semantische Differenzierung zwischen Zweck und Funktion vorzunehmen. Weder die Bezeichnungen noch das inhaltliche Verständnis der als Funktionen der Kapitalklasse (idealtypisches) Eigenkapital bestimmten Ausprägungen sind dabei einheitlich. Die unterschiedlichen Merkmalskom-

198 Vgl. BAETGE, J./KIRSCH, H.-J., Gutachten ED 32, S. 92.
199 Vgl. THIELE, S., Eigenkapital, S. 41–49; WEIDENHAMMER, S., Eigenkapitalsituation, S. 20–25.
200 Vgl. Abschnitt 1, Fußnote 31 mit Nachweisen zum Begriff.
201 Vgl. Abschnitt 1, Fußnote 31.
202 Im Folgenden als Kontrollrechte i. w. S. bezeichnet.

binationen und die entsprechenden Funktionen von Eigenkapital werden in vier Gruppen gegliedert:[203]

(1) Permanenzfunktion (Einsatzfunktion, Finanzierungsfunktion, Arbeitsfunktion, Ingangsetzungsfunktion, Kontinuitätsfunktion),
(2) Haftungsfunktion[204] (Verlustausgleichsfunktion, Verlustübernahmefunktion, Voraushaftungsfunktion, Garantiefunktion, Risikoübernahmefunktion),
(3) Gewinnbeteiligungsfunktion (Ergebnisbeteiligungsfunktion),
(4) Kontrollfunktion (Herrschaftsfunktion, Geschäftsführungsfunktion, Leitungsfunktion).

Im Folgenden werden diese Funktionen mithilfe finanzierungstheoretischer Überlegungen auf ihre konstitutive Wirkung für die Kapitalstruktur untersucht. Konstitutive Funktionen sind als Kapitalfunktion mit Wirkung der Kapitalklassenbildung zu qualifizieren.

241.32 Permanenz als konstitutive Funktion

Die (anfängliche) Überlassung von Kapital[205] ermöglicht, die geplanten unternehmerischen Aktivitäten zu finanzieren, und schafft damit die Voraussetzung zur Gründung oder Errichtung des Unternehmens. Die Überlassung von Kapital über den Gründungszeitpunkt hinaus bildet mit der anfänglichen Kapitalüberlassung eine Einheit. Sie umfasst sowohl das eingezahlte als auch das nicht aus dem Unternehmen abgezogene Kapital und unterstützt das Unternehmen dadurch in seinem weiteren Bestehen bzw. der Sicherung seiner Existenz. Diese Aspekte werden mit dem Begriff der Permanenz von Kapital beschrieben.

---

203 Vgl. THIELE, S., Eigenkapital, S. 49–61 und aktuell REUTER, M., Eigenkapitalausweis, S. 13–20, m. w. N. Vgl. auch BAETGE, J./KIRSCH, H.-J./THIELE, S., Bilanzen, S. 462–464; KAMPMANN, H., Kapitalstruktur, S. 137–139; SCHOULER, O., Grundlagen des Eigenkapitalersatzrechts, S. 40–46; BIGUS, J./SCHORN, P., Eigenkapital und Bankenaufsicht, S. 823–827 und SCHULTE-MATTLER, H./GAUMERT, U., Eigenkapital, S. 47–53 zu den Funktionen von Eigenkapital eines Kreditinstituts. Zwischen der Gruppe „Permanenzfunktion" und der Gruppe „Verlustausgleichsfunktion" und auch, in einem geringeren Umfang, der Gruppe „Gewinnbeteiligungsfunktion" kommt es in der Diskussion zu Überschneidungen. Sowohl die „Verlustausgleichsfunktion" und die „Gewinnbeteiligungsfunktion" beziehen sich auf einen residualen Charakter von Kapitalbestandteilen. Die Abgrenzung der Gruppe „Kontrollfunktion" von den drei zuerst genannten Gruppen wirft hingegen keine Probleme auf.

204 Vgl. BAETGE, J./KIRSCH, H.-J./THIELE, S., Bilanzen, S. 463 f. unterscheiden zwischen Haftungsfunktion und Verlustausgleichsfunktion, mit dem ausdrücklichen Hinweis auf die enge Verbundenheit der beiden Funktionen.

205 Vgl. Abschnitt 11 zum Begriff.

Um zu bestimmen, ob Permanenz eine konstitutive Funktion darstellt, ist auf den Planungshorizont der unternehmerischen Aktivitäten abzustellen. Ein Unternehmen kann einen Unternehmenszweck haben, der auf Erfüllung innerhalb eines bestimmten Zeitraums angelegt ist. Das Unternehmen kann daher mit Kapital für einen begrenzten Zeitraum ausgestattet werden, der entweder aus einer vorab fest vereinbarten Laufzeit besteht oder durch den Zeitpunkt der Erfüllung des Unternehmenszwecks beendet wird. Dauerhaft bedeutet in diesem Zusammenhang eine Überlassung zumindest für den Zeitraum, der den Planungshorizont des Unternehmens umfasst.[206] Im Fall eines Unternehmens, das für eine bestimmte zeitliche Periode angelegt ist, kann diese Dauer bestimmt werden. Für Unternehmen, die ohne zeitliche Begrenzung errichtet werden, bedeutet dauerhaft grundsätzlich zeitlich unbegrenzt. Im Folgenden wird untersucht, ob für das Zustandekommen der Kapitalstruktur dauerhafte Kapitalüberlassung erforderlich ist und ob dabei eine bestimmte Zusammensetzung der Kapitalstruktur indiziert wird.

Die Dauerhaftigkeit von Kapital ist nicht anhand der formell gesellschafts- bzw. schuldrechtlich vereinbarten Periode der Kapitalüberlassung zu messen, sondern anhand des materiellen Aspekts, ob und wieweit das Kapital dem Unternehmen bis zum Erreichen seines Planungshorizontes zur Verfügung steht.[207] Ist keine Laufzeit vertraglich vereinbart, dann ist der Beschlussmechanismus über den Abzug des Kapitals aus dem Unternehmen maßgebend. Dem Verständnis entsprechend, dass Unternehmen Gefüge von gesetzlich sowie vertraglich begründeten Rechtsbeziehungen zwischen Koalitionspartnern darstellen, können diese Beschränkungen des Kapitalabzugs vereinbart werden, um die Rechtspositionen der Koalitionspartner auszugleichen. Daneben bestimmen nicht-dispositive gesellschaftsrechtliche Normen die Dauerhaftigkeit für einen Teil der Kapitalkomponenten.[208] Ist der Kapitalabzug vor dem Erreichen des

---

206 Vgl. SCHNEIDER, D., Investition, S. 27 und 48 f.

207 Vgl. EKKENGA, J., Anlegerschutz, S. 98 f. und 232. Für eine wirtschaftliche Betrachtung der Kapitalüberlassung aus Sicht des Unternehmens bei der Kapitalabgrenzung plädiert auch LÜDENBACH, N., in: Haufe IFRS, § 20, Rn. 31.

208 Im deutschen Gesellschaftsrecht ist nur der Abzug des gesetzlichen Mindestkapitals (Grund- bzw. Stammkapital) beschränkt. Kapitalschutz umfasst daneben Vorschriften zur Kapitalaufbringung (Sondervorschriften für Sacheinlagen, Verbot der Unterpari-Emission, Erfordernis einer besonderen Gründungsprüfung) und zur Kapitalerhaltung (Ausschüttungssperre auf Eigenkapitalkomponenten bei Kapitalgesellschaften mit Bezug auf handelsrechtliche Bestimmungen zur Bilanzierung verfasst, §§ 57, 58, 62 AktG). Die Ausschüttungssperre im Zusammenspiel mit den strengen Regeln zur Kapitalaufbringung wird auch als Ausgleich bzw. als

Planungshorizontes durch Beschluss von bzgl. des Unternehmens Verfügungsberechtigten möglich, steht diese Kapitalkomponente aus Sicht des Unternehmens nicht dauerhaft zur Verfügung. Eine Differenzierung zwischen Kapitalkomponenten danach, ob deren Dauerhaftigkeit kollektiven Beschlüssen, z. B. dem Beschluss der Hauptversammlung, oder individuellen Beschlüssen, z. B. dem Beschluss des kündigungsberechtigen Anteilseigners, unterliegt, soll nicht angewendet werden. Wäre auf die Stimmrechtsquote abzustellen, dann wären Finanzvereinbarungen einer Publikumskapitalgesellschaft abweichend von denen einer solchen Gesellschaft zu behandeln, bei der ein einzelner Kapitalgeber die satzungsändernde Mehrheit kontrolliert.[209] Die Differenzierung zwischen kollektiven und individuellen Ansprüchen würde zu einer kasuistischen Betrachtung[210] führen und würde aufgrund der formal-rechtlichen Natur der Entscheidung der wirtschaftlichen und rechtlichen Vielfalt von Unternehmensformen nicht gerecht.

Im Folgenden wird untersucht, ob ein dauerhafter Kapitalbestandteil konstitutive Wirkung für die Kapitalstruktur hat. Vereinfachend werden, abgesehen von der Laufzeit, identische Finanzierungsvereinbarungen betrachtet. Die Untersuchung erfolgt anhand von Beispielen, die im Folgenden dargestellt werden.

Die folgenden Annahmen werden getroffen:

(1) Unternehmen A und Unternehmen B werden zur Umsetzung eines identischen Geschäftsmodells (Investitionsportfolios) ohne zeitliche Begrenzung errichtet.

(2) Beiden Unternehmen werden jeweils 100 GE (GE) Kapital auf Basis einer einzelnen Finanzierungsvereinbarung zur Verfügung gestellt.

(3) Die Finanzierungsvereinbarung mit Unternehmen A hat eine Laufzeit von 5 Jahren und die Finanzierungsvereinbarung mit Unternehmen B hat eine Laufzeit von 20 Jahren.

Legitimierung für das Haftungsprivileg der Gesellschafter gesehen. Vgl. HENNRICHS, J., Bilanzgestützte Kapitalerhaltung, S. 257 m. w. N. Die von der Ausschüttungssperre erfassten Kapitalkomponenten stehen teilweise durch Beschluss einer Kapitalherabsetzung oder Ausschüttung in der Disposition der Kapitalgeber und sind daher nicht absolut dauerhaft, sondern lediglich dauerhaft aus Sicht des Unternehmens.

209 Vgl. LÜDENBACH, N., in: Haufe IFRS, § 20, Rn. 33 mit Argumenten zur Kapitalklassifikation nach IAS 32 (rev. 2003), die analog Anwendung finden.

210 Vgl. LÜDENBACH, N., in: Haufe IFRS, § 20, a. a. O.

(4) In Bezug auf die sonstigen Eigenschaften sind beide Vereinbarungen identisch. In beiden Fällen haben die Kapitalgeber kein Recht, die Finanzierungsvereinbarung zu kündigen, bzw. keine sonstige Möglichkeit, das Kapital frühzeitig abzuziehen.

In einer Welt mit Unsicherheit werden die Investoren nur dann Kapital in Finanzierungsinstrumente von Unternehmen B investieren, wenn die Vergütung für die Kapitalüberlassung nicht nur die längere Laufzeit, sondern auch die damit verbundene höhere Streuung des Investitionsergebnisses in Form einer entsprechenden höheren Rendite widerspiegelt. Die Investitionen werden nur bei einem positiven Erwartungswert der daraus resultierenden Zahlungsströme vorgenommen, der annahmegemäß für beide Finanzierungsvereinbarungen gleich ist. Ausfallwahrscheinlichkeit und Rendite sollen im Zeitablauf keinen Schwankungen unterliegen. Daraus folgt, dass die Laufzeit der Investition keinen Einfluss auf die Wahl der Finanzierungsvereinbarung hat. Durch Differenzierung in der Kapitalüberlassungsvergütung kommt es zum Gleichgewicht von Kapitalnachfrage und Kapitalangebot. Dieses Ergebnis entspricht einem Gleichgewicht der intertemporalen Allokation.[211]

Diese Überlegung wird auf eine Kapitalstruktur übertragen, die im Hinblick auf die Dauer der Überlassung von Kapitalkomponenten heterogen ist. Ein einzelnes Unternehmen nimmt dafür Kapital in Form der zwei beschriebenen Finanzierungsvereinbarungen auf. In einem vollkommenen Kapitalmarkt wird die temporale Präferenz der Investoren durch einen entsprechenden Renditeaufschlag kompensiert. Eine höhere (geringere) Kapitalüberlassungsvergütung ist im Fall einer längeren (kürzeren) Laufzeit der Finanzierungsvereinbarung zu erwarten. Auf Basis der getroffenen Annahmen lässt sich keine Notwendigkeit für eine dauerhafte Kapitalkomponente identifizieren. Ein Unternehmen kann folglich mit einer Kapitalstruktur ausgestattet sein, die ohne dauerhafte Kapitalkomponenten auskommt. Permanenz ist keine Funktion mit konstitutiver Wirkung für die Kapitalstruktur. Dieses Ergebnis entspricht dem Ergebnis der These der Irrelevanz der Finanzierung, wonach die Fristigkeit der Finanzierung nicht maßgebend für die Umsetzung des Investitionsportfolios ist.[212]

---

211 Vgl. Abschnitt 241.22.

212 Vgl. FRANKE, G./HAX, H., Finanzwirtschaft, S. 517.

Das Theorem der Irrelevanz der Finanzierung der neoklassischen Finanzierungstheorie wird durch den Wechsel auf eine neoinstitutionalistische Perspektive, die asymmetrisch verteilte Information in Bezug auf das Investitionsprogramm unterstellt, entkräftet.[213] Finanzierungsverträge kommen erst dann zustande, wenn auch Mechanismen bei der Vertragsgestaltung berücksichtigt werden, die im Interesse beider Vertragsparteien die Möglichkeiten zur Schädigung einer Partei durch opportunistisches Verhalten der anderen Vertragspartei einschränken, also der Informationsasymmetrie durch Vereinbarung von Kontrollrechten i. w. S. Rechnung tragen. Die Dauer der Kapitalüberlassung stellt ein Instrument zur Lösung von Interessenkonflikten der Parteien dar. Folglich kann auch aus neoinstitutioneller Sicht die Differenzierung von Finanzierungsvereinbarungen nach ihrer Laufzeit, hingegen nicht die Notwendigkeit der dauerhaften Kapitalüberlassung begründet werden.

241.33 Haftung als konstitutive Funktion

Haftung bezeichnet die Übernahme eines Schadens durch einen anderen als den unmittelbar Betroffenen.[214] Dieses zivilrechtliche Konzept findet im Kontext der Kapitalisierung von Unternehmen Ausdruck in der vertraglichen Disposition von Kapitalbestandteilen zur Verlustaufnahme.[215] Kapitalkomponenten, die vertraglich Verluste aufnehmen, bilden einen Puffer für sonstige Kapitalkomponenten zum Schutz vor Ausfall der korrespondierenden Zahlungsverpflichtungen des Unternehmens infolge von Verlusten aus dem Geschäftsbetrieb. Die Inhaber der diese Kapitalkomponente umfassenden Verfügungsrechte haften mit ihrer Kapitaleinlage gegenüber den anderen Verfügungsberechtigten am Unternehmen, indem ihr Rückzahlungsanspruch aus der Kapitalkomponente bei auftretenden Verlusten vertragsgemäß reduziert ist. Solchermaßen haftende Kapitalkomponenten werden im Folgenden als haftendes Kapital bzw. Haftkapital bezeichnet.

Die Fähigkeit einer Kapitalkomponente zur unmittelbaren Haftung ergibt sich aus der vertraglichen Disposition zur Verlustaufnahme durch vertraglich vereinbarte anteilige Reduktion der mit der Kapitalkomponente korrespondierenden Verpflichtung zur

213 Vgl. FRANKE, G./HAX, H., Finanzwirtschaft, S. 70 f. und 517 f.; SCHMIDT, R. H./TERBERGER, E., Grundzüge, S. 271 f.

214 Vgl. Duden – Deutsches Universalwörtbuch, Stichwort „Haftung".

215 Vgl. BAETGE, J./KIRSCH, H.-J., Gutachten ED 32, S. 94.

Auszahlung an den Kapitalgeber. Kapitalkomponenten, die entsprechend ihrem Anteil am Gesamtkapital Verluste aufnehmen und am Gewinn teilhaben, werden als Residualkapital bezeichnet. Residualkapital ist immer Haftkapital.

Neben unmittelbarer Haftung infolge von vertragsgemäßer Verlustaufnahme durch Reduktion der Verpflichtung des Unternehmens vereinbart, kann mittelbare Haftung durch die Kapitalkomponente vereinbart werden. Eine Kapitalkomponente kann mittelbar haften, soweit bei Liquidation des Unternehmens Nachrang in der Befriedigung vereinbart oder gesetzlich vorgeschrieben ist. Mit dem Begriff Liquidation wird eine Beendigung des Unternehmens bezeichnet. Nachrang bedeutet, dass ein Anspruch auf Rückzahlung bei Liquidation erst gegeben ist, wenn die Gläubiger mit vorrangigen Ansprüchen gegenüber der Gesellschaft voll befriedigt worden sind.[216] Befriedigung ist die Aufteilung der Vermögensmasse des Unternehmens.[217] Diese Staffelung des Befriedigungsranges führt zu Haftung der nachrangigen Kapitalkomponenten gegenüber den Kapitalkomponenten, die mit vorrangig zu befriedigenden Ansprüchen korrespondieren.[218] Daneben haftet die längerfristige Kapitalkomponente gegenüber der Kapitalkomponente mit kürzerer Laufzeit, soweit beide Kapitalkomponenten den gleichen Rang in der Liquidation haben.[219] Eine Kapitalkomponente haftet folglich bzw. hat die Fähigkeit zur Haftung, sobald direkte Verlustaufnahme, Nachrang oder relativ längere Laufzeit bei gleichrangigen Vereinbarungen vereinbart wird.

Im Fall der unfreiwilligen Liquidation (Insolvenz) werden unbesicherte Ansprüche zwangsweise reduziert. Diese Reduktion ist Ausdruck der wirtschaftlichen Risikoübernahme,[220] nicht Ausdruck einer wirtschaftlichen Haftung.[221] Die Grenze zwischen Risikoübernahme und Risikolosigkeit verläuft in Abwesenheit rechtlicher Durchset-

---

216 Vgl. für Deutschland § 39 InsO. Im Fall einer Staffelung des Ranges der Befriedigung soll „nachrangig" i. S. v. „letztrangig zu befriedigen" verwendet werden.

217 Vgl. für Deutschland § 1 InsO.

218 SCHNEIDER bezeichnet jene durch Unternehmensvermögen gedeckten Auszahlungsansprüche als Risikokapital, die aufgrund des Insolvenzrechts oder vertraglicher Vereinbarung in der Reihenfolge bei der Befriedigung von Ansprüchen bei Liquidation den Ansprüchen des Investors gleich- oder nachgeordnet sind. Vgl. SCHNEIDER, D., Investition, S. 51–56.

219 Diese Konstellation wird auch als struktureller Nachrang bzw. strukturelle Subordination bezeichnet. Vgl. MÜLLER-KÄNEL, O., Mezzanine Finance, S. 44–47. Eine andere Ansicht zur Haftungsfähig der Kapitalkomponente ergibt sich aus der Sicht von THIELE, S., Eigenkapital, S. 121, der in der Nachrangigkeit eine notwendige Voraussetzung für Haftungsfunktion sieht.

220 Vgl. HERZIG, N., Spannungsverhältnis, S. 593; SCHNEIDER, D., Investition, S. 51–55.

221 Vgl. SCHNEIDER, D., Investition, S. 48 f. Anders MÜLLER, S., Aktuelle Entwicklung, S. 144, der Haftung als eine formelle Eigenschaft von Kapital versteht und damit implizit eine Differenzierung zwischen vertraglicher und wirtschaftlicher Haftung ablehnt.

zungsfriktionen zwischen besicherter und unbesicherter Kapitalüberlassung. Haftung basiert auf vertraglicher Vereinbarung, also einer Ex-ante-Übereinstimmung über die Verteilung von etwaigen Verlusten zwischen den Vertragsparteien. Davon abzugrenzen ist eine Ex-post-Vertragsverletzung, z. B. eine Verlustaufnahme infolge Insolvenz. Haftung bezeichnet daher in dieser Arbeit immer eine vertragliche Haftung.

Von der Haftung der Kapitalkomponente zu unterscheiden ist die Beschränkung der Haftung der Kapitalgeber bei Kapitalgesellschaften auf ihre Kapitaleinlage. Die Haftungsbeschränkung der Eigentümer auf ihre Kapitaleinlage in der Gesellschaft ergibt sich rechtlich aus der Schaffung der juristischen Person der Kapitalgesellschaft als Träger der Rechte und Pflichten, die mit der wirtschaftlichen Unternehmung verbunden sind.[222] Sie führt zu einer Trennung der Vermögenssphäre des Eigentümers von der Vermögenssphäre des Unternehmens (Trennungsprinzip).[223] Diese Haftungsbeschränkung der Kapitalgeber definiert den Rahmen der unternehmerischen Kapitalstruktur, indem sie das sonstige Vermögen der Kapitalgeber unberücksichtigt lässt, sie bildet aber keine Kapitalfunktion. Eine Kapitalgesellschaft haftet als juristische Person dagegen mit ihrem gesamten Vermögen im Verhältnis zu Dritten.

Eine Differenzierung der Kapitalkomponenten nach ihrer Verlustaufnahmefähigkeit als primärer Transformationsfaktor und nach Rang der Befriedigung bzw. relativen Laufzeit als sekundärer Transformationsfaktor ermöglicht die Risikotransformation durch Staffelung der Ausfallwahrscheinlichkeit von Auszahlungsansprüchen über die gesamte Kapitalstruktur. Diese Staffelung entspricht einer Tranchierung von Erwartungswert und Streuung des Erwartungswertes der Auszahlungen. Verlustaufnahmefähigkeit wird hier zunächst vereinfachend binär verstanden, also entweder volle vertragliche Verlustübernahme oder keine vertragliche Verlustübernahme. Risikotransformation tritt ein, wenn die vertragliche Vereinbarung die Wahrscheinlichkeit der Reduktion oder des Ausfalls der vertraglich vereinbarten Zahlung dergestalt beeinflusst, dass sie von der Wahrscheinlichkeit der Reduktion oder des Ausfalls von Zahlung aus dem Investitionsportfolio abweicht. Kapitalkomponenten mit explizit vertraglich verfasster Pflicht zur Übernahme von Verlusten verringern die Wahrscheinlichkeit von Reduktion oder Ausfall von vertraglich fixen, folglich nicht-

222 Vgl. HÜFFER, U., AktG, § 1, Rn. 4
223 Vgl. HÜFFER, U., AktG, § 1,.a. a. O.

haftenden Ansprüchen. Haftende Kapitalkomponenten bilden folglich einen Verlustpuffer und reduzieren das Insolvenzrisiko.[224]

In einer Welt unsicherer Erwartungen ohne einen vollkommenen Markt, der die unternehmensunabhängige Transformation von Risiken aus Finanzierungsvereinbarungen erlaubt, erhöht die Risikotransformation mittels Klassenbildung in der Kapitalstruktur daher den Spielraum für die Risikoallokation und damit die Allokationseffizienz[225], denn die Gesamtzahl ausführbarer Investitionsprojekte kann unter der Annahme konstanter Risikopräferenzen der Kapitalgeber gesteigert werden. Haftung ist folglich eine Kapitalfunktion und begründet daher eine eigenständige Kapitalklasse, die diese Funktion innehat.[226]

241.34 Gewinnbeteiligung als konstitutive Funktion

Unter Gewinnbeteiligung bzw. Gewinnteilhabe kann analog zur Verlustteilhabe die Partizipation am positiven unternehmerischen Erfolg verstanden werden. Gewinnteilhabe soll als Erfolgsbeteiligung i. e. S. definiert werden. Die Kombination aus Gewinn- und Verlustteilhabe ist entsprechend als Erfolgsbeteiligung i. w. S. definiert. Der Anspruch auf Gewinnbeteiligung ist als Partizipation am laufenden Ertrag, der Anspruch auf Residualvermögen als Partizipation am finalen Nettoertrag zu verstehen. Vereinfachend wird an dieser Stelle ein Ein-Perioden-Modell angenommen, das Totalergebnis entspricht daher dem Periodenergebnis. Diese Vereinfachung ist zulässig, denn die quotale Beteiligung am Liquidationserlös entspricht in der Substanz einer reinen Ergebnisbeteiligung, auch wenn die Rückzahlung vor Liquidation ausgeschlossen und

224 Vgl. SCHNEIDER, D., Investition, S. 42–44 und 588–592.

225 Vgl. Abschnitt 241.23.

226 Vgl. auch DRUKARCZYK, J., Finanzierung, S. 264–269 mit einer Begründung der Notwendigkeit einer Kapitalklasse (als Eigenkapital bezeichnet), „die ausschließlich ergebnisabhängig bedient wird, von keinem vertraglich fixen Rückzahlungsanspruch erfasst wird und der im Fall bilanzieller Verluste diese buchmäßigen Verluste zugerechnet werden, als Puffer für sonstige Kapitalbestandteile, die diese Eigenschaften nicht aufweisen". Ähnlich auch MÜLLER, S., Aktuelle Entwicklung, S. 145, der die Kapitalklasse (ebenfalls als Eigenkapital bezeichnet) als einen Kapitalbetrag definiert, „der an das Unternehmen gezahlt und nicht aus ihm abgezogen wurde, als Gegenleistung für das vertraglich festgelegte Recht, im Gewinnfall eine ergebnisabhängige Beteiligung und im Verlustfall eine Minderung des eingezahlten Kapitals bei Fortführung bzw. einen Residualanspruch auf das Vermögen (nachdem alle gesetzlich oder vertraglich vorrangigen Forderungen abgegolten worden sind) bei Liquidation des Unternehmens zu erhalten".

eine Liquidation nicht ernsthaft absehbar ist.[227] Nicht Gegenstand der Betrachtung sind Ausschüttungsregeln.

Die Gewinnbeteiligung ist dann eine konstitutive Funktion von Kapital für die Kapitalstruktur, wenn die Differenzierung der Gewinnbeteiligungsregeln zu einer Risikotransformation führt, die Allokationseffizienz begünstigt. Die Finanzierungsvereinbarungen sollten dafür unabhängig von ihrem Rang der Befriedigung und ihrer Laufzeit gesehen werden. Auf Basis einer solchen auf die Gewinnteilhabe reduzierten Betrachtung wird deutlich, dass in einem vollkommenen Markt keine Kapitalstruktur entstehen wird, deren Komponenten qualitativ lediglich nach ihrer Gewinnteilhabe differenziert sind. Die Finanzierungsvereinbarung mit der geringeren Gewinnteilhabe kommt nicht zustande. Eine konstitutive Wirkung der Gewinnbeteiligung für die Kapitalstruktur ist daher abzulehnen.[228] Vielmehr ist in Anknüpfung an die zu Permanenz und Haftung gemachten Ausführungen die Beteiligung am Unternehmenserfolg i. e. S. als Prämie für die Übernahme von Risiko zu verstehen.[229] Der Gewinn ist Teil des zu maximierenden Erwartungswertes. Die Gewinnbeteiligung ist c. p. ohne Einfluss auf die Streuung dieses Erwartungswertes.

241.35 Kontrolle als konstitutive Funktion

Neben monetären Merkmalen von Finanzierungsvereinbarungen ist Kontrolle i. w. S.[230] als ein nicht-monetäres Merkmal im Hinblick auf seine konstitutive Wirkung zu untersuchen. Der Unternehmer kann als Prinzipal die Leitung bzw. Geschäftsführung der Gesellschaft übernehmen. Agiert ein Agent an seiner Stelle, verbleibt beim Unternehmer die Befugnis zur Kontrolle von Leitung und Geschäftsführung, die als ein differenziertes Gefüge von Kontrollrechten in Abhängigkeit von der vereinbarten Risikoposition vereinbart wird.[231] Die Systematisierung von Kontrollrechten ist aufgrund ihrer hohen Formenvielfalt komplex. Kontrollrechte umfassen das Recht zur Berufung und Abberufung der Geschäftsführung ebenso wie das Recht, Einzelmaß-

227 Vgl. EKKENGA, J., Anlegerschutz, S. 174.

228 So auch EKKENGA, J., Anlegerschutz, S. 175–180 und 180–183, mit einer Diskussion zur Asymmetrie von Gewinn- und Verlustteilhabe mit praktischen Beispielen.

229 Anders FRANKE, G./HAX, H., Finanzwirtschaft, S. 449 f., die die Risikoaufteilung als Komponente der Teilungsregel verstehen.

230 Zur Definition von Kontrolle i. w. S. vgl. Abschnitt 241.31.

231 Vgl. RICHTER, R./FURUBOTN, E. G., Neue Institutionenökonomik, S. 218 zur Vertragstheorie der Ökonomie und dem Prinzipal-Agent Modell.

nahmen, z. B. eine Sonderprüfung, zu veranlassen. Die Beschreibung einer Messung anhand kardinaler Kriterien in Vorbereitung einer quantitativen Erfassung von Kontrollrechten in der unternehmerischen Rechnungslegung geht über den Rahmen der vorliegenden Untersuchung hinaus. Die anreizoptimierende Verteilung von Kontrollrechten ist für das Zustandekommen der Kapitalstruktur notwendig[232], eine an der bilanziellen Abbildung der Kapitalstruktur orientierte Untersuchung von Kontrollrechten auf ihre konstitutive Wirkung für die Kapitalstruktur wird indes an dieser Stelle nicht vorgenommen.

242 Zwischenfazit

Anhand von finanzierungstheoretischen Überlegungen aus neoklassischer Sicht wurde in diesen Abschnitten begründet, dass Haftung eine die Kapitalstruktur konstituierende Funktion von Kapital ist. Haftende Kapitalkomponenten bilden eine Kapitalklasse. Permanenz und Gewinnbeteiligung sind keine konstitutiven Funktionen von Kapital und führen nicht zu einer Klassenbildung auf Basis der Kapitalfunktion. Die anreizoptimierende Verteilung von Kontrollrechten ist für das Zustandekommen der Kapitalstruktur notwendig, ohne dass über die konstitutive Wirkung eine Aussage getroffen werden kann. Die ökonomisch indizierte Kapitalstruktur, als Messobjekt des Jahresabschlusses und Gegenstand einer der zu beantwortenden Hauptfragen dieser Arbeit[233], besteht aus zwei identifizierbaren Klassen: dem haftendem Kapital und dem nicht-haftendem Kapital.[234]

Eine Kapitalgliederung anhand des Prinzips der Haftung ermöglicht qualitative Kongruenz zwischen empirischer Kapitalstruktur und bilanziellem Kapitalausweis und ist damit abbildungsorientiert. Der am Prinzip der Haftung orientierte Kapitalausweis wird der qualitativen Anforderung der Glaubwürdigkeit an den Jahresabschluss gerecht, die das Rahmenkonzept in CF QC12 verlangt, und dient damit dem Zweck des IFRS-Abschlusses, entscheidungsnützliche Informationen zu vermitteln.

232 Vgl. dazu ausführlich bei RICHTER, R./FURUBOTN, E. G., Neue Institutionenökonomik, S. 215–251.

233 Vgl. Abschnitt 12.

234 Vgl. DRUKARCZYK, J., Finanzierung, S. 264–269 zu einer dichotomen Kapitalstruktur auf Basis der Haftungsqualität. Eine ökonomisch begründbare Zweiteilung ablehnend THIELE, S., Eigenkapital, S. 32–34 und 239.

Haftung als Kriterium der Eigenkapitalklassifikation nach IFRS ist de lege lata gegenwärtig nur auf eine beschränkte Zahl von Vereinbarungen mit residualem Charakter anzuwenden.[235] Eine Kapitalgliederung anhand des im Rahmenkonzept sowie in einzelnen Rechnungslegungsstandards verfassten dominanten Prinzips der Permanenz[236] erfüllt hingegen nicht die Anforderung des Rahmenkonzepts eines glaubwürdigen Ausweises, da sie nicht auf dem abbildungsorientierten Prinzip der Haftung basiert. In Abschnitt 25 wird daher ein funktionsbegründeter Kapitalausweis entwickelt. Dieser funktionsbegründete Kapitalausweis ist einzig am Prinzip der Haftung orientiert.

25 Funktionsbegründeter Kapitalausweis

251 Vorbemerkungen

In Abschnitt 24 wurde begründet, dass Haftung eine die Kapitalstruktur konstituierende Funktion von Kapital ist. Auf Basis dieses Ergebnisses wird in diesem Abschnitt ein funktionsbegründeter und damit abbildungsorientierter Kapitalausweis entwickelt, der an die Haftungsfähigkeit von Kapitalkomponenten anknüpft. Die Fähigkeit einer Kapitalkomponente zur Haftung, daher der vertraglichen Disposition zur Verlustaufnahme, wird durch die zugrundeliegende Vereinbarung zwischen Unternehmen und Vertragspartei begründet, die den Anspruch gegen das Kapital des Unternehmens verfasst. Folglich sind die rechtstechnischen Mechanismen zur Verlustaufnahme zu untersuchen. Unmittelbare Haftung ist das Ergebnis einer vertraglich vereinbarten bzw. gesetzlich bestimmten Anspruchsreduktion infolge aufgetretener Verluste des Unternehmens. Mittelbare Haftung ergibt sich aus Verlustteilhabe infolge vertraglichem bzw. gesetzlichem Nachrang oder Längerfristigkeit in einer Anspruchsbefriedigung aus der Liquidationsmasse des Unternehmens.

Im Folgenden wird daher zunächst der Begriff Verlust als der Bezugspunkt von Haftung erläutert. Anschließend werden Vereinbarungen anhand der Eigenschaften der mit der Vereinbarung verfassten Zahlungspflichten des Unternehmens ausserhalb ei-

235 Vgl. Abschnitt 233.
236 Vgl. Abschnitt 233.

ner Liquidation systematisiert und mit Blick auf ihre Haftungsfähigkeit untersucht. Danach wird die Verlustaufnahmefähigkeit von Vereinbarungen in einer Liquidation des Unternehmens diskutiert. Dafür wird beispielhaft das Liquidationsverfahren im deutschen Gesellschaftsrecht als Diskussionsbasis herangezogen. Die Ansprüche aus der Vereinbarung werden nach Rang in der Liquidation differenziert, um wiederum die Haftungsfähigkeit der Vereinbarung zu ermitteln. Abschließend wird ein Kapitalausweis vorgeschlagen, der am Prinzip der Haftung orientiert ist. Einzelvorschriften werden an dieser Stelle nicht entwickelt.

252 Haftung von Kapitalkomponenten

252.1 Verlust als Bezugspunkt der Haftung

Aus neoklassischer Sicht ist der Verlust des Unternehmens in Abgrenzung zu dem Unternehmensziel Gewinn als die negative Differenz zwischen dem Gesamterlös aus dem Verkauf der Ausbringungsmenge und den Gesamtausgaben für alle Faktoreinsatzmengen zu definieren.[237] Die durch diese Definition implizierte Irrelevanz der Institution Unternehmen[238] reduziert die Anwendbarkeit der Definition auf eigentümergeführte Unternehmen mit einer homogenen Verfügungsstruktur und wird daher der tatsächlichen Vielfalt von unternehmerischen Organisationsformen nicht gerecht. Verlust ist daher aus einer neoinstitutionellen Sicht auf der Basis des Verständnisses von Unternehmen als Vertragsgeflecht sowie in Bezug auf die Verfügungsstruktur der am Unternehmen Beteiligten zu definieren. Bezogen auf das Unternehmen ist ein Verlust das Ergebnis einer negativen Wertänderung des unternehmerischen Vermögens.[239] Aus Perspektive der am unternehmerischen Ergebnis Verfügungsberechtigten kann Verlust daher als Reduktion des Unternehmenswertes verstanden werden. Dabei handelt es sich um eine statische Betrachtung durch Vergleich des Unternehmenswertes zu zwei bestimmten Zeitpunkten. Verringert sich das Vermögen ohne vertraglich korrespondierende Reduktion der vertraglichen oder ge-

237 Vgl. RICHTER, R./FURUBOTN, E. G., Neue Institutionenökonomik, S. 394.

238 Vgl. RICHTER, R./FURUBOTN, E. G., Neue Institutionenökonomik, S. 395. Bei Gleichsetzung von Hierarchien und Märkten wird der „Unternehmer zum Schatten“.

239 Vgl. EFRAG (Hrsg.), DP Liabilities Equity, 4.2 und 4.3, und BAETGE, J./HAENELT, T., Loss Absorption Approach, S. 312 f., mit einer Diskussion der praktischen Implikationen dieser Definition von Verlust für die Verwendung bei der Bestimmung der Kapitalgliederung. Ferner KÜTING, K., Mehrdimensionale Problemausweitung, S. 234–236.

setzlichen Verpflichtungen des Unternehmens, dann wäre das Unternehmen im Fall eines Verlustes nicht mehr in der Lage, diese Verpflichtungen zu erfüllen. Ohne haftende Kapitalbestandteile besteht folglich kein Kapitalpuffer zur Aufnahme unternehmerischer Verluste, der die Fortführung des Unternehmens ohne Verletzung vertraglicher Zahlungspflichten ermöglicht. Die Aufholung des Verlustes ist unsicher und kann daher nicht geltend gemacht werden. Wäre die Aufholung sicher, dann wäre schon kein Verlust eingetreten. Eine Unterscheidung zwischen laufender Periodenabrechnung und Endabrechnung im Fall der freiwilligen oder erzwungenen Auflösung der Gesellschaft führt zum gleichen Ergebnis.

Die Ermittlung des tatsächlichen wirtschaftlichen Ergebnisses und damit des wirtschaftlichen Verlustes ist mit Schwierigkeiten behaftet. Das tatsächliche wirtschaftliche Ergebnis, in Abgrenzung zum „bilanziellen Ergebnis", des Unternehmens kann durch Bewertungsverfahren, d.h. den Vergleich des Unternehmenswertes zu zwei Zeitpunkten, oder durch Marktpreise gemessen werden.[240] Die erzielten Werte sind eine Annäherung an den tatsächlichen wirtschaftlichen Erfolg des Unternehmens. Die Qualität der Ergebnisse von Bewertungsverfahren unterliegt der Qualität der Annahmen, die der Bewertung zugrunde liegen, sowie konzeptionellen Beschränkungen des Bewertungsverfahrens. Werden Bewertungsverfahren auf Basis von bilanziellen Wertansätzen durchgeführt, unterliegen bereits die Eingabegrößen einem normativen Filter und sind anfällig für Fehler[241], die zu einer Abweichung zwischen der verwendeten Eingabegröße und dem tatsächlichen wirtschaftlichen Gehalt führen können. Bilanziell ermittelte Größen enthalten keine wirtschaftlichen Vorgänge, die im Jahresabschluss nicht erfasst werden dürfen oder mangels entsprechender Bilanzierungsvorschriften oder infolge der Ausnutzung eines Bilanzierungswahlrechts nicht erfasst werden müssen.[242] Diese Überlegungen gelten analog, wenn für die Bestimmung des Verlustes direkt an das bilanzielle Ergebnis[243] angeknüpft wird.

Ein bilanzorientiert definierter Verlust wird unter Anwendung bestimmter Rechnungslegungsregeln auf Basis des gewählten Bilanzierungskonzepts ermittelt. Auf Ba-

240 Vgl. MANDL, G./RABEL, K., in: PEEMÖLLER, V., Praxishandbuch der Unternehmensbewertung, S. 49–90.

241 Vgl. BAETGE, J., Objektivierung des Jahreserfolges, S. 33–83.

242 Vgl. KAMPMANN, H., Abgrenzung von Eigen- und Fremdkapital, S. 186–188.

243 Vgl. BAETGE, J./KIRSCH, H.-J./THIELE, S., Bilanzen, S. 463f.

sis der dynamischen Bilanztheorie kann Verlust als negativer Erfolgsbeitrag einer Periode (bzw. für die gesamte Dauer der Unternehmung), also ein Überschuss der Aufwendungen über die Erträge, verstanden werden.[244] Er ist eine Rechnungslegungsfiktion. Neben einer modellbasierten Messung kann das wirtschaftliche Ergebnis auf Basis von Marktpreisen im Zeitvergleich ermittelt werden. Marktpreise erfassen nur bei vollkommener Informationseffizienz[245] alle wirtschaftlich relevanten Vorgänge, die die Gesellschaft betreffen. Informationseffizienz ist unter realen Bedingungen nicht zu erwarten.[246]

Ein Vertrag oder ein Gesetz kann eine Anpassung des Zahlungsanspruchs infolge eines Verlustes des Unternehmens in der Periode oder in einer Gesamtabrechnung bei Auflösung vorsehen. Die jeweiligen Bestimmungen können dabei den Begriff Verlust durch eine Definition ausfüllen. Alternativ kann ein Verfahren zur Verlustermittlung vereinbart werden, um die Durchsetzbarkeit der Ansprüche zu sichern. Die Wahl des Verfahrens steht im Spannungsfeld zwischen dem erwünschten Gleichlauf von tatsächlichem wirtschaftlichen Verlust und Ergebnis der Messung, sowie dem erforderlichen Aufwand, die Messung z. B. mittels Unternehmensbewertung durchzuführen.[247]

Eine detaillierte Untersuchung der Qualität marktüblicher Verfahren unter dem Gesichtspunkt der Qualität der Messung kann in der vorliegenden Arbeit nicht vorgenommen werden. Vereinfachend wird daher unterstellt, dass allgemein anerkannte Verfahren zur Messung des tatsächlichen wirtschaftlichen Ergebnisses genutzt werden können, die den für eine praktische Verwendung erforderlichen hohen Grad des Gleichlaufs zwischen Realität und Messung besitzen. Knüpft die vertraglich vereinbarte oder gesetzlich vorgeschriebene Verlustaufnahme an ein solches Verfahren an, dann ist die Anspruchshöhe direkt von der wirtschaftlichen Entwicklung des Unternehmens abhängig. Die Kapitalkomponente, die mit einem solchen Anspruch korrespondiert, kann als haftendes Kapital qualifiziert werden. Ergibt sich auf Basis der

244 Vgl. BAETGE, J./KIRSCH, H.-J./THIELE, S., Bilanzen, S. 463 f.
245 Vgl. FRANKE, G./HAX, H., Finanzwirtschaft, S. 398 f.
246 Vgl. FRANKE, G./HAX, H., Finanzwirtschaft, S. 398 f.
247 Vgl. HÄGER, M./ELKEMANN-REUSCH, M., Mezzanine Finanzierungsinstrumente, S. 100–108 (für Stille Gesellschaft) und S. 247–267 (für Genussrechte) für eine Darstellung zu-lässiger Verfahren.

gleichen Messung neben der Verlustaufnahme eine Teilhabe am Gewinn, handelt es sich um einen approximierten Residualanspruch[248].

252.2 Rechtstechnische Mechanismen der Verlustaufnahme

252.21 Verlustaufnahme durch vertraglich vereinbarte Anspruchsreduktion

Anknüpfungspunkt der Untersuchung der Haftungsqualität von Kapitalkomponenten sind die Verpflichtungen des Unternehmens. Dafür sind rechtliche[249] und wirtschaftliche Verpflichtungen, die eine sichere oder wahrscheinliche, quantifizierbare wirtschaftliche Belastung darstellen[250], im Hinblick auf ihre Eigenschaften zu systematisieren. Das Augenmerk der Untersuchung liegt nicht auf der Bestimmung der Ausweisgrenze (Passivierungsfähigkeit), sondern auf dem „Ort“ des Ausweises (Kapitalgliederung).

Finanzvereinbarungen können entweder mit nominal fixem oder variablem Zahlungsanspruch vereinbart werden.[251] Nominal fixe Verpflichtungen sind der Grundtyp von Finanzierungsvereinbarungen und haben daher hohe praktische und als konzeptioneller Grenzfall auch hohe analytische Relevanz. Eine nominal fixe Verpflichtung nimmt zumeist auf den Betrag des ursprünglich zur Verfügung gestellten Kapitals Bezug. Die Haftung für Verluste durch nominal fixe Verpflichtungen erfolgt weder unmittelbar noch mittelbar, soweit kein Nachrang bei einer Liquidation besteht. Die Kapitalkomponente, die von einem solchen Anspruch (Nominalanspruch) umfasst wird, haftet folglich nicht.

Variable Verpflichtungen sind in einer Vielzahl von Formvarianten denkbar. Ist der Anspruch der Kapitalgeber auf das Residualkapital gerichtet, dann wird die Verpflich-

---

248 Im Folgenden werden approximierte Residualansprüche vereinfachend als Residualansprüche bezeichnet. Eine weiterführende Differenzierung erfolgt an dieser Stelle nicht.

249 Ansprüche gegen das Unternehmen entstehen auf Basis vertraglicher Vereinbarung oder kraft Gesetzes. Steuerzahlungen oder Schadenersatzzahlungen resultieren regelmäßig aus gesetzlichen Anspruchsgrundlagen.

250 Der Sonderfall einer wirtschaftlich vorteilhaften Leistungspflicht (z. B. die Lieferung von Vermögenswerten, die eine wirtschaftliche Belastung darstellen) wird nicht berücksichtigt. Eine Leistungspflicht mit Bezug auf die eigene Kapitalstruktur (z. B. die Ausgabe eigener Anteile) wird aufgrund der damit verbundenen spezifischen Fragestellungen in einem separaten Abschnitt der Arbeit behandelt. Vgl. Abschnitt 4.

251 Vgl. MÜLLER-KÄNEL, O., Mezzanine Finance, S. 34–38.

tung des Unternehmens durch einen anteiligen Verlust reduziert bzw. anteiligen Gewinn erhöht. Die Kapitalkomponente, die von einem solchen Anspruch (Residualanspruch) umfasst wird, haftet folglich. Liegt der Zahlungsanspruch unterhalb des anteiligen Residualkapitals, dann übernimmt der Kapitalgeber einen überproportional großen Teil des angefallenen Verlustes bzw. partizipiert er unterproportional an den entstandenen Gewinnen zugunsten der verbleibenden Kapitalgeber und vice versa zulasten der verbleibenden Kapitalgeber. Die Kapitalkomponente haftet dann überproportional (beschränkter Residualanspruch).

Die Finanzierungsvereinbarung kann vorsehen, dass die Reduktion des Anspruchs durch Verlustaufnahme in der Folgeperiode durch Wiederaufholung des Nennbetrages aus dem Gewinn rückgängig gemacht werden kann.[252] In diesem Fall ist die Verlustaufnahmefähigkeit der Kapitalkomponente auf die erste Periode beschränkt. Die Reduktion des Anspruchs kann auch als dauerhafte Reduktion bestehen bleiben und damit als Bemessungsgrundlage künftiger Ausschüttungen direkt die Höhe der Kapitalüberlassungsvergütung beeinflussen.[253] In diesem Fall besteht dauerhafte Verlustaufnahmefähigkeit der Kapitalkomponente.

Der Anspruch aus der Finanzierungsvereinbarung kann sich auf einen Betrag richten, der sich aus einer fixen und einer variablen Komponente zusammensetzt.[254] Die fixe Komponente kann in Form eines Mindestbetrages vereinbart werden. Dieser Mindestbetrag kann einem Teilbetrag des ursprünglich überlassenen Kapitals entsprechen oder darüber hinausschießen und damit implizit eine fixe Vergütung umfassen. In Ergänzung dazu kann ein variabler Ergänzungsbetrag vereinbart werden, dessen Höhe an unternehmensexterne oder unternehmensinterne Kennzahlen geknüpft ist. Solche Kapitalkomponenten sind anhand ihres wirtschaftlichen Gehalts in haftende und nichthaftende Bestandteile zu zerlegen.

Neben dem Anspruch auf Kapitalrückzahlung bestimmt die Form der Kapitalvergütung die Haftungsqualität der Kapitalkomponente. Die Kapitalvergütung kann, wie auch die Kapitalüberlassung, vielfältig verfasst sein. Der Umfang der Vergütung kann

252 Vgl. HÄGER, M./ELKEMANN-REUSCH, M., Mezzanine Finanzierungsinstrumente, S. 103–104.

253 Vgl. HÜFFER, U., AktG, § 92, Rn. 1–5 zu den Vorstandspflichten bei einer deutschen Aktiengesellschaft im Fall eines Verlustes in Höhe der Hälfte des Grundkapitals.

254 Vgl. MÜLLER-KÄNEL, O., Mezzanine Finance, S. 41–44.

fix, ergebnisorientiert oder ergebnisabhängig bzw. nach Betrag und nach Fälligkeit variabel geformt sein. Die Kapitalkomponente, die von einem solchen Mischanspruch umfasst wird, haftet anteilig entsprechend der relativ zum Gesamtkapital übernommenen Haftung.

Die Fälligkeit von Zahlungspflichten des Unternehmens kann – wie bei idealtypischen Fremdkapitalinstrumenten der Fall – vorab in den Vertragsbedingungen vereinbart werden. Der Anspruch auf Zahlung entsteht dann ausschließlich durch Zeitablauf und liegt nicht im Ermessen des Unternehmens. Forderungen auf Rückzahlung von bzw. Ausschüttung aus idealtypischen Eigenkapitalinstrumenten und damit verbunden die Fälligkeit von aus den Instrumenten resultierenden Zahlungspflichten des Unternehmens stehen dagegen grundsätzlich im Ermessen aller Eigenkapitalgeber gemeinsam, denn sie basieren auf einem kollektiven Beschluss der Eigenkapitalgeber.[255] Zahlungspflichten des Unternehmens können vor einer Liquidation fällig werden oder nur in der Liquidation des Unternehmens bestehen. Der genaue Zeitpunkt der bestimmten oder bestimmbaren Fälligkeit ist ohne Bedeutung für die Haftungsfähigkeit. Die Haftungsfähigkeit von Kapitalkomponenten ausserhalb einer Liquidation wird ausschließlich durch die Höhe der mit der Vereinbarung verfassten Zahlungspflichten des Unternehmens bestimmt. Der Zeitpunkt der Fälligkeit der Zahlung hat keinen Einfluss auf die Haftungsfähigkeit der zugrundeliegenden Kapitalkomponente.

Die Haftungsfähigkeit von Kapitalkomponenten ohne vertraglich verfasste Laufzeit ist anhand der Eigenschaften in der Liquidation des Unternehmens zu ermitteln. Der Untersuchung wird beispielhaft eine Beschreibung des Verfahrens der Unternehmensliquidation einer Aktiengesellschaft nach deutschem Recht vorangestellt.

252.22 Verlustaufnahme in der Liquidation

252.23 Das Verfahren der Unternehmensliquidation nach deutschem Recht

Die Liquidation der Gesellschaft erfolgt gemäß §§ 262, 271 AktG durch Beschluss der Gesellschafterversammlung (freiwillige Unternehmensliquidation) oder durch Insol-

255 Vgl. HÜFFER, U., AktG, § 92, Rn. 26–28 für eine deutschen Aktiengesellschaft.

venz[256]. Nach deutschem Recht wird das Insolvenzverfahren auf Antrag der Gesellschaft oder auf Antrag eines Schuldners bei Bestehen eines Eröffnungsgrundes eröffnet. Grund für die Eröffnung ist die tatsächliche oder die drohende Zahlungsunfähigkeit (§§ 17, 18 Abs. 2 InsO) sowie die Überschuldung bei juristischen Personen (§ 19 Abs. 1 InsO). Das Ziel eines Insolvenzverfahrens ist es, die Gläubiger eines Schuldners in einem von den Gläubigern gemeinschaftlich akzeptierten Verfahren zu befriedigen (§ 1 Satz 1 InsO). Dazu ist das Vermögen des Schuldners zu verwerten und der Erlös zu verteilen oder in einem Insolvenzplan eine abweichende Regelung zu vereinbaren, die z. B. das Ziel hat, das Unternehmen zu erhalten (§ 1 Satz 1 InsO).

In Bezug auf die Insolvenzgläubiger haftet nur das Vermögen des Insolvenzschuldners (§ 35 InsO). Das Vermögen, welches nicht dem Schuldner gehört, wird durch Aussonderung (§ 47 Satz 1 InsO) bzw. durch Absonderung (§§ 49, 165 und §§ 50f., 166ff. InsO) den Ansprüchen der Insolvenzgläubiger entzogen. Bei der Verteilung der Insolvenzmasse sind grundsätzlich alle Gläubiger gleich zu behandeln. Die Gläubiger werden nach dem Verhältnis ihrer Forderungsbeträge berücksichtigt, der sogenannten „Gläubigerquote". Zwischen den Insolvenzgläubigern i. S. v. § 38 InsO und den nachrangigen Insolvenzgläubigern gemäß § 39 InsO besteht eine Rangfolge. Sofern die Forderungen der nachrangigen Insolvenzgläubiger angemeldet werden, sind deren Forderungen erst nach denen der Insolvenzgläubiger (§ 38 InsO) und dann in einer häufig gesetzlich geregelten Rangfolge zu befriedigen. Grundsätzlich sind die in einer späteren Rangklasse platzierten Forderungen bei der Verteilung der Insolvenzmasse nur dann zu berücksichtigen, wenn die Forderungen der früheren Rangklasse vollständig befriedigt wurden.[257] Bei allen gesetzlich geregelten Eigenkapitalformen dürfen die Eigenkapitalgeber die ihnen eventuell zustehenden Zahlungsansprüche nicht zur sogenannten Insolvenztabelle anmelden.[258] Die Zahlungsansprüche der Fremdkapitalgeber werden dagegen als Insolvenzforderung geltend gemacht (§ 174 i. V. m. § 38 InsO).

256 Das Insolvenzverfahrens führt bei einer juristischen Person und bei Gesellschaften ohne Rechtspersönlichkeit zur Auflösung durch Liquidation. Vgl. §§ 42 Abs. 1 Satz 1, 728 Abs. 1 Satz 1 BGB, 131 Abs. 1 Nr. 3 HGB, 262 Abs. 1 Nr. 3 AktG.

257 Vgl. BORK, R., Insolvenzrecht, S. 162.

258 Vgl. BORK, R., Insolvenzrecht, S. 34.

252.24 Differenzierung nach Anspruchsrang in der Liquidation

Die Verpflichtungen der Gesellschaft unterliegen, entsprechend den vorangegangenen Ausführungen, einer gesetzlichen bzw. (sekundär) vertraglich vereinbarten Rangfolge der Befriedigung untereinander.[259] Bei Liquidation sind nachrangige Verpflichtungen erst nach vollständiger Befriedigung der vorrangig zu behandelnden Verpflichtungen zu berücksichtigen. Auch eine Rangstaffelung über mehr als zwei Rangstufen kann vorgesehen werden. Verpflichtungen zur Zahlung aus gleichrangigen Finanzierungsvereinbarungen stehen zueinander in Haftungskonkurrenz, d. h. das verbleibende Nettovermögen ist anteilig zur ursprünglichen Nominalforderung für die Befriedigung der Ansprüche zu verwenden.

Nachrangige Nominalverpflichtungen, die erst nach den vorrangigen Nominalverpflichtungen zu befriedigen sind, begründen somit die Haftung des Kapitals im Zeitpunkt der Liquidation. Ansprüche aus Eigenkapitalinstrumenten, z. B. Dividendenzahlungen, sind im deutschen Insolvenzrecht letztrangig zu behandeln. Vergütungszahlungen, die von vorrangig zu befriedigenden Forderungen erfasst werden, haften nicht, sondern stehen in Befriedungskonkurrenz mit den anderen vorrangigen Forderungen gegen die Gesellschaft. Der Maßstab, nach dem der verbleibende Liquiditätsüberschuss zwischen den Eigenkapitalgebern verteilt wird, ist für die Liquidation nicht relevant, weil sich eine solche Entscheidung auf das Verhältnis der Eigenkapitalgeber untereinander bezieht.

Vermögensgegenstände können auf Basis von Sicherungsvereinbarungen davon ausgeschlossen sein, Teil der Haftungsmasse zu werden. Dieses Vermögen, das insolvenzrechtlich der Absonderung unterliegt, steht außerhalb einer vertraglichen und wirtschaftlichen Haftung.

253 Vorschlag zur Kapitalgliederung anhand der Haftungsfähigkeit

In den vorangegangenen Ausführungen wurde begründet, dass die aus neoklassischer Sicht verstandene Kapitalstruktur lediglich aus zwei Klassen von Kapital, dem haften-

259 Dazu zählt auch ein Rangrücktritt, vgl. dazu SCHULZE-OSTERLOH, J., Rangrücktritt, S. 97–102. Vgl. ferner KÜTING, K./KESSLER, H., Eigenkapitalähnliche Mittel, S. 2108 f.

den Kapital und dem nicht-haftenden Kapital besteht.[260] **Daher wird hier de lege ferenda vorgeschlagen, den Kapitalausweis ausschließlich anhand der Haftungsfähigkeit der Kapitalkomponenten zu gliedern.** Eine solche Gliederung ist abbildungsorientiert und dient damit dem Zweck des IFRS-Abschlusses, entscheidungsnützliche Informationen zu vermitteln (CF OB2). Das Prinzip der Haftung stellt ein eindeutiges und damit strukturierungs- bzw. arbitragefeindliches Gliederungskriterium dar. Eine haftungsbasierte Kapitalgliederung wird daher der qualitativen Anforderung der Glaubwürdigkeit der Darstellung, die das Rahmenkonzept in CF QC12 verfasst, gerecht. Danach hätte die primäre Gliederung des Kapitalausweises an die Klassifizierung der Kapitalkomponente als Haftkapital anzuknüpfen (primäre Gliederungsdimension). Die Klassifizierung als haftendes Kapital bzw. nicht-haftendes Kapital steht der Abgrenzung dieser beiden Kapitalklassen gleich.

Dieser de lege ferenda-Gliederungsvorschlag steht im Einklang mit der im IFRS-Rahmenkonzept indizierten Dichotomie des Kapitalausweises. Haftkapital kann als Vermögensresiduum, daher als Differenz zwischen den Vermögenswerten des Unternehmens und dem nicht-haftenden Kapital, definiert werden. Eine solche wirtschaftlich uneigenständige Definition entspricht der Negativdefinition von Eigenkapital nach CF 4.4 (c). Mittels indirekt ermitteltem Residualposten wird der Gleichlauf von Vermögen und Kapital und damit die strenge Symmetrie der Bilanz sichergestellt.

Die Definition von Schuld steht hingegen nicht im Einklang mit dem wirtschaftlichen Gehalt, der dem nicht-haftenden Kapital in dieser Untersuchung beigelegt wird. Eine Schuld ist gemäß CF 4.4 (b) eine gegenwärtige Verpflichtung des Unternehmens, die aus Ereignissen der Vergangenheit entsteht und deren Erfüllung für das Unternehmen erwartungsgemäß mit einem Abfluss von Ressourcen mit wirtschaftlichem Nutzen verbunden ist. Die Kapitalklassifikation nach CF 4.4 (b) i. V. m. 4.15–4.19 ist vom Prinzip der Permanenz der überlassenen Mittel geleitet. Die vorgeschlagene Kapitalabgrenzung ist ausschließlich am Prinzip der Haftung orientiert. Materielle Identität zwischen der Kapitalklassifikation de lege lata und dem Vorschlag de lege ferenda

260 Vgl. Abschnitt 241.

einer Klassifikation anhand der Haftungsfähigkeit besteht daher nicht.[261] Entsprechend wird folgende Änderung der Definition in CF 4.4 (b) vorgeschlagen:

„Eine Schuld ist eine gegenwärtige Verpflichtung des Unternehmens, die aus Ereignissen der Vergangenheit entsteht, deren Erfüllung für das Unternehmen erwartungsgemäß mit einem Abfluss von Ressourcen mit wirtschaftlichem Nutzen verbunden ist ***und die nicht anteilig durch Haftung für Verluste des Unternehmens reduziert wird.“***

Anhand der Fähigkeit zur Verlustaufnahme und damit Haftung können die in Abschnitt 252 identifizierten Typen von Finanzierungsvereinbarungen wie folgt systematisiert und klassifiziert werden.

Die nachstehende Übersicht liefert ein Grundgerüst für die Kapitalklassifikation, ohne Anspruch auf Vollständigkeit zu erheben:

Bezeichnung	**Haftungsfähigkeit**	**Kapitalklasse**
Residualanspruch	Vollhaftung, daher Verlustaufnahme entsprechend dem überlassenen Kapitalanteil sowie symmetrische Gewinn- und Verlustbeteiligung	**Haftendes Kapital**
Beschränkter Residualanspruch, daher Gewinnteilhabe beschränkt	Exzesshaftung, daher überproportionale Verlustaufnahme, unterproportionale Gewinnbeteiligung oder asymmetrische Gewinn- und Verlustbeteiligung	**Haftendes Kapital**
Nachrangiger Nominalanspruch	Unbedingte Vollhaftung, soweit Längerfristigkeit gegeben, ansonsten bedingte Vollhaftung	**Haftendes Kapital**
Vorrangiger variabler Anspruch	Haftungsfähigkeit abhängig von Verlustaufnahmefähigkeit ausserhalb Liquidation	Haftendes Kapital oder Nicht-haftendes Kapital
Vorrangiger Nominalanspruch	Keine vertragliche Haftung, sondern lediglich wirtschaftliche Risikoübernahme	Nicht-haftendes Kapital
Anspruchsinhaber nicht Insolvenzgläubiger	Keine vertragliche Haftung und keine wirtschaftliche Risikoübernahme	Nicht-haftendes Kapital

Übersicht 2-2: *Stufen der Haftungsfähigkeit und resultierende Kapitalklassifikation*

261 Vgl. Abschnitt 233.

Die Fälligkeit der Ansprüche bzw. Verpflichtungen des Unternehmens aus der Kapitalkomponente (Fristigkeit der Mittelüberlassung) kann als sekundäre Gliederungsdimension bestimmt werden. Die Kapitalstruktur sollte innerhalb der Dimension Fristigkeit ordinal skaliert ausgewiesen werden. Für den Kapitalausweis sind separate Posten zu bilden. Kapitalkomponenten mit gleicher Fristigkeit werden dafür aggregiert.

3 Wirtschaftliche und rechtliche Grundlagen von Derivaten

31 Vorbemerkungen

Mit der vorliegenden Arbeit wird das Ziel verfolgt, die bilanzielle Abbildung nach IFRS de lege lata von Residualkapitalderivaten mit Blick darauf zu würdigen, wie sie dem Zweck des Jahresabschlusses gerecht werden und darauf aufbauend sachgerechte Regeln für den Ausweis nach IFRS de lege ferenda vorzuschlagen. Mit Abschnitt 3 wird der Zusammenhang zwischen Abschnitt 2 zum Kapitalausweis nach IFRS und Abschnitt 4 zur Bilanzierung von Derivaten mit Bezug auf Residualkapital hergestellt.

Dafür werden in Abschnitt 3 die wirtschaftlichen und rechtlichen Grundlagen von Derivaten dargestellt. Zunächst werden die konstitutiven Eigenschaften identifiziert, die eine Vereinbarung haben muss, damit sie wirtschaftlich ein Derivat begründet. Aufbauend auf den identifizierten Eigenschaften werden die wirtschaftlichen Varianten von derivativen Vereinbarungen nach den Basistypen Termingeschäft und Optionsgeschäft systematisiert.

In Abschnitt 2 wurde gezeigt, dass die Haftungsfähigkeit von Kapital-komponenten die Dichotomie der Kapitalgliederung begründet. Derivative Vereinbarungen mit Bezug auf das Haftkapital[1] können Haftmasse begründen oder reduzieren und damit die Höhe des Haftkapitals verändern. Sie haben deshalb in der Diskussion des Kapitalausweises bzw. der Diskussion der sachgerechten Abgrenzung zwischen Haftkapital und sonstigem Kapital eine besondere Stellung einzunehmen. In der vorliegenden Arbeit wird exemplarisch die Bilanzierung von Residualkapitalderivaten als Teilmenge von Haftkapital untersucht. Dafür werden die Möglichkeiten der Erfüllung solcher Vereinbarungen im Kontext der zivilrechtlichen Bestimmungen zu Kapitalmaßnahmen deutscher Aktiengesellschaften und anschließend aus wirtschaftlicher Sicht untersucht.

---

1 Derivatvereinbarungen, die keinen Bezug zum Kapital einer Vertragspartei aufweisen, werden im Folgenden als Derivatvereinbarung mit Bezug auf ein Drittrisiko bezeichnet.

32 Begriff und Bedeutung von Derivat

Der Begriff Derivat ist im deutschen Bankenaufsichtsrecht in § 1 Abs. 11 Satz 4 KWG und im deutschen Wertpapierrecht in § 2 Abs. 2 WpHG kodifiziert. Eine bilanzrechtliche Definition enthält IAS 39.9. In dieser Arbeit wird von einer Derivat-Definition ausgegangen, die sowohl legalistische als auch wirtschaftliche Aspekte miteinander verknüpft. Demnach ist ein Derivat ein Vertrag,

(1) der gegenläufige, bedingte oder unbedingte Leistungspflichten begründet,

(2) der erst mit zeitlicher Verzögerung vollständig und abschließend erfüllt wird[2], und

(3) dessen Beendigung durch Erfüllung zu einem bestimmten Zeitpunkt vorgesehen ist.[3]

Derivatvereinbarungen werden explizit getroffen, können aber auch indirekt in einer Vereinbarung, z. B. in einem Kaufvertrag, enthalten sein. Die Entscheidung, ob es sich um ein Derivat handelt, ist auf Basis der wirtschaftlichen Substanz der Vereinbarung zu treffen. Die rechtliche Form der Vereinbarung ist ein nicht-bindender Indikator für die wirtschaftliche Substanz. Sie kann ein Indiz für das Vorliegen einer derivaten Vereinbarung sein, wenn eine entsprechende Bezeichnung (z. B. „Derivatvereinbarung“, „Optionsgeschäft“ bzw. „Optionsvertrag“, „Termingeschäft“ bzw. „Terminvertrag“) gewählt wurde.

Wenn im Zeitpunkt des Vertragsabschlusses die gegenläufigen Leistungspflichten zu Marktkonditionen (at arm's length) vereinbart werden, ist von einer Wertgleichheit der Leistungspflichten auszugehen. Die vereinbarten Leistungspflichten gelten ab dem Zeitpunkt des Vertragsabschlusses bis zu ihrer Erfüllung (§§ 362 f. BGB) (Laufzeit). Die Erfüllung vollzieht sich regelmäßig bei Fälligkeit der Leistung. Fälligkeit be-

2 Als charakteristische Eigenschaft von derivaten Finanzinstrumenten gilt, dass ihr Wert abhängig vom Wert eines bestimmten Basiswertes schwankt. Vgl. HULL, J. C., Optionen, Futures und andere Derivate, S. 1. Schwankungen des Wertes der Vereinbarung sind kein konstituierendes Merkmal, sondern Ergebnis der verzögerten Fälligkeit der Leistungspflichten. Der Wert von verzögerten Barzahlungen schwankt aus Sicht des Unternehmens infolge von z. B. Änderungen der Zinsen, der Kreditwürdigkeit des Schuldners oder von Währungsumtauschkursen.

3 Vgl. BREKER, N., Optionsrechte und Stillhalterverpflichtungen, S. 15–24 für eine Diskussion alternativer Definitionselemente und der Zweiteilung in Vor- und Hauptvertrag; BAETGE, J./KIRSCH, H.-J./THIELE, S., Bilanzen, S. 314. Vgl. die Definition in IAS 39.9 i. V. m. IAS 39.AG9–AG12A.

zeichnet den Zeitpunkt, von dem ab ein Gläubiger einen Anspruch geltend machen kann und der Schuldner ihn erfüllen muss (§ 271 BGB). Vereinfachend wird im Folgenden auf die Erfüllung und nicht auf das auslösende Ereignis der Fälligkeit selber Bezug genommen.

Auf Grundlage des Abstraktionsprinzips[4] im deutschen Zivilrecht wird der schuldrechtliche Vertrag als Kausalgeschäft bzw. Verpflichtungsgeschäft unabhängig vom sachenrechtlichen Vertrag als abstraktes Geschäft bzw. Verfügungsgeschäft bindend vereinbart. Die Forderung auf Zahlung entsteht wirksam mit der Vereinbarung des schuldrechtlichen Vertrags. Zwischen dem Zeitpunkt des Vertragsabschlusses, daher dem Verpflichtungsgeschäft[5], das zur Übertragung des wirtschaftlichen Risikos führt, und dem Zeitpunkt der vollständigen und abschließenden Erfüllung der vertraglichen Leistungsverpflichtungen, daher dem Verfügungsgeschäft[6], kann es gemessen in der funktionalen Währung des Unternehmens zu Schwankungen des Wertes der Leistungspflichten kommen.[7] Die funktionale Währung des Unternehmens ist die Währung der primär operativen Umwelt des Unternehmens.[8] Schwankungen des Wertes der Leistungspflicht ergeben sich aus Faktoren, die unabhängig oder abhängig von der Vertragspartei sein können. Ein von der Vertragspartei abhängiger Faktor ist z. B. die Zahlungsfähigkeit der Vertragspartei. Ein unabhängiger Faktor ist z. B. der Wert des Leistungsgegenstandes (Basiswert bzw. Basisrisiko). Die Wertschwankungen können zu einer wirtschaftlich vorteilhaften oder einer wirtschaftlich nachteiligen Veränderung des Vermögens führen. Eine tatsächlich eintretende Änderung des Wertes soll in dieser Arbeit für die Qualifikation als Derivat nicht maßgebend sein. Eine Wertänderung mit der Konsequenz einer wirtschaftlich vorteilhaften bzw. wirtschaftlich nachteiligen abschließenden Erfüllung sollte lediglich möglich sein, um die Vereinbarung

4 Das Abstraktionsprinzip gehört zu den Grundsätzen des deutschen Zivilrechts und ist im BGB verankert, ohne dort explizit benannt zu werden. Vgl. ELLENBERGER , J., in: PALANDT, BGB, Überblick vor § 104, Rn. 22; BASSENGE, P., in: PALANDT, BGB, Einlassung vor § 854, Rn. 13 m. w. N.

5 Auch als schuldrechtliches Kausalgeschäft oder obligatorisches Geschäft bezeichnet. Vgl. KEHM, P./LÜDENBACH, N., in: Haufe IFRS, § 28, Rn. 26.

6 Auch als sachenrechtliches abstraktes Geschäft bzw. dinglicher Vollzug bezeichnet. Vgl. KEHM, P./LÜDENBACH, N., in: Haufe IFRS, § 28, Rn. 26.

7 Vgl. HULL, J. C., Optionen, Futures und andere Derivate, S. 1–10; BREALEY, R.,/MYERS, S./ALLEN, F., Corporate Finance, S. 542–546, 552–557 und 727; FRANKE, G./HAX, H., Finanzwirtschaft, S. 366f.; BAETGE, J./KIRSCH, H.-J./THIELE, S., Bilanzen, S. 314. Vgl. ferner KEHM, P./LÜDENBACH, N., in: Haufe IFRS, § 28, Rn. 26.

8 Vgl. IAS 21.8.

als Derivat qualifizieren zu können. Die zeitliche Komponente der verzögerten Erfüllung wird daher in dieser Arbeit als eine konstitutive Eigenschaft der Derivatvereinbarung abgesehen, denn sie ermöglicht das Auftreten von Wertschwankungen der Leistungspflichten bzw. des Nettowertes der Vereinbarung. Die Laufzeit der Vereinbarung muss bestimmt bzw. bestimmbar sein, um die Wertschwankung ermitteln zu können. Wirtschaftlich ist somit jede Vereinbarung des Unternehmens, bei der der Zeitpunkt des Vertragsabschlusses und der Zeitpunkt der Erfüllung der gegenläufigen Leistungspflichten auseinander fallen, soweit der Wert einer Leistungspflicht aus Sicht des Unternehmens schwanken kann, ein Derivat.[9]

Für Zwecke der Bilanzierung empfiehlt sich aus Gründen der Praktikabilität die Wahl einer engeren Definition für Derivat. Eine sinnvolle Beschränkung besteht z.B. darin, solche Vereinbarungen nicht als Derivatvereinbarung zu klassifizieren, die die Erfüllung der Leistungspflicht innerhalb einer marktüblichen (kurzen) Zeitspanne nach Vertragsabschluss vorsehen. Diese Beschränkung der Definition von Derivat wurde vom IASB im IAS 39.9 i.V.m. IAS 39.38, IAS 39.AG53-56 gewählt.[10] Die Beschaffenheit und Dauer einer marktüblichen (kurzen) Zeitspanne bezieht sich auf den Kontext des Rechtsgeschäftes. Lieferverzögerungen und damit Verzögerungen der Übertragung von Eigentum führen danach nur dann zur Qualifikation der Vereinbarung als Derivat, wenn es sich um marktunübliche bzw. planvolle Verzögerungen handelt. Die bilanzielle Qualifikation eines Vertrags als Derivat ist somit von den jeweiligen Geschäftsusancen in Bezug auf den Leistungszeitpunkt abhängig.

Durch die verzögerte Erfüllung wird ein einfacher Tausch von Leistungen wirtschaftlich um eine Finanzierung erweitert.[11] Derivative Vereinbarungen sind folglich immer auch (indirekt) Finanzierungsvereinbarungen und damit Kapitalkomponenten.

9 Eine Vereinbarung mit einem Basiswert, dessen Wert vollständig der Kontrolle einer der Vertragsparteien unterliegt, wird in der vorliegenden Arbeit aus Sicht dieser Vertragspartei nicht als derivative Vereinbarung behandelt.

10 Die Definition von Derivat in IAS 39.9 erfasst mit Ausnahmen in IAS 39.2 nur Vereinbarungen mit Bezug auf Finanzinstrumente gemäss IAS 32.11 als Basiswert.

11 Vgl. SCHNEIDER, D., Investition, S. 615.

33 Basistypen von Derivaten

Abhängig von der Symmetrie der Leistungspflichten lassen sich zwei Basistypen von Derivatvereinbarungen unterscheiden. Zum einen handelt es sich um Vereinbarungen, die beide Vertragsparteien zu einer künftigen Vertragshandlung verpflichten (Terminvereinbarung).[12] Zum anderen handelt es sich um Vereinbarungen, die beide Vertragsparteien zu einer bedingten, künftigen Vertragshandlung verpflichten (Optionsvereinbarungen).[13] Die Bedingung wird durch die Ausübung des Optionsrechts durch den Optionsinhaber erfüllt.[14] Der Inhaber des Optionsrechts schuldet der Gegenpartei (Stillhalter) regelmäßig den Optionspreis als Gegenleistung für die Möglichkeit, die einseitig unbedingte Verpflichtung des Stillhalters in der Zukunft herbeizuführen. Eine Vielzahl von Varianten und unterschiedlicher Kombinationen dieser beiden Typen von Derivatvereinbarungen, daher Terminvereinbarung und Optionsvereinbarung, ist nicht nur theoretisch möglich, sondern auch in der Praxis anzutreffen.[15] Alle derivativen Vereinbarungen lassen sich in die Bestandteile Terminkauf bzw. Terminverkauf und Stillhalter bzw. Inhaber einer Kaufoption oder Verkaufoption zerlegen.[16] Die typische vertragliche Vereinbarung eines Termingeschäfts und eines Optionsgeschäfts wird im Folgenden beschrieben. Standardisierte Versionen dieser Basistypen werden an den globalen Terminbörsen für eine Vielzahl von Basisrisiken gehandelt.[17] In dieser Arbeit wird nicht zwischen außerbörslichen und börslichen Vereinbarungen unterschieden, da die Unterscheidung für die Untersuchung keine Relevanz hat.

12 Vgl. HULL, J. C., Optionen, Futures und andere Derivate, S. 1; BREALEY, R.,/MYERS, S./ALLEN, F., Corporate Finance, S. 727; FRANKE, G./HAX, H., Finanzwirtschaft, S. 366f., 370–374.

13 Vgl. HULL, J. C., Optionen, Futures und andere Derivate, S. 6–10; BREALEY, R.,/MYERS, S./ALLEN, F., Corporate Finance, S. 542–546; FRANKE, G./HAX, H., Finanzwirtschaft, S. 366f., 374–384; BREKER, N., Optionsrechte und Stillhalterverpflichtungen, S. 16–18 m. w. N.

14 Vgl. BREKER, N., Optionsrechte und Stillhalterverpflichtungen, S. 17.

15 Vgl. FRANKE, G./HAX, H., Finanzwirtschaft, S. 365–367.

16 Vgl. BREALEY, R.,/MYERS, S./ALLEN, F., Corporate Finance, S. 552; BREKER, N., Optionsrechte und Stillhalterverpflichtungen, S. 27 und 247.

17 Vgl. HULL, J. C., Optionen, Futures and other Derivates, S. 23–70; BARCKOW, A., Finanzinstrumente, S. 33–54; BREKER, N., Optionsrechte und Stillhalterverpflichtungen, S. 28–34.

331 Terminvereinbarung (forward contract)

Eine Terminvereinbarung[18] ist eine unbedingte vertragliche Vereinbarung, eine bestimmte Menge eines bestimmten Gutes zu einem im Voraus festgelegten Terminpreis (forward price) in einer vorab bestimmten Währung zu einem bestimmten Zeitpunkt in der Zukunft zu liefern.[19] Dabei handelt es sich um unbedingte gegenläufige Liefer- bzw. Leistungsverpflichtungen. Terminvereinbarungen können als Terminverkauf (forward sale) oder Terminkauf (forward purchase) gestaltet sein. Die Verpflichtung zur Lieferung obliegt dem Terminverkäufer. Der Terminkäufer hat die Pflicht, das Gut gegen Zahlung des Terminpreises abzunehmen. Die Erfüllung (settlement) in Form der Lieferung oder Abnahme kann durch Barausgleich ersetzt werden. Im Fall des Barausgleiches ersetzt die Barzahlung eine physische Liefer- bzw. Leistungspflicht im Zeitpunkt der Fälligkeit.[20] Die Höhe der Zahlung wird anhand von zuvor vereinbarten Parametern bestimmt. Sowohl Terminkäufer als auch Terminverkäufer gehen bei einem Termingeschäft eine Verpflichtung ein. Beide Positionen sind also mit einem Erfüllungsrisiko behaftet, da es zu einer Leistungsverletzung durch unvollständige Lieferung bzw. unvollständige Zahlung kommen kann.

332 Optionsvereinbarung (option contract)

Der Gegenstand der Optionsvereinbarung ist das Optionsrecht. Im Zusammenhang mit Optionsgeschäften wird daher auch vom Kauf bzw. Verkauf des Optionsrechts gesprochen.[21] Der Käufer des Optionsrechts (Optionsberechtigter bzw. Inhaber der Option) erwirbt das Recht, eine bestimmte Menge eines bestimmten Gutes an oder bis zu einem bestimmten Zeitpunkt zu einem im Voraus festgelegten Ausübungspreis

18 Entsprechend der englischsprachigen Bezeichnung auch als Forward bzw. Future bezeichnet. Future ist die Bezeichnung für ein börsengehandeltes Forward mit standardisierten Eigenschaften. HULL, J. C., Optionen, Futures und andere Derivate, S. 4f.; BAETGE, J./KIRSCH, H.-J./THIELE, S., Bilanzen, S. 330. Swapgeschäfte entsprechen ökonomisch Termingeschäften. Sie werden daher nicht separat untersucht.

19 Vgl. HULL, J. C., Optionen, Futures und andere Derivate, S. 1; BREALEY, R.,/MYERS, S./ALLEN, F., Corporate Finance, S. 727; FRANKE, G./HAX, H., Finanzwirtschaft, S. 366; BAETGE, J./KIRSCH, H.-J./THIELE, S., Bilanzen, S. 328.

20 Vgl. BREKER, N., Optionsrechte und Stillhalterverpflichtungen, S. 24.

21 Vgl. HULL, J. C., Optionen, Futures und andere Derivate, S. 5–10; BREALEY, R.,/MYERS, S./ALLEN, F., Corporate Finance, S. 542–546; FRANKE, G./HAX, H., Finanzwirtschaft, S. 366f., 374–384; BAETGE, J./KIRSCH, H.-J./THIELE, S., Bilanzen, S. 331, 333; BREKER, N., Optionsrechte und Stillhalterverpflichtungen, S. 19–26.

(exercise price) in einer vorab bestimmten Währung zu kaufen (Kaufoption bzw. call option) beziehungsweise zu verkaufen (Verkaufoption bzw. put option).[22] Dabei handelt es sich um bedingte gegenläufige Liefer- bzw. Leistungsverpflichtungen. Der Verkäufer des Optionsrechts (Optionsverpflichteter bzw. Stillhalter) übernimmt die entsprechende Verpflichtung. Der Optionsverpflichtete erhält als Gegenleistung für die Übernahme der Verpflichtung vom Käufer den Optionspreis.[23]

Sollte der Käufer einer Kaufoption sein Optionsrecht in Anspruch nehmen (Ausübung), ist der Verkäufer verpflichtet, den zugrunde liegenden Basiswert zu dem vereinbarten Basispreis zu liefern.[24] Sollte dagegen der Käufer einer Verkaufoption von seinem Recht Gebrauch machen, so ist der Verkäufer der Option zur Abnahme des Basiswertes und zur Zahlung des Ausübungspreises verpflichtet.[25] Die tatsächliche Erfüllung in Gestalt der Lieferung oder Abnahme kann durch Barausgleich ersetzt werden.[26] Der Inhaber des Optionsrechts wird das Recht nur dann ausüben[27], wenn sich daraus ein wirtschaftlicher Vorteil ergibt. Die Ausübung des Optionsrechts wird für den Stillhalter regelmäßig wirtschaftlich von Nachteil sein.[28]

34 Residualkapitalderivate

341 Vorbemerkungen

Aufbauend auf den allgemeinen Darstellungen zu Derivaten werden in diesem Abschnitt Residualkapitalderivate, also derivative Vereinbarungen mit Bezug auf das Re-

---

22 Vgl. HULL, J. C., Optionen, Futures und andere Derivate, S. 6–10; BREALEY, R.,/ MYERS, S. / ALLEN, F., Corporate Finance, S. 542–546; FRANKE, G./ HAX, H., Finanzwirtschaft, S. 366 f., 374–384; BAETGE, J./ KIRSCH, H.-J./ THIELE, S., Bilanzen, S. 331 f.; BREKER, N., Optionsrechte und Stillhalterverpflichtungen, S. 16–18 m. w. N.

23 Vgl. FRANKE, G./ HAX, H., Finanzwirtschaft, S. 367; BREALEY, R.,/ MYERS, S. / ALLEN, F., Corporate Finance, S. 542.

24 Vgl. BREALEY, R.,/ MYERS, S. / ALLEN, F., Corporate Finance, S. 542 f.

25 Vgl. BREALEY, R.,/ MYERS, S. / ALLEN, F., Corporate Finance, S. 544.

26 Vgl. BREKER, N., Optionsrechte und Stillhalterverpflichtungen, S. 24.

27 Der Ausübungstag bei Europäischen Optionen ist in der Regel der letzte Tag der vertraglich vereinbarten Laufzeit. Amerikanische Optionen können bereits während der Laufzeit, entweder an jedem beliebigen Handelstag oder an bestimmten, vorab vereinbarten Handelstagen, ausgeübt werden. Vgl. HULL, J. C., Optionen, Futures und andere Derivate, S. 6; BAETGE, J./ KIRSCH, H.-J./ THIELE, S., Bilanzen, S. 331.

28 Vgl. BREALEY, R.,/ MYERS, S. / ALLEN, F., Corporate Finance, S. 544.

sidualkapital, untersucht. Abhängig von der Erfüllung der Vereinbarung können Residualkapitalderivate Haftmasse begründen oder reduzieren und damit die Höhe des Haftkapitals verändern. Die Haftungsfähigkeit von Kapitalkomponenten wird durch explizite Vereinbarung sowie Gesetz (z. B. das Insolvenzrecht) geregelt. Daher werden im ersten Schritt die rechtlichen Grundlagen der Erfüllung von Residualkapitalderivaten im Kontext der zivilrechtlichen Bestimmungen zu gesellschaftsrechtlichen Kapitalmaßnahmen deutscher Aktiengesellschaften sowie vergleichbaren schuldrechtlichen Vereinbarungen mit Blick auf ihre Haftungsfähigkeit dargestellt. Im zweiten Schritt werden die wirtschaftlichen Erfüllungseigenschaften von Residualkapitalderivaten identifiziert. Die Alternativen der Erfüllung werden anhand einfacher Beispiele veranschaulicht und die Wirkung auf die wirtschaftliche die Höhe des Haftkapitals ausgewiesen.

342 Rechtliche Grundlagen der Erfüllung von Residualkapitalderivaten

342.1 Vorbemerkungen

Das Unternehmen kann sich durch eine derivative Vereinbarung zur Ausgabe oder zum Einzug von Anteilen des Residualkapitals des Unternehmens[29] zu einem künftigen bestimmten oder unbestimmten Zeitpunkt gegen Einzahlung bzw. Auszahlung eines vorab bzgl. des Betrages fixierten oder variablen Ausgabepreises (Barkapitalerhöhung bzw. Barausschüttung) bzw. gegen Einlage oder Auslieferung einer vorab fixierten oder variablen Menge von Vermögensgegenständen (Sachkapitalerhöhung bzw. Sachausschüttung) verpflichten. Die Verpflichtung kann an bestimmte Bedingungen geknüpft werden. Die Vereinbarung der Verpflichtung zur Ausgabe bzw. zum Einzug von Anteilen ebenso wie ihre Erfüllung unterliegt rechtsformspezifischen Beschränkungen. Unter Berücksichtigung der rechtlichen Einschränkungen kann die Verpflichtung zur Ausgabe durch Lieferung von neu zu schaffenden oder durch Wiederausgabe von eigenen Anteilen erfüllt werden. Grundsätzlich ist sowohl für die Wiederausgabe bestehender als auch für die Neuschaffung von gesellschaftsrechtlich verfassten Anteilen die Zustimmung der Gesellschafterversammlung erforderlich.

29 Im Folgenden werden Anteile am Residualkapital des Unternehmens als „Anteile" bzw. „eigene Anteile" bezeichnet.

Im Folgenden werden die rechtlichen Implikationen von Ausgabe und Erwerb bzw. Einzug von Anteilen des Residualkapitals in Grundzügen exemplarisch für eine deutsche Aktiengesellschaft (AG) dargestellt. Die Bestimmungen des Aktiengesetzes gelten auch für die Societas Europaea (SE) und die Kommanditgesellschaft auf Aktien (KGaA). Diese drei Rechtsformen sind als Publikumsgesellschaften mit weitgestreutem Anteilsbesitz konzipiert. Begibt die Gesellschaft Wertpapiere an einem organisierten Markt oder hat sie die Zulassung zum Handel an einem organisierten Markt beantragt, gilt sie gemäß § 264d HGB als kapitalmarktorientiert und muss gemäß § 315a Absatz 2 HGB den Konzernjahresabschluss nach IFRS aufstellen bzw. hat das Wahlrecht, gemäß § 325 Absatz 2a i. V. m. 2b HGB den Einzelabschluss nach IFRS aufzustellen. Die IFRS werden vom IASB mit dem Ziel entwickelt, den Teilnehmern der weltweiten Kapitalmärkte, daher den Kapitalgebern von kapitalmarktorientierten Gesellschaften, solche Informationen zur Verfügung zu stellen (IFRS Vorwort, Paragraph 6), die geeignet sind, die Entscheidung der Investoren zu beeinflussen. Eine Untersuchung des rechtlichen Rahmens von Kapitalmaßnahmen am Beispiel der Aktiengesellschaft ist folglich sachgerecht.

342.2 Kapitalerhöhung bei einer deutschen Aktiengesellschaft

Bei einer deutschen Aktiengesellschaft führt eine gesellschaftsrechtliche Kapitalerhöhung zu einer Ausgabe von Aktien. Mit den Aktien ist ein anteiliger Verfügungsanspruch am Residualkapital verbunden (§ 8 Abs. 4 AktG). Eine gesellschaftsrechtliche Kapitalerhöhung im engen Sinne ist die Erhöhung des Gezeichneten Kapitals gemäß §§ 182 bis 191 AktG (Kapitalerhöhung gegen Einlagen), §§ 192 bis 201 AktG (bedingte Kapitalerhöhung), §§ 202 bis 206 AktG (genehmigte Kapitalerhöhung) oder §§ 207 bis 220 AktG (Kapitalerhöhung aus Gesellschaftsmitteln)[30]. Die Kapitalerhöhung gegen Einlage von Barmitteln oder Sachmitteln wird in Abgrenzung zur bedingten Kapitalerhöhung und zur Kapitalerhöhung aus genehmigtem Kapital, die auch jeweils einen Mittelzufluss voraussetzen, als reguläre Kapitalerhöhung bezeichnet.[31]

30 Eine Kapitalerhöhung aus Gesellschaftsmitteln wird gemäß § 207 Abs. 1 AktG durch die Umwandlung von Kapital- oder Gewinnrücklagen in Grund- bzw. Stammkapital vollzogen, Die Kapitalerhöhung aus Gesellschaftsmitteln ist für die Betrachtung nicht relevant, denn sie führt nicht zu einer Ausgabe von Anteilen des Residualkapitals, § 207 Abs. 2 AktG. Sie wird daher nicht dargestellt.

31 Vgl. HÜFFER, U., AktG, § 182, Rn. 2.

Die bedingte Kapitalerhöhung ist eine Erhöhung des Kapitals der Gesellschaft um einen bestimmten Nennbetrag auf Basis eines Beschlusses der Hauptversammlung (§ 192 Abs. 1 AktG). Der Nennbetrag darf 50% des zur Zeit der Ermächtigung vorhandenen Grundkapitals nicht übersteigen (§ 192 Abs. 3 AktG). Die bedingte Kapitalerhöhung wird erst durch Ausübung eines Umtausch- oder Bezugsrechts, das die Gesellschaft auf neue Aktien (Bezugsaktien) eingeräumt hat, und durch Ausgabe der Aktien vollzogen (§ 200 AktG). Die wirksame Ausgabe der Aktien ist in das Handelsregister einzutragen (§ 201 AktG).

Bei einer genehmigten Kapitalerhöhung hat der Vorstand der Gesellschaft für maximal fünf Jahre nach Eintragung auf Basis der Satzung die Ermächtigung, das Kapital der Gesellschaft um einen bestimmten Nennbetrag, der 50% des zur Zeit der Ermächtigung vorhandenen Grundkapitals nicht übersteigen darf, durch Ausgabe neuer Anteile gegen Bar- oder Sacheinlage zu erhöhen (§ 202 AktG). Mit der Eintragung der Ausführung der Kapitalerhöhung durch Ausgabe neuer Aktien in das Handelsregister ist gemäß § 203 Abs. 1 AktG i. V. m. § 189 AktG das Grundkapital wirksam erhöht.

Als gesellschaftsrechtliche Kapitalerhöhung im weiteren Sinne bezeichnet man die Erhöhung der Kapitalrücklagen durch Agio und andere Zuzahlungen der Gesellschafter sowie durch Einstellungen in die Gewinnrücklagen gemäß § 150 Abs. 2 AktG (gesetzliche Rücklagen) oder in die freien Rücklagen aus Gewinn gemäß § 58 und § 174 Abs. 2 AktG.[32] Die Umwandlungsfähigkeit von Rücklagen unterliegt gesellschaftsrechtlichen Beschränkungen, die in § 208 AktG geregelt sind. Die Umwandlung ist z. B. nicht zulässig, soweit in der zugrunde gelegten Bilanz ein Verlust einschließlich eines Verlustvortrags ausgewiesen ist (§ 208 Abs. 2 AktG). Ferner dürfen Gewinnrücklagen und deren Zuführungen, die für einen bestimmten Zweck bestimmt sind, nur in Kapitalrücklagen umgewandelt werden, soweit dies mit ihrer Zweckbestimmung vereinbar ist (§ 208 Abs. 2 AktG).

32 Die Thesaurierung von Gewinnen ist rechtstechnisch keine Kapitalerhöhung aus Gesellschaftsmitteln. Für die rechtliche Vollendung der Kapitalerhöhung ist der explizite Beschluss der Gesellschafter, der über die Absicht der Thesaurierung hinausgeht, und die Umgliederung von Kapital aus z. B. der Gewinnrücklage in das Gezeichnete Kapital und entsprechend die Umgliederung der Kapitalrücklage sowie Eintragung der Kapitalerhöhung erforderlich. Vgl. ADS, § 272, Rn. 17.

Die Hauptversammlung bekundet mit ihrem Beschluss über die Erhöhung des Kapitals ihren Willen zur Kapitalaufnahme durch die Gesellschaft.[33] Die Ausführung der Kapitalerhöhung beginnt mit der Zeichnung der Anteile durch die Kapitalgeber.[34] Auf die Anteile ist der gesetzliche Mindestbetrag zu leisten (§ 188 Abs. 2 AktG). Für die Eintragung einer Barkapitalerhöhung einer Aktiengesellschaft in das Handelsregister und damit für ihre Wirksamkeit ist gemäß § 36a Abs. 1 AktG i.V.m. § 10 Abs. 2 AktG, § 67 Abs. 1 AktG regelmäßig die Einzahlung eines Viertels der vollen Einlage ausreichend. Bei ausschließlichen Sacheinlagen ist gemäß § 36a Abs. 2 Satz 1 AktG bis zur Eintragung vollständig zu leisten. Eine Kapitalerhöhung wird gemäß § 189 AktG mit der Eintragung der Ausführung der Erhöhung des Grundkapitals in das Handelsregister wirksam.

Eine ausstehende Einlage auf eine wirksam eingetragene Kapitalerhöhung begründet eine Forderung gegen den Kapitalgeber, die auch im Fall der Insolvenz eingefordert werden kann, denn die Insolvenz verhindert nicht den Vollzug der Kapitalerhöhung.[35] Der rechtliche Schutz des Gesellschaftsvermögens erfasst folglich die Forderung auf Einzahlung von ausstehenden Einlagen nach Eintragung der Kapitalerhöhung. Die Forderung bildet „zusätzliches Haftungspotenzial der Gesellschaft"[36], unabhängig davon, ob sie durch Einforderung fällig gestellt wurde.

Schuldrechtliche Verträge können die Verpflichtung zur Gewährung von Anteilen an einer Aktiengesellschaft zum Gegenstand haben.[37] Schuldrechtliche Vereinbarungen unterliegen den gesellschaftsrechtlichen Beschränkungen zur Gewährung von Erwerbsrechten auf neue Aktien des Unternehmens aus bedingten Kapital gemäß § 192

---

33 Vgl. HÜFFER, U., AktG, § 185, Rn. 1.

34 Vgl. HÜFFER, U., AktG, § 185, Rn. 1. Der Zeichnungsvertrag hat im deutschen Recht eine Doppelnatur als gesellschaftsrechtliches und schuldrechtliches Rechtsgeschäft. Vgl. HÜFFER, U., AktG, § 185, Rn. 4 m.w.N. § 185 AktG findet keine Anwendung auf eine bedingte Kapitalerhöhung, sondern hier gilt § 198 Abs. 2 Satz 1 AktG.

35 Vgl. HÜFFER, U., AktG, § 182, Rn. 32.

36 Vgl. BAETGE, J./KIRSCH, H.-J./THIELE, S., Bilanzen, S. 472.

37 Zu diesen schuldrechtlichen Vereinbarungen gehören z.B. Wandelanleihen und Optionsanleihen. Sie enthalten einen schuldrechtlichen Anspruch auf Erwerb von Mitgliedsrechten an der Gesellschaft. Die Vertragspartner der Gesellschaft erhalten aus der Vereinbarung eine Ersetzungsbefugnis gegen die Gesellschaft, unter Aufgabe ihrer Rechtsstellung aus der Vereinbarung gegebenenfalls gegen eine zusätzliche Leistung Anteilsinhaber zu werden. Vgl. HÜFFER, U., AktG, § 221, Rn. 56. Die Gesellschafterversammlung kann den Vorstand zur Ausgabe von Wandelanleihen und Optionsanleihen ermächtigen, § 221 Abs. 2 S. 1 AktG. Vgl. ferner KAROLLUS, M., Voreinzahlung, S. 1065–1070 zur Voreinzahlung auf künftige Kapitalerhöhungen und BÖRNER, A.-R., Verbindung von Kapitalerhöhung, S. 1254–1259.

Abs. 2 Nr. 3 AktG, zur Gewährung von Erwerbsrechten auf neue Aktien des Unternehmens aus bedingten Kapital in Verbindung mit einer Options- oder Wandelanleihe gemäß § 192 Abs. 2 Nr. 1 AktG, zur Gewährung neuer Aktien des Unternehmens aus einem genehmigten Kapital gemäß § 202 Abs. 4 AktG oder zur Gewährung von Erwerbsrechten auf zurückgekaufte eigene Anteile des Unternehmens (Wiederausgabe) gemäß § 71 Abs. 1 Nr. 8 AktG.

Die in der Praxis anzutreffenden Vereinbarungen sind nur in wenigen Fällen explizit im Gesetz geregelt. Die rechtliche Zulässigkeit der Ausgabe von Optionsrechten bzw. einer Terminvereinbarung, ohne eine damit verbundene Ausgabe einer Anleihe, wird aus einer analogen Anwendung der Vorschriften zu Wandelschuldverschreibungen und Gewinnschuldverschreibungen in § 221 AktG abgeleitet.[38] Durch einen Zeichnungsvertrag verpflichtet sich die AG, dem Zeichner im festgelegten Umfang Mitgliedsrechte zuzuteilen, wenn die Kapitalerhöhung durchgeführt wird.[39] Der Zeichnungsvertrag verpflichtet die Gesellschaft indes nicht, die Kapitalerhöhung durchzuführen.[40] Die Terminvereinbarung ist folglich kein Zeichnungsvertrag gemäß § 185 AktG. Sie begründet kein Mitgliedsrecht an der Gesellschaft und stellt deswegen keine gesellschaftsrechtliche Kapitalerhöhung dar, enthält aber im Gegensatz zu einem Zeichnungsvertrag einen schuldrechtlichen Anspruch auf Erwerb eines Mitgliedsrechts durch den Terminkäufer.

Die Forderung der Gesellschaft auf Zahlung des Ausgabepreises aus der schuldrechtlichen Vereinbarung gegen Ausgabe von Anteilen ist auch in der Insolvenz durchsetzbar, denn gemäß § 103 Abs. 1 InsO hat der Insolvenzverwalter das Wahlrecht, einen gegenseitigen Vertrag, der zur Zeit der Eröffnung des Insolvenzverfahrens vom Schuldner und vom anderen Teil nicht oder nicht vollständig erfüllt ist, anstelle des Schuldners zu erfüllen und die Leistung vom anderen Teil zu verlangen. Auf Basis dieser Vorschrift kann der Insolvenzverwalter die für die Insolvenzmasse vorteilhaften Verträge im Interesse der Gläubigergesamtheit erfüllen.[41] Die Ausnahme des § 104

38 Vgl. Hüffer, U., AktG, § 221, Rn. 70–76 mit Angaben zu Quellen. Vgl. für weitere Instrumente, die einen Bezug auf Anteile der Gesellschaft haben können, Häger, M./Elkemann-Reusch, M., Mezzanine Finanzierungsinstrumente, S. 57–138 (für Stille Gesellschaft) und S. 211–281 (für Genussrechte).

39 Vgl. Hüffer, U., AktG, § 185, Rn. 4.

40 Vgl. Hüffer, U., AktG, § 185, Rn. 4 m. w. N.

41 Vgl. Bork, R., Insolvenzrecht, S. 84–88.

Abs. 2 InsO ist wegen § 104 Abs. 2 Nr. 2 InsO nicht anwendbar, denn ein besonders großes Interesse des Vertragspartners an einer raschen Klärung der Rechtslage, das den Ausschluss des Wahlrechts des Insolvenzverwalters rechtfertigen würde und die Erfüllung ausschließt, liegt regelmäßig nicht vor. Die Forderung aus der Terminvereinbarung erhöht daher das Residualvermögen entsprechend ihrer Werthaltigkeit und damit das Haftungspotential der Gesellschaft zu Vertragsbeginn. Aus wirtschaftlicher Sicht ist das Haftkapital einer deutschen Aktiengesellschaft bereits vor dem Vollzug der gesellschaftsrechtlichen Kapitalmaßnahme durch Ausgabe der Anteile analog einer Kapitalerhöhung durch Sacheinlage einer werthaltigen Forderung erhöht. Ist kein nominal fixer Ausgabepreis bzw. Mindestausgabepreis vereinbart, kann die Erhöhung des Residualvermögens vorab nicht eindeutig bestimmt werden.

In der vorliegenden Arbeit werden schuldrechtliche Verträge über die Gewährung von Aktien rechtsformunabhängig anhand ihres wirtschaftlichen Gehalts im Hinblick auf deren Kapitalcharkakter beurteilt, ohne die Zulässigkeit der Vereinbarung nach deutschem Gesellschaftsrecht zu diskutieren. Zuletzt bleibt zu vermerken, dass rechtliche Beschränkungen bezüglich der Verschaffung eines Anspruchs auf Beteiligung am Residualkapital gegebenenfalls den Vertragsgestaltungsspielraum des Unternehmens beschränken bzw. die relevanten rechtlichen Vorschriften einen bestimmten formalen Prozess für die Vertragsvereinbarung bedingen.

342.3 Kapitalherabsetzung bei einer deutschen Aktiengesellschaft

Nach deutschem Aktienrecht kann das Kapital einer Aktiengesellschaft durch ordentliche Kapitalherabsetzung gemäß § 222 AktG, durch vereinfachte Kapitalherabsetzung gemäß § 229 AktG im Sanierungsfall und durch Einzug von Aktien gemäß § 237 AktG reduziert werden. Die Kapitalherabsetzung durch Einzug von Aktien ist dadurch gekennzeichnet, dass sie Mitgliedsrechte vernichtet und dabei die Aktionäre ungleich behandelt.[42] Die Verringerung des Kapitals reduziert die Haftungsgrundlage der AG.[43] Bei einer ordentlichen Kapitalherabsetzung beschließt die Hauptversammlung der Ge-

42 Vgl. HÜFFER, U., AktG, § 222, Rn. 2.

43 Vgl. HÜFFER, U., AktG, § 222, Rn. 3 m. w. N. Rechtstechnisch wird die Haftungsgrundlage durch Freistellung von Unternehmensvermögen in Höhe des Herabsetzungsbetrags von den Kapitalbindungsvorschriften in §§ 57, 62, 71 f. AktG reduziert.

sellschaft zunächst die Herabsetzung des Grundkapitals gemäß § 222 AktG. Der Beschluss ist vom Vorstand und dem Vorsitzenden des Aufsichtsrates gemäß § 223 AktG zur Eintragung in das Handelsregister anzumelden. Verläuft das registergerichtliche Verfahren ohne Beanstandung, dann wird der Kapitalherabsetzungsbeschluss gemäß § 224 AktG eingetragen und damit wirksam. Das Registergericht macht die Eintragung bekannt. Darin sind die Gläubiger der Gesellschaft gemäß § 225 Abs. 1 Satz 2 AktG auf ihr Recht hinzuweisen, Sicherheit von der Gesellschaft zu verlangen. Die Kapitalherabsetzung durch Einzug von Aktien[44] gemäß § 237 AktG vollzieht sich im Anschluss an den Erwerb eigener Aktien[45]. Die Vorschriften über die ordentliche Kapitalherabsetzung sind gemäß § 237 AktG i. V. m. § 222 AktG zu befolgen.

Bereits vor dem rechtlich wirksamen Erwerb eigener Aktien kann die Gesellschaft eine schuldrechtliche Verbindlichkeit begründen, die nur durch den Erwerb von Anteilen des Residualkapitals erfüllt werden kann.[46] Wird ein fixer Kaufpreis bzw. ein Mindestkaufpreis für die Anteile vereinbart, dann verringert die in ihrem Nominalwert fixierte Verbindlichkeit der Gesellschaft aus der schuldrechtlichen Vereinbarung bereits vor der Übertragung der Anteile an die Gesellschaft das Haftkapital, da freies Vermögen dem Verlustpuffer bereits vor Fälligkeit der Verpflichtung entzogen wird.

342.4 Zwischenfazit

Ebenso wie eine schuldrechtliche Vereinbarung über die Ausgabe von Anteilen, bewirkt die schuldrechtliche Vereinbarung über den Erwerb eigener Anteile eine Veränderung der Höhe des Haftkapitals. Aus wirtschaftlicher Sicht folgt sowohl die Erhöhung als auch die Herabsetzung des Haftkapitals der Gesellschaft bereits aus dem Abschluss schuldrechtlicher Vereinbarungen über die Ausgabe und den Erwerb von

44 Vom Einzug der Aktien zu unterscheiden ist die Kaduzierung von Aktien gemäß § 64 AktG durch Ausschluss säumiger Aktionäre von ihren Mitgliedschaftsrechten und die Kraftloserklärung von Aktien gemäß §§ 72, 73, 226 AktG durch Annullierung der Verbriefungswirkung der Urkunde.

45 § 71 AktG zusammen mit § 71a bis 71e AktG betreffen den Erwerb von eigenen Aktien der AG. Sie gehen auf das 2. EG-KoordG aus dem Jahr 1978 zurück, das infolge der Kapitalschutzrichtlinie der EG erlassen wurde, und sollen die Flexibilität der Eigenkapitalfinanzierung verbessern. Vgl. HÜFFER, U., AktG, § 71, Rn. 1f. m. w. N. über die historische Entwicklung dieser Vorschriften und Rn. 19c zum Regelungszweck. Sie setzen voraus, dass der Erwerb grundsätzlich unzulässig ist und normieren eine Verbotsausnahme. Die Regeln dienen dem Kapitalschutz und der Kompetenzabgrenzung zwischen Verwaltung und Hauptversammlung der Gesellschaft.

46 Vgl. HÜFFER, U., AktG, § 71, Rn. 19c–o.

Anteilen. Diese haftungsorientierte Sicht sollte für den bilanziellen Ausweis anhand des wirtschaftlichen Gehalts maßgebend sein und die teilweise in den IFRS dominierende formalrechtliche Betrachtung für den Zweck der Bestimmung des sachgerechten Ausweises der Vereinbarung in einem IFRS-Abschluss ersetzen, wonach die Höhe des gesellschaftsrechtlich bestehenden Kapitals durch eine schuldrechtliche Vereinbarung zunächst unberührt bleibt[47].

343 Erfüllungseigenschaften von Residualkapitalderivaten

Zu den wesentlichen Erfüllungseigenschaften von Derivaten, die deren wirtschaftlichen Gehalt bestimmen, zählen

(1) die Art der Leistungspflicht aus der derivativen Vereinbarung,

(2) der Zeitpunkt der Erfüllung und

(3) die Zulässigkeit der rechtlichen Verrechnung der im Synallagma stehenden Leistungspflichten.

Zunächst werden Arten der Leistungspflicht untersucht. Bei Residualkapitalderivaten ist zwischen einer Erfüllung durch Einräumung oder Aufhebung eines anteiligen Verfügungsrechts am Residualkapital durch das Unternehmen, im Folgenden bezeichnet als Anteil am Residualkapital, und einer im wirtschaftlichen Gehalt vergleichbaren Erfüllung durch Barzahlung zu unterscheiden. Bezogen auf eine Aktiengesellschaft kann z. B. die Ausgabe bzw. der Einzug einer bestimmten fixen oder variablen Zahl von Aktien für einen bestimmten Zeitpunkt in der Zukunft vereinbart sein. Eine fixe Zahl von Anteilen vermittelt einen fixen anteiligen Verfügungsanspruch am Residualkapital. Eine variable Zahl von Anteilen bezieht sich hingegen auf einen vor der Erfüllung unbekannten anteiligen Verfügungsanspruch am Residualkapital der Gesellschaft. Mit dem Anspruch auf Lieferung der Anteile korrespondiert entweder ein vorab vereinbarter, den Betrag betreffend fixer oder variabler Zahlungsanspruch. Ein fixer Zahlungsanspruch soll ein vom Wert des Verfügungsrechts des Residualkapitals unabhängiger Betrag sein. In der vorliegenden Untersuchung sollen solche variablen Zahlungsansprüche untersucht werden, deren Höhe vom Wert einer fixen Zahl von

47 CF 4.20 zum Ausweis von Kapital auf Grundlage des Gesellschaftsrechts.

Anteilen abhängig ist, denn ein solcher Anspruch entspricht der Barerfüllung eines Anspruchs auf Lieferung einer fixen Zahl von Aktien.

Der Zeitpunkt der Erfüllung ist aus wirtschaftlicher Sicht ein wesentlicher Wertfaktor. Der tatsächlich vereinbarte Zeitpunkt ist unbedeutend für Fähigkeit zur Haftung, vorausgesetzt die Erfüllung vollzieht sich aus temporaler Sicht zum Vertragschluss mit Verzögerung und in einem bestimmten bzw. bestimmbaren Zeitpunkt. Die Darstellung von derivativen Vereinbarungen mit Blick auf den Zeitpunkt der Erfüllung wird daher nicht näher diskutiert. Ebenso bleibt der Optionspreis von der Betrachtung zunächst ausgenommen, da seine Zahlung für diese konzeptionelle Betrachtung ohne Bedeutung ist.

Neben Charakter, Wert und Zeitpunkt der Erfüllung ist zu berücksichtigen, ob die Vereinbarung die Aufrechnung der Leistungspflichten zulässt. Aufrechnung der Leistungspflichten ist dann möglich, wenn es sich um gleichartige Leistungspflichten handelt bzw. die Primärleistungspflicht durch eine, mit der Gegenforderung gleichartige, Leistungspflicht ersetzt werden kann, sowie die Forderungen im Gegenseitigkeitsverhältnis zwischen denselben Personen stehen (§ 387 BGB). Gütern unterschiedlicher Natur, daher Geld und Anteile, können folglich nicht verrechnet werden. Aufrechnung kann entweder bei der Vereinbarung von Lieferung einer bestimmten Zahl von Anteilen gegen Lieferung einer variablen Zahl von Anteilen, oder bei einer Vereinbarung von Barausgleich bezogen auf beide Leistungspflichten angewendet werden.

Der wirtschaftliche Gehalt der Möglichkeiten der Erfüllung wird im Folgenden anhand einfacher Beispiele für unbedingte Derivate mit Bezug auf das Residualkapital veranschaulicht. Dafür werden die wesentlichen, voranstehend untersuchten Erfüllungseigenschaften, also die denkbaren Leistungsströme in Verbindung mit der Möglichkeit bzw. Absicht der Aufrechnung, für die möglichen Erfüllungsvereinbarungen kombiniert und aus Sicht des Unternehmens untersucht. Die zeitliche Komponente wird nicht berücksichtigt, da für die Betrachtung allein maßgebend ist, dass die Erfüllung gegenüber dem Vertragschluss verzögert erfolgt.

In den Beispielen ist die Leistungspflicht des Unternehmens aus der derivativen Vereinbarung auf Lieferung von Anteilen des (eigenen) Residualkapitals oder auf Zahlung eines wertgleichen Barbetrages gerichtet. Die korrespondierende Leistungspflicht der Gegenpartei soll für den Zweck der Betrachtung vereinfacht in der Zahlung eines fixen Betrages in der funktionalen Währung des Unternehmens bestehen.[48] Ist die Aufrechnung von Anteilen bzw. Zahlungspflichten möglich, dann wird die Alternative der Erfüllung als „Nettolieferung" bzw. „Nettobarausgleich" bezeichnet.

Aus der Kombination der möglichen Leistungspflichten und ihrer Aufrechenbarkeit lassen sich alle Typen der Erfüllung von derivativen Vertragsvereinbarungen induzieren. Dazu gehören:

(1) Bruttolieferung,
(2) Bruttobarausgleich,
(3) Nettolieferung und
(4) Nettobarausgleich.

Im Folgenden werden diese vier Typen der Erfüllung erläutert und ihre wirtschaftliche Substanz untersucht. Der Einfluss der Erfüllung auf das Vermögen und auf das Kapital des Unternehmens wird unter der Annahme von drei Szenarien im Hinblick auf die Entwicklung des Wertes des Anteils am Residualkapital ermittelt. Transaktionskosten werden an dieser Stelle nicht berücksichtigt. Alle Typen von Leistungspflichten sind unter der Annahme der kostenfreien Fungibilität der Anteile aus Sicht der Gegenpartei der Vereinbarung wirtschaftlich gleichwertig. Die rechtliche Zulässigkeit von Vereinbarungen, die diese Erfüllungstypen vorsehen, wird im Anschluss untersucht.

343.1 Terminverkauf mit Bruttolieferung

Bei Terminverkauf[49] mit Bruttolieferung[50] wird Erfüllung durch Lieferung einer fixen oder variablen Zahl von Anteilen des Residualkapitals gegen Zahlung eines fixen Betrages[51] („fix-for-fix"-Erfüllung) vereinbart. Im Zeitpunkt der Erfüllung findet die Lieferung der Anteile gegen Zahlung des vereinbarten Betrages statt. Eine Saldierung der Leistungspflichten ist nicht beabsichtigt und findet daher nicht statt.

48 Wertgleiche Sachleistungen oder Zahlungen in nicht-funktionaler Währung sollen hier nicht berücksichtigt werden.

49 Die folgende Betrachtung gilt analog für einen Terminkauf.

50 Vgl. „gross physical settlement" gemäß IAS 32.IE2 i. V. m. IAS 32.IE5 und IAS 32.IE10.

51 Alternativ kann Lieferung einer variablen, dem Wert eines fixen Betrages entsprechenden, korrespondieren Zahl von Anteilen verienbart sein. Die Anteile haben hier den Charakter einer Währung.

Die Vereinbarung sieht im Beispiel die folgende Erfüllung vor:

- Das Unternehmen liefert an die Gegenpartei 10 Anteile (bzw. eine variable Zahl von Anteilen).
- Die Gegenpartei zahlt an das Unternehmen EUR 10,- pro Anteil, d.h. in Summe EUR 100,-.

Mit Vertragsbeginn sind die Leistungspflichten und damit die Wirkung der Vereinbarung auf Vermögen und Kapital des Unternehmens fixiert. Das Unternehmen erwirbt sofort einen Anspruch auf die Zahlung des fixen Betrages von EUR 100,-. Das Vermögen des Unternehmens ist daher vor dem Zeitpunkt der Zahlung bereits erhöht. Das Unternehmen wird verpflichtet, im Gegenzug eine fixe oder variable Zahl an Anteilen auszugeben. Änderungen des Wertes der Anteile zwischen Vertragsabschluss und Erfüllung sind ohne wirtschaftliche Bedeutung für das Unternehmen. Wirtschaftlich liegt unmittelbar eine Kapitalerhöhung in Höhe der Forderung auf Zahlung von EUR 100,- vor.[52] Diese Überlegung gilt analog für den Fall des Erwerbs einer fixen oder variablen Zahl von Anteilen gegen Auszahlung eines fixen Betrages infolge Terminkaufvereinbarung. Wirtschaftlich begründet der Vertragsabschluss eine Verbindlichkeit und damit wirtschaftlich eine Reduktion des Haftkapitals in Höhe des fixen Betrages.[53]

Die Vermögenssphäre der Verfügungsberechtigten am Residualkapital wird durch Verwässerung oder Bereicherung beeinflusst, wenn neben dem veränderten Residualvermögen der Gesellschaft eine davon abweichende Veränderung der ratierlichen Aufteilungsregeln des Residualvermögens stattfindet. Soweit die resultierende Partizipationsquote durch die zufließende Vermögensmasse aus einer ex post Perspektive nicht verändert wird, bleibt die Anspruchshöhe am Residualkapital unbeeinflusst.

343.2 Terminverkauf mit Bruttobarausgleich und Nettobarausgleich

Beim Barausgleich[54] wird die Zahlung eines variablen Betrages gegen Zahlung eines vorab fix vereinbarten Betrages vereinbart. Der variable Betrag korrespondiert bezüg-

52 Vgl. Abschnitt 342.2.
53 Vgl. Abschnitt 342.3.
54 Vgl. „net cash settlement“ gemäß IAS 32.IE2 i.V.m. IAS 32.IE3 und IAS 32.IE8.

lich seines Wertes mit einer fixen Zahl[55] von Anteilen im Zeitpunkt der Erfüllung. Die beiden Zahlungspflichten sind beim Bruttobarausgleich mangels Willen zur Aufrechnung rechtlich und wirtschaftlich nicht zu saldieren. Zum Zeitpunkt der Erfüllung kommt es zu zwei gegenläufigen Zahlungen. Beim Nettobarausgleich sind die Leistungspflichten vor Erfüllung zu saldieren.

Die Vereinbarung sieht im Beispiel die folgende Erfüllung vor:

- Das Unternehmen zahlt an die Gegenpartei einen Betrag, der dem Wert von 10 Anteilen im Zeitpunkt der Erfüllung entspricht.
- Die Gegenpartei zahlt an das Unternehmen EUR 10,- pro Anteil, also in Summe EUR 100,-.

Lediglich der Wert der Leistungspflicht der Gegenpartei ist zu Vertragsbeginn fixiert. Aus diesem Grund bleibt der wirtschaftliche Effekt der Vereinbarung auf Vermögen und Kapital für das Unternehmen bis zum Zeitpunkt der Erfüllung unbestimmt. Änderungen des Wertes der Anteile zwischen Vertragsabschluss und Erfüllung sind mithin von wirtschaftlicher Bedeutung für das Unternehmen. Der Anspruch des Unternehmens auf die Zahlung des fixen Betrages von EUR 100,- korrespondiert mit der Verpflichtung des Unternehmens zur Zahlung eines variablen Betrages, der den fixen Betrag unterschreiten oder überschreiten kann. Beide Varianten werden im Folgenden für den Bruttobarausgleich in Bezug auf ihre Wirkung auf Vermögen und Kapital des Unternehmens untersucht:

(a) Im Zeitpunkt der Erfüllung ist der Wert des Anteils auf EUR 20,- angestiegen. Das Unternehmen hat daher eine Zahlungsverpflichtung in Höhe von 10 × EUR 20,- = EUR 200,-. Die Gegenpartei zahlt an das Unternehmen den fixen Betrag von EUR 100,-. Das Vermögen des Unternehmens wird damit um EUR 100,- reduziert. Die Vermögensreduktion korrespondiert mit einer Haftkapitalreduktion in gleicher Höhe. Die Zahl der ausstehenden Anteile ist unverändert geblieben.

(b) Im Zeitpunkt der Erfüllung ist der Wert des Anteils auf EUR 5,- gefallen. Damit ergibt sich für das Unternehmen eine Zahlungsverpflichtung in Höhe von 10 ×

55 Eine variable Zahl kann vereinbart werden. Diese Variante erlaubt keinen zusätzlichen Erkenntnisgewinn und ist in der Praxis nicht bedeutsam. Sie wird daher nicht untersucht.

EUR 5,- = EUR 50,-. Die Gegenpartei zahlt an das Unternehmen den fixen Betrag von EUR 100,-. Das Vermögen des Unternehmens wurde um EUR 50,- erhöht. Die Vermögensreduktion korrespondiert mit einer Haftkapitalerhöhung in gleicher Höhe. Die Zahl der ausstehenden Anteile ist unverändert geblieben.

Im Hinblick auf die Wirkung auf Vermögen und Kapital entspricht der Nettobarausgleich dem Bruttobarausgleich. Bei Nettobarausgleich wird indes ausdrücklich die Saldierung von Forderung und Gegenforderung vereinbart. Daher zahlt das Unternehmen im Fall (a) EUR 100,- an die Gegenpartei und im Fall (b) zahlt die Gegenpartei an das Unternehmen EUR 50,-.

Ist das Unternehmen durch die Vereinbarung mit Barausgleich zur Zahlung eines variablen Betrages verpflichtet, dann führt ein Anstieg (eine Verringerung) des Wertes der Anteile zu einer Verringerung (einem Anstieg) von Vermögen und Haftkapital.

343.3 Terminverkauf mit Nettolieferung

Bei Nettolieferung[56] wird die Pflicht zur Zahlung eines fixen Betrages durch die Lieferung einer variablen Zahl von Anteilen mit einem fixen Wert[57] ersetzt. Eine Saldierung der Leistungspflichten ist beabsichtigt und wird vorgenommen. Im Zeitpunkt der Erfüllung werden je nach Wertentwicklung der Anteile lediglich Anteile durch das Unternehmen oder an das Unternehmen geliefert.

Die Vereinbarung sieht im Beispiel die folgende Erfüllung vor:

- Das Unternehmen liefert an die Gegenpartei 10 Anteile.
- Die Gegenpartei liefert an das Unternehmen eine Zahl von Anteilen mit einem Wert von EUR 100,- im Zeitpunkt der Erfüllung.

Im Folgenden wird dargelegt, wie sich eine Änderung des Wertes der Anteile auf Vermögen und Kapital des Unternehmens auswirkt:

(a) Im Zeitpunkt der Erfüllung ist der Wert des Anteils auf EUR 20,- angestiegen. Die Gegenpartei hat daher eine Lieferverpflichtung in Höhe von EUR 100,-/

56 Vgl. „net share settlement" gemäß IAS 32.IE2 i. V. m. IAS 32.IE4 und IAS 32.IE9.

57 Der Wert des Anteils stimmt im Zeitpunkt der Erfüllung mit einem fixen, vorab vereinbarten Betrag überein. Ein variabler Betrag kann vereinbart werden. Diese Variante erlaubt keinen zusätzlichen Erkenntnisgewinn und ist in der Praxis nicht bedeutsam. Sie wird daher nicht untersucht.

EUR 20,-, also von 5 Anteilen. Das Unternehmen hat eine Lieferverpflichtung über 10 Anteile. Nach Verrechnung liefert das Unternehmen 5 Anteile an die Gegenpartei. Die Zahl der ausstehenden Anteile hat sich um 5 erhöht. Dieser Vorgang entspricht wirtschaftlich der Ausgabe von Anteilen ohne Zahlung eines Gegenwerts. Das Vermögen sowie die Höhe des Residualkapitals des Unternehmens sind unverändert geblieben. Die Erfüllung durch Nettolieferung hat lediglich einen verwässernden Effekt für den Inhaber der vor Vereinbarung des Derivats ausgegebenen Anteile (z. B. ein Altaktionär) zugunsten des Erwerbers (z. B. ein Neuaktionär) der zusätzlichen und ohne Gegenleistung ausgegebenen Anteile, daher der Gegenpartei der derivativen Vereinbarung, denn dem Residualkapital stehen die zusätzlichen Ansprüche aus den zusätzlich, innerhalb der Erfüllung der derivativen Vereinbarung auszugebenen Anteilen gegenüber, ohne dass sich das Residualvermögen des Unternehmens erhöht hat. Die Erfüllung bewirkt eine Veränderung der ratierlichen Aufteilungsregeln des Residualvermögens ex post.

(b) Im Zeitpunkt der Erfüllung ist der Wert der Anteile auf EUR 5,- pro Stück gefallen. Die Gegenpartei hat daher eine Lieferverpflichtung in Höhe von EUR 100,-/ EUR 5,-, also von 20 Anteilen. Das Unternehmen hat eine Lieferverpflichtung über 10 Anteile. Nach Verrechnung liefert die Gegenpartei 10 Anteile an das Unternehmen. Die Zahl der ausstehenden Anteile hat sich um 10 reduziert. Dieser Vorgang entspricht wirtschaftlich dem Einzug von Anteilen ohne Zahlung eines Gegenwerts. Das Vermögen und die Höhe des Residualkapitals des Unternehmens sind auch in dieser Fallkonstellation unverändert geblieben. Die Erfüllung hat einen bereichernden Effekt für den Inhaber der ursprünglich ausgegebenen Anteile. Dem Residualkapital stehen die verringerten Ansprüche aus der geringeren Zahl der Anteile gegenüber, ohne dass das Residualvermögen des Unternehmens entsprechend verringert worden wäre.

Sowohl die Pflicht des Unternehmens als auch die Pflicht der Gegenpartei beziehen sich auf die Lieferung von Anteilen am Residualkapital. Die Vereinbarung ist daher vermögensneutral für das Unternehmen. Eine Änderung des Wertes der Anteile zwischen Vertragsabschluss und Erfüllung ist somit ohne wirtschaftliche Bedeutung für das Unternehmen. Sie bestimmt lediglich die Zahl der durch die Gegenpartei zu liefernden Anteile und damit unter Umständen, dass die Verfügungsansprüche zwischen den Verfügungsberechtigten am Residualkapital umverteilt werden. Der wirtschaftliche Effekt der Vereinbarung auf das Kapital bleibt für das Unternehmen bis zum Zeitpunkt der Erfüllung unbestimmt. Die Leistungspflichten sind gleichartig. Eine Saldierung ist zulässig. Des Weiteren kommt es zu einer Nettoübertragung von Rechten an die Vertragspartei mit dem positiven Nettoanspruch. Eine Unterscheidung nach Einzug oder Ausgabe von Anteilen des Residualkapitals ist nicht erforderlich, da die Betrachtung von Einzug und Ausgabe im Hinblick auf die Typen der Erfüllung aus Sicht des Unternehmens zum gleichen Ergebnis führen.

343.4 Zwischenfazit

Die Basistypen der Erfüllung lassen sich wie folgt systematisieren:

Beschreibung Leistungspflichten			
Leistungspflicht	Fixer oder variabler Anteil am Residualkapital (z. B. 10 Aktien)	Variabler Betrag, der im Wert mit einem fixen (bzw. variablen) Anteil am Residualkapital korrespondiert (z. B. EUR x,- im Wert von 10 Aktien)	Fixer Anteil am Residualkapital (z. B. 10 Aktien)
Gegenleistungspflicht	Fixer Betrag (z. B. EUR 100,-)	Fixer Betrag (z. B. EUR 100,-)	Variabler Anteil am Residualkapital, der im Wert mit einem fixen (bzw. variablen) Betrag korrespondiert (z. B. × Aktien im Wert von EUR 100,-)
Erfüllungstyp			
Erfüllung ohne Verrechnung	**Bruttolieferung**	**Bruttobarausgleich**	Ohne Relevanz
Erfüllung mit Verrechnung	**Mangels Gleichartigkeit der Leistungspflichten nicht zulässig**	**Nettobarausgleich**	**Nettolieferung**

Übersicht 3-1: *Basistypen der Erfüllung von Derivaten*

Mischformen der Erfüllung finden sich in der Praxis z. B. bei Anpassungsklauseln von Anteilen für den Fall von Kapitalmaßnahmen des Emittenten. Sie zielen auf die Anpassung der zugrunde liegenden Aktienzahl, die Anpassung des Wandlungsverhältnisses bzw. der Bezugsquote mit dem Ziel des Schutzes der Inhaber des Instrumentes vor einer ökonomischen Verwässerung.[58] Beispiele für Kapitalmaßnahmen sind der Aktiensplit, die Zusammenlegung von Aktien, eine außerordentliche Bardividende, die Ausgabe von Gratisaktien, eine effektive Kapitalerhöhung und die Ausgabe von Wandlungsinstrumenten.[59] Alle Mischformen können auf die oben beschriebenen Typen zurückgeführt werden. Sie werden mangels zusätzlichen Erkenntnisgewinns zur Systematik von Erfüllungstypen in dieser Arbeit nicht untersucht.

Die Wirkung der Erfüllungstypen von derivativen Vereinbarungen mit Bezug auf das Residualkapital auf Vermögen und Haftkapital des Unternehmens sowie der Vermögen auf die Gegenpartei (Kapitalgeber) kann wie folgt zusammengefasst werden:

Erfüllungstyp	**Bruttolieferung**	**Bruttobarausgleich Nettobarausgleich**	**Nettolieferung**
Vermögens-effekt Unternehmen	Erhöhung oder Reduktion des Vermögens des Unternehmens in Höhe des fixen Betrages.	Erhöhung oder Reduktion des Vermögens des Unternehmens in Höhe der verrechneten Bruttozahlung bzw. der Nettozahlung.	Ohne Einfluss auf das Vermögen des Unternehmens.
Kapitaleffekt Unternehmen	Entspricht wirtschaftlich einer Erhöhung oder Reduktion des Haftkapitals in Höhe des fixen Betrages.	Entspricht wirtschaftlich einer Erhöhung oder Reduktion des Haftkapitals in Höhe der verrechneten Bruttozahlung bzw. der Nettozahlung.	Keine Erhöhung bzw. Reduktion des Kapitals.
Vermögens-effekt Kapitalgeber	Umverteilung[60] von Verfügungsrechten der Residualkapitalgeber, nur dann falls der fixe Betrag nicht dem anteiligen Wert des Residualkapitals im Zeitpunkt der Vereinbarung entspricht.	Ohne Einfluss auf die Verteilung der Verfügungsrechte der Residualkapitalgeber.	Ausschließlich Umverteilung[61] von Verfügungsrechten der Residualkapitalgeber, außer für den Sonderfall, dass sich die beiden Leistungspflichten gegenseitig aufheben.

Übersicht 3-2: *Kapitaleffekt aus Erfüllung von Derivaten*

Die Darstellung der Erfüllungstypen belegt die Bedeutung der Bilanzperspektive, da sie die Diskrepanz zwischen Wirkung der Erfüllung auf das Vermögen und Kapital des Unternehmens (Unternehmenssphäre) und auf das Vermögen der Kapitalgeber

58 Vgl. FRANKE, G./HAX, H., Finanzwirtschaft, S. 36f.
59 Vgl. HÜFFER, U., AktG, § 221, Rn. 61–63; LÜDENBACH, N., in: Haufe IFRS, § 20, Rn. 11.
60 Verwässerung bzw. Bereicherung der existierenden Residualkapitalgeber.
61 Verwässerung bzw. Bereicherung der existierenden Residualkapitalgeber.

(Kapitalgebersphäre), also eine Verwässerung oder Bereicherung bzw. Zuwachsung der Position der Alt-Residualkapitalgeber, zeigt. Die Kapitalgeber erwerben aus der Vereinbarung ein bestimmtes Risikoprofil. Die Höhe des Haftkapitals ist von diesem Risikoprofil unabhängig: Durch Terminkauf mit Erfüllung durch Barausgleich können Kapitalgeber z. B. einen Anspruch auf Auszahlung in Höhe der Wertentwicklung des Haftkapitals erlangen, ohne dass das Haftkapital des Unternehmens erhöht wird. Der bilanzielle Ausweis der Kapitalstruktur, eingeschlossen derivative Vereinbarungen mit Bezug auf das Residualkapital, soll aus Sicht des Unternehmens durchgeführt werden.[62]

62 Vgl. Abschnitt 223.

4 Bilanzierung von Residualkapitalderivaten

41 Voruntersuchung: Transaktionen mit eigenen Anteilen

Der wirtschaftliche Gehalt von Residualkapitalderivaten kann mit dem wirtschaftlichen Gehalt von Transaktionen mit eigenen Anteilen[1] verglichen werden. Deshalb wird dieser im ersten Schritt untersucht. Darauf aufbauend wird der bilanzielle Ausweis de lege lata von Transaktionen des Unternehmens mit eigenen Anteilen betrachtet. Eine solche Voruntersuchung ermöglicht wertvolle konzeptionelle Folgerungen für die Diskussion der Bilanzierung von Residualkapitalderivaten.

411 Wirtschaftlicher Gehalt von Transaktionen mit eigenen Anteilen

Ein Unternehmen kann eine Finanzierung zurückführen, indem es eigene Anteile (zurück) erwirbt.[2] Ein erworbener Anteil ist ohne realen Wert für die Gesellschaft, da die mit dem Anteil verbundenen Vermögensansprüche gegen die Gesellschaft, z. B. der Anspruch auf Ausschüttung oder auf Liquidationserlös, aus Sicht der Gesellschaft ohne Wert sind. Das Fortbestehen der Verkehrsfähigkeit von Anteilen lässt nicht auf die Werthaltigkeit der Anteile schließen, auch wenn abhängig von den gesetzlichen Bestimmungen die Transaktionskosten bei einer Wiederausgabe geringer sein können, als die Transaktionskosten der Ausgabe von neuen Anteilen.[3] Eigene Anteile stellen daher kein Vermögen der Gesellschaft dar.[4] Zudem kann das Unternehmen ökonomisch keinen Anteil an sich selber besitzen. Der Erwerb von eigenen Anteilen entspricht einer anteiligen Liquidation des Gesellschaftsvermögens[5] und die Wiederver-

---

1 Verfügungsrechte am Residualkapital werden im Folgenden als Anteile am Residualkapital bzw. innerhalb der Untersuchung de lege lata gemäß IAS 32 als Eigenkapitalinstrumente bezeichnet.

2 Vgl. zum Erwerb eigener Anteile die Regeln des § 71 AktG i. V. m. §§ 71a bis 71e AktG; GELHAUSEN, H. F., Bilanzierung zur Einziehung erworbener Aktien, S. 193 und 208–211.

3 Vgl. THIEL, J., Bilanzielle und steuerrechtliche Behandlung eigener Aktien, S. 1583.

4 Dieses Verständnis spiegelt § 71b AktG wieder, wonach der Gesellschaft keine Rechte aus eigenen Aktien zustehen, als auch § 71c Abs. 3 AktG, der die Einziehung der erworbenen Anteile innerhalb bestimmter Fristen vorschreibt.

5 Vgl. ADS, § 266, Rn. 139; GELHAUSEN, H. F., Bilanzierung zur Einziehung erworbener Aktien und Kapitalschutz, S. 195 m. w. N.

äußerung durch Ausgabe der Anteile wirtschaftlich einer Kapitalerhöhung[6]. Sowohl der Erwerb als auch die Wiederausgabe der Anteile sind Maßnahmen der Finanzierung und keine operative unternehmerische Aktivität an sich, auch wenn Erwerb oder Ausgabe durch die laufende Geschäftstätigkeit[7] veranlasst werden.[8] Werden eigene Anteile gegen Zahlung eines Kaufpreises bzw. die Hingabe sonstiger, wirtschaftlich wertvoller Ressourcen des Unternehmens erworben, gibt die Gesellschaft Vermögen ab, ohne dafür einen Gegenwert zu erhalten.

412 Bilanzierung eigener Anteile nach IFRS de lege lata

Im Jahresabschluss können eigene Anteile konzeptionell als Saldoposten im Residualkapital passiviert (Nettoausweis) oder, abweichend von ihrem wirtschaftlichen Gehalt, als Vermögenswert aktiviert (Bruttoausweis) werden. Zunächst wird untersucht, ob ein Bruttoausweis im Einklang mit den Bestimmungen des Rahmenkonzepts steht.

Um zu beurteilen, ob eigene Anteile das Definitionskriterium für die Bilanzierung erfüllen und einen Vermögenswert darstellen, ist die Definition von Vermögenswert gemäß CF 4.4 (a) zugrunde zu legen. Danach ist ein Vermögenswert eine in der Verfügungsmacht des Unternehmens stehende Ressource, die ein Ergebnis der Vergangenheit darstellt, und von der erwartet wird, dass dem Unternehmen aus ihr ein wirtschaftlicher Nutzen zufließt. Der einem Vermögenswert innewohnende künftige wirtschaftliche Nutzen repräsentiert das Potenzial, direkt oder indirekt zum Zufluss von Zahlungsmitteln und Zahlungsmitteläquivalenten zum Unternehmen beizutragen (CF 4.8). Zwar ergeben sich aus den eigenen Anteilen keine Nettozahlungen an das Unternehmen[9], aber eigene Anteile können als Zahlungsmittel verstanden werden. Zahlungsmittel an sich leisten dem Unternehmen einen Dienst, weil dieses so über andere Ressourcen verfügen kann.[10] Der wirtschaftliche Nutzen kann dem Unternehmen

---

6 So auch die Gesetzesbegründung zu § 242 HGB in BT-Drs. 13/9712, S. 26.

7 Zum Beispiel der Erwerb zur Ausgabe von Belegschaftsaktien, zur Abwehr feindlicher Übernahmen oder zur flexiblen Finanzierung von Akquisitionen. Vgl. ARBEITSKREIS „EXTERNE UNTERNEHMENSRECHNUNG“ DER SCHMALENBACH-GESELLSCHAFT (Hrsg.), Behandlung eigener Aktien, S. 1673.

8 Eine Ausnahme bildet z. B. der Handel mit eigenen Anteilen durch Banken, soweit gesetzlich zugelassen.

9 Nach § 71b AktG stehen der Gesellschaft keine Rechte aus eigenen Aktien zu.

10 Vgl. CF 4.9.

dadurch zufließen, indem die eigenen Anteile beispielsweise gegen andere Vermögenswerte eingetauscht werden, für die Begleichung einer Schuld genutzt werden oder an die Eigentümer des Unternehmens verteilt werden.[11]

Der künftige wirtschaftliche Nutzen von eigenen Anteilen als Zahlungsmittel ist abhängig von den Erwartungen der Investoren bezüglich der künftigen Ertragslage im Zeitpunkt der Ausgabe, der in der Zahlungsbereitschaft der Investoren bei Zeichnung von Anteilen zum Ausdruck kommt. Eigene Anteile haben gerade kein von der unternehmerischen Ertragslage unabhängiges wirtschaftliches Potenzial. Ein Unternehmen, dessen einziger Vermögenswert eigene Anteile sind, kann nicht bestehen.

Der Erwerb der eigenen Anteile durch die Gesellschaft ist ein vergangener Geschäftsvorfall im Sinne der Definition in CF 4.13, indes fließt dem Unternehmen aus eigenen Anteilen erst dann ein Nutzen zu, wenn die Anteile wieder ausgegeben werden können. Der Zufluss des wirtschaftlichen Nutzens ist von einem unsicheren Geschäftsvorfall, der für die Zukunft erwartet bzw. geplant wird, abhängig. Die Möglichkeit bzw. Absicht der Wiederausgabe erfüllt laut CF 4.13 nicht die Definition eines Vermögenswertes. Die Abhängigkeit des Wertes der eigenen Anteile von der wirtschaftlichen Lage des Unternehmens, verbunden mit der Unsicherheit der Realisierung des Nutzens, spricht gegen eine Qualifikation als Vermögenswert im Sinne des Rahmenkonzepts.

Das Eigenkapital ist der nach Abzug aller Schulden verbleibende Restbetrag der Vermögenswerte des Unternehmens. Würden eigene Anteile als Vermögenswert qualifiziert, dann würde die Definition von Eigenkapital als Vermögensresidual ins Leere laufen, denn ein Anspruch der Residualkapitalgeber auf einen Anspruch am Residual ist zirkulär und wirtschaftlich bedeutungslos. Die Qualifikation von eigenen Anteilen als Vermögenswert würde daher gegen die Definition von Eigenkapital in CF 4.4 verstoßen.

Der bilanzielle Ausweis von eigenen Anteilen als Vermögenswert auf Basis des Erwerbspreises oder des fairen Wertes würde die Verständlichkeit[12] des Abschlusses beeinträchtigen, da weder der Ausweis zum Erwerbspreis noch der Ausweis zum fairen

11 Vgl. CF 4.10 (b)–(d).
12 Vgl. CF QC4 i. V. m. QC30–32.

Wert sachgerecht ist. Ein Ausweis zum Erwerbspreis würde die Beurteilung der Fähigkeit des Unternehmens, Zahlungsmittel und Zahlungsmitteläquivalente zu erwirtschaften, nicht ermöglichen, denn er vermittelt keine Informationen darüber, zu welchem Wert die Anteil wieder ausgegeben werden können, um Zahlungsmittel zu erlangen. Ein Ausweis zum fairen Wert impliziert eine an den Wert des Residualvermögens gekoppelte Neubewertung, die einen bilanziellen Verstärkereffekt hervorrufen würde, indem bei Verringerung des bilanziellen Eigenkapitals die eigenen Anteile daran entsprechend zu einem geringeren Wert anzusetzen sind. Dadurch wird das Eigenkapital weiter reduziert. Das Eigenkapital würde sich selbst verzehren. Dieser Effekt gilt spiegelbildlich für eine Erhöhung des Eigenkapitals. Dieser Verstärkereffekt entspricht nicht dem wirtschaftlichen Gehalt des Sachverhalts und würde die Verständlichkeit der Bilanz erheblich beeinträchtigen. Die Neubewertung von Elementen der Finanzierungsstruktur des Unternehmens verletzt das der Erstellung des Jahresabschlusses zugrunde gelegte Prinzip der Unternehmensfortführung in CF 4.1.[13] Kommt es zum Einzug der Anteile, dann sollte der Korrekturposten, entsprechend der konkreten Kapitalgliederung der jeweiligen betroffenen Gesellschaft, ummittelbar mit den einzelnen Kapitalposten ohne nachfolgende Wertanpassung verrechnet werden.[14]

Spezielle Vorschriften über den Ausweis von eigenen Anteilen finden sich in IAS 1 und IAS 32. Sie betreffen den Ausweis von eigenen Anteilen ohne auf die bilanzielle Qualifikation Bezug zu nehmen. Eigene Anteile werden laut IAS 32.AG36 unabhängig vom Zweck ihres Erwerbs nicht als Vermögenswert aktiviert.[15] Eigene Anteile sind gemäß IAS 32.33 vom Eigenkapital abzuziehen.[16] Der Erwerb und eine anschließende Wiederausgabe von eigenen Anteilen werden laut IAS 32.IN14 und BC32 als Transfer von Rechten zwischen Kapitalgebern verstanden, der den Unternehmenser-

13 Aufgrund dieses Arguments ist auch ein Wahlrecht zum Ausweis von Verbindlichkeiten zu ihrem beizulegenden Zeitwert abzulehnen.

14 Für die deutsche Aktiengesellschaft ist daher eine Verrechnung mit dem Gezeichneten Kapital, der Kapitalrücklage und, soweit aufgrund eines Wertüberschusses erforderlich, der Gewinnrücklage zu fordern. Zu kapitalschutzrechtlichen Überlegungen im Kontext der Einziehung von eigenen Anteilen vgl. GELHAUSEN, H. F., Bilanzierung zur Einziehung erworbener Aktien, S. 206–213.

15 Andere Ansicht bei WEBER, C.-P., Wiley, Abschnitt 17, Rn. 21, im Kontext eines Erwerbs mit zeitnaher Wiederausgabe.

16 Davon ausgenommen sind eigene Anteile, die die Gesellschaft für Rechnung Dritter hält, vgl. IAS 32.AG36.

folg nicht berührt. Sowohl der Erwerb[17], als auch die Einziehung oder eine nachfolgende Wiederausgabe sowie damit verbundene Kosten, sind laut IAS 32.35 und BC33 erfolgsneutral zu erfassen. Der Betrag der eigenen Anteile ist gemäß IAS 32.34 i.V.m. IAS 1.79(a)(vi) in der Bilanz oder im Anhang gesondert auszuweisen. Diese Ausweisvorschriften stehen im Einklang mit dem Rahmenkonzept. Eigene Anteile sind nicht als Vermögenswert zu qualifizieren und stellen daher keinen Abschlussposten dar. Eine Aktivierungspflicht gemäß CF 4.44 besteht nicht. Ein Aktivierungswahlrecht kann aus dem Rahmenkonzept nicht abgeleitet werden. Die Aktivierung von eigenen Anteilen als Vermögenswert steht im Widerspruch zu den konzeptionellen Grundlagen der IFRS, die das Rahmenkonzept verfasst, als auch den Spezialvorschriften in IAS 32. Ein Bruttoausweis ist abzulehnen. Eigene Anteile sind daher als Saldoposten im Residualkapital zu passivieren. Sowohl Erwerb als auch Veräußerung sind erfolgsneutral als Kapitalmaßnahme abzubilden.

413 Zwischenfazit

Eigene Anteile sind aus Sicht der Gesellschaft[18] weder wirtschaftlich noch bilanziell ein Vermögenswert. Die Verwertung eigener Anteile durch Wiederausgabe ist vielmehr eine Kapitalmaßnahme, deren Umsetzbarkeit von der Vermögens-, Finanz- und Ertragslage des Unternehmens selber abhängt. Erwerb als auch Wiederausgabe eigener Anteile sind Ausdruck der Optimierung der unternehmerischen Finanzierung. Daher beeinflussen weder der bilanzielle Ausweis des Erwerbes noch der bilanzielle Ausweis der Wiederveräußerung das bilanzielle Ergebnis in der Gewinn- und Verlustrechnung.[19] Erwerb als auch Wiederausgabe führen unmittelbar zu einer erfolgsneutralen Anpassung des Eigenkapitals. Eine, dem Wert entsprechende Anpassung des Korrekturpostens durch Neubewertung ist wegen ihres bilanziellen Verstärkereffekts abzulehnen. Diese Folgerungen zum Ausweis eigener Anteile werden in der nachfol-

17 Die bis 2004 hierfür vorgesehenen Ausweisvarianten des SIC 16 sind mangels entgegenstehender Regeln weiterhin anwendbar. Vgl. LÜDENBACH, N., in: Haufe IFRS, § 20, Rn. 64f. Andere Ansicht bei WEBER, C.-P., Wiley, Abschnitt 17, Rn. 21, der lediglich die Passivierung eines Korrekturkontos zum Eigenkapital für zulässig hält. Die ursprüngliche Erhöhung der Kapitalkonten bei Ausgabe der Anteile ist nicht zu korrigieren.

18 Vgl. die Diskussion zu der Perspektive der Bilanzierung in Abschnitt 223.

19 So auch THIEL, J., Bilanzielle und steuerrechtliche Behandlung eigener Aktien, S. 1584; KÜTING, K./REUTER, M., Abbildung, S. 661.

genden Untersuchung des sachgerechten bilanziellen Ausweises de lege ferenda von derivativen Vereinbarungen mit Bezug auf das Residualkapital berücksichtigt.

42 Vorbemerkungen

In den Abschnitten 2 und 3 wurden Ergebnisse über die ökonomisch indizierte Kapitalstruktur als Messobjekt des Jahresabschlusses gewonnen sowie konzeptionelle Vorbetrachtungen zu Derivaten und Transaktionen mit Bezug auf das Residualkapital des Unternehmens angestellt. Darauf aufbauend soll in diesem Abschnitt eine Antwort auf die verbleibende Hauptfrage der Problemstellung der Arbeit, nämlich nach dem prinzipienbasierten bilanziellen Ausweis von Residualkapitalderivaten, ermittelt werden.

Die Untersuchung der Bilanzierung von derivativen Vereinbarungen mit Bezug auf das Residualkapital wird einzeln für jeden Basistyp einer derivativen Vereinbarung vorgenommen. Zunächst werden die unbedingten Vereinbarungen, d. h. der Terminverkauf von Anteilen durch das Unternehmen (Basistyp 1) und der Terminkauf von Anteilen durch das Unternehmen (Basistyp 2), betrachtet.[20] Im Anschluss daran werden bedingte Vereinbarungen untersucht. Die Basistypen von bedingten Vereinbarungen sind die Verkaufoption und die Kaufoption. Folglich werden der Erwerb einer Verkaufoption (Basistyp 3) und die Stillhalterposition aus der Veräußerung einer Verkaufoption (Basistyp 4) betrachtet. Im Anschluss daran werden die Stillhalterposition aus dem Verkauf einer Kaufoption (Basistyp 5) und der Erwerb einer Kaufoption (Basistyp 6) untersucht. Die Reihenfolge der Untersuchung, also Erwerb und Verkauf (bzw. Eingehen einer Stillhalterposition), bei der Kaufoption wird im Vergleich zur Reihenfolge bei der Untersuchung der Verkaufoption geändert. Der Erwerb einer Verkaufoption führt ebenso wie die Stillhalterposition aus dem Verkauf einer Kaufoption potenziell zur Ausgabe von Anteilen und wird daher jeweils an erster Stelle betrachtet. Die Stillhalterposition aus der Veräußerung einer Verkaufoption und der Erwerb einer Kaufoption verursachen potenziell den Einzug von Anteilen und werden daher jeweils an zweiter Stelle untersucht. Der Gang der Untersuchung wird in der nachstehenden Übersicht zusammengefasst:

---

20 Vgl. Abschnitt 343.

Basistyp	Vertragstyp	Vertragliche Position Unternehmen	Vertragliche Position Unternehmen nach Eintritt Bedingung	Wirtschaftliche Position Unternehmen bei Bruttoerfüllung
1	Terminverkauf (forward sale)	Unbedingter Verkauf		Ausgabe Anteile
2	Terminkauf (forward purchase)	Unbedingter Erwerb		Einzug Anteile
3	Erwerb Verkaufoption (long put)	Bedingter Verkauf	Recht	Ausgabe Anteile
4	Verkauf / Stillhalter Verkaufoption (short put)	Bedingter Erwerb	Pflicht	Einzug Anteile
5	Verkauf / Stillhalter Kaufoption (short call)	Bedingter Verkauf	Pflicht	Ausgabe Anteile
6	Erwerb Kaufoption (long call)	Bedingter Erwerb	Recht	Einzug Anteile

Übersicht 4-1: *Basistypen derivativer Vereinbarungen mit Bezug auf das Residualkapital*

Die Untersuchung der „fix-for-fix"-Vereinbarung und der „fix-for-variable"-Vereinbarung wird analog der Konzeption in IAS 32 gegliedert, um den Unterschieden zwischen beiden Vertragstypen, die nach IFRS verschieden bilanziell erfasst werden, gerecht zu werden. Bei wirtschaftlicher Betrachtung auf Basis des Haftkapitalkonzepts sollte die Unterscheidung nicht anhand des Kriteriums der Zahl der zu liefernden bzw. zu erwerbenden Anteile stattfinden, sondern lediglich an der Höhe der dem Unternehmen zufließenden bzw. aus dem Unternehmen abfließenden Vermögenswerte. Die Zahl der ausstehenden Aktien hat lediglich auf die Vermögenssituation der Aktionäre Einfluss, ist indes für das Unternehmen selber ohne Bedeutung.[21]

Die Untersuchung wird nur für eine Vertragsgestaltung vorgenommen, die eine Erfüllung durch Bruttolieferung vorsieht.[22] Derivate mit Bezug auf das Residualkapital und der Vereinbarung zur Bruttolieferung stehen wirtschaftlich, im Vergleich zu Instrumenten mit Barabwicklung bzw. Nettolieferung, einer gesellschaftsrechtlich verfassten Kapitalerhöhung bzw. Kapitalherabsetzung am nächsten. Sie sind daher am besten geeignet, die Folgerungen aus dem Haftkapitalkonzept auf diese schuldrechtlich ver-

21 Vgl. Abschnitt 343.

22 Vgl. Abschnitt 343.1.

fassten Derivatvereinbarungen zu übertragen, um den sachgerechten Ausweis in der Bilanz zu ermitteln.

Der de lege ferenda Analyse wird eine Diskussion der wirtschaftlichen Substanz des jeweiligen Basistyps sowie der Bilanzausweis de lege lata bei Unternehmen und Gegenpartei vorangestellt. Die zu entwickelnden Ausweisvorschläge de lege ferenda werden anhand von Buchungssätzen konkretisiert. Die geltenden Regeln und die Ergebnisse der Analysen de lege ferenda werden in Hinblick auf ihren Gleichlauf bei Unternehmen und Gegenpartei der Vereinbarung verglichen.

43 Terminverkauf (forward sale)

431 Wirtschaftliche Substanz des Terminverkaufs

Die Vereinbarung über einen Terminverkauf[23] mit Bruttolieferung durch das Unternehmen begründet die unbedingte Verpflichtung des Unternehmens (als Terminverkäufer) zur Ausgabe von Anteilen des Residualkapitals an die Gegenpartei des Vertrags (als Terminkäufer) im Zeitpunkt der Erfüllung.[24] Das Unternehmen verpflichtet sich, dem Terminkäufer ein Verfügungsrecht an einem Teil des Residualkapitals zu verschaffen, d. h. eine entsprechende vertragliche Vereinbarung durch Ausgabe von Anteilen mit dem Terminkäufer einzugehen.

Im Gegenzug verpflichtet sich der Terminkäufer, dem Unternehmen im Zeitpunkt der vereinbarten Erfüllung den Terminkaufpreis zu zahlen. Das Unternehmen erlangt durch das Termingeschäft einen auch in einem Insolvenzverfahren des Unternehmens durchsetzbaren Anspruch auf Zahlung des Terminpreises gegen den Terminkäufer.[25] Der Terminverkauf entspricht wirtschaftlich einer Kapitalerhöhung vor vollständiger Einzahlung der Bareinlage durch die Kapitalgeber[26] bzw. einer Kapitalerhöhung durch

23 In dieser Arbeit werden die Vereinbarungen aus Sicht des Unternehmens untersucht. Der Terminverkauf stellt aus Sicht des Unternehmens ein Terminverkaufgeschäft und aus Sicht der Gegenpartei ein Terminkaufgeschäft dar.

24 Vgl. Abschnitt 342.2.

25 Vgl. Abschnitt 342.2.

26 Die Gesellschaft erlangt bei Kapitalerhöhung durch Bareinlage vor vollständiger Kapitaleinzahlung einen auch in der Insolvenz durchsetzbaren Anspruch auf Zahlung der ausstehenden

Sacheinlage einer Forderung gegen den Kapitalgeber und erhöht das Haftkapital zu Vertragsbeginn. Die Verzögerung der Fälligkeit kann auf eine der im Synallagma stehenden Leistungspflichten beschränkt sein.

Eine gesellschaftsrechtliche Kapitalerhöhung[27], ebenso wie die Begebung von bestimmten Wandelinstrumenten[28], ist infolge der zeitlichen Verzögerung der Erfüllung wirtschaftlich ein Terminverkauf. Termingeschäfte bilden folglich einen wichtigen Bestandteil der Finanzierungsaktivitäten von Unternehmen.

432 Bilanzielle Abbildung des Terminverkaufs de lege lata

432.1 Bilanzierung einer „fix-for-fix"-Vereinbarung

432.11 Erstmalige Bilanzierung bei Vertragsabschluss

Gemäß IAS 32.11 ist ein Eigenkapitalinstrument (equity instrument) „ein Vertrag, der einen Residualanspruch an den Vermögenswerten eines Unternehmens nach Abzug aller zugehörigen Schulden begründet." In IAS 32.13 wird ein Vertrag als „eine Vereinbarung zwischen zwei oder mehr Vertragsparteien [definiert], die eindeutige wirtschaftliche Folgen hat, die von den einzelnen Vertragsparteien kaum oder überhaupt nicht zu vermeiden sind, weil die Vereinbarung für gewöhnlich im Rechtsweg durchsetzbar ist. Verträge und folglich Finanzinstrumente können die verschiedensten Formen annehmen und müssen nicht in Schriftform abgefasst sein". Der Begriff Eigenkapitalinstrument wird im Folgenden gleichbedeutend mit Anteil bzw. Anspruch am Residualkapital verwendet.

Einlage, der durch Einforderung durch die Gesellschaft fällig gestellt wird. Vgl. Abschnitt 342.2.

27 Die Ausführung einer Kapitalerhöhung entspricht ökonomisch einem Terminverkauf von Verfügungsrechten an einem bestimmten Teil des Haftkapitals. Die zeitliche Verzögerung der Erfüllung ergibt sich aus dem im Gesellschaftsrecht verfassten Prozess für Kapitalerhöhungen. Vgl. Abschnitt 342.2.

28 Terminvereinbarungen über ein Verfügungsrecht an einem bestimmten Teil des Haftkapitals bilden häufig eine ökonomische Komponente von Pflichtwandelanleihen bzw. Zwangswandelanleihen (mandatory convertible bond). In einer Pflichtwandelanleihe wird eine Schuldverschreibung mit einem Terminverkauf von Anteilen kombiniert. Diese Vereinbarung entspricht ökonomisch einem vorausgezahlten Terminverkauf. Entsprechende Instrumente haben z. B. die DEUTSCHE TELEKOM AG im Jahr 2003, die BAYER AG im Jahr 2003 und die ALLIANZ AG im Jahr 2005 begeben.

Ein Vertrag, zu dessen Erfüllung das Unternehmen eine fixe Zahl von Eigenkapitalinstrumenten gegen einen fixen Betrag an flüssigen Mitteln oder anderen finanziellen Vermögenswerten ausgibt oder einzieht, wird als „fix-for-fix"-Vereinbarung bezeichnet. Mit einer Terminverkaufvereinbarung verpflichtet sich das Unternehmen zur Ausgabe einer fixen Zahl von Eigenkapitalinstrumenten gegen einen fixen Betrag an flüssigen Mitteln, es liegt folglich eine „fix-for-fix"-Vereinbarung vor. Die Terminverkaufvereinbarung erfüllt die Bedingung in IAS 32.16 (a) für die Klassifikation als Eigenkapitalinstrument, die erfordert, „dass das Finanzinstrument keine vertragliche Verpflichtung enthält, flüssige Mittel oder einen anderen finanziellen Vermögenswert an ein anderes Unternehmen[29] abzugeben." Diese Einschränkung auf Verpflichtungen, die gegenüber "anderen Unternehmen" bestehen wird vom IASB nicht begründet. Ebenso ist die Bedingung in IAS 32.16 (b) für die Klassifikation als Eigenkapitalinstrument erfüllt, da Ausgabe einer fixen Zahl von Eigenkapitalinstrumenten gegen einen fixen Betrag an flüssigen Mitteln vereinbart ist. Im englischen Originaltext des Standards wird das Wort „deliver", wörtlich zu übersetzen mit „liefern" bzw. „abgeben", verwendet. Transaktionen des Unternehmens in eigenen Eigenkapitalinstrumenten werden in dieser Arbeit als Finanzierungstätigkeit und nicht als Handelsgeschäft mit Vermögenswerten bzw. vermögensähnlichen Gegenständen verstanden. Daher wird im Folgenden von „ausgeben" (issue) der Instrumente bzw. Anteile als einer besseren Beschreibung des wirtschaftlichen Gehalts der Transaktion gesprochen. Die „fix-for-fix"-Terminvereinbarung ist folglich als Eigenkapitalinstrument im Sinne von IAS 32.11 i. V. m. IAS 32.16 zu klassifizieren. IAS 32.AG27 (a) wiederholt den Wortlaut von IAS 32.22 mit der Ergänzung, dass auch solche Verträge als Eigenkapitalinstrument zu klassifizieren sind, zu deren Erfüllung das Unternehmen eine feste Zahl von Eigenkapitalinstrumenten ohne künftige Gegenleistung abgibt. Änderungen des beizulegenden Zeitwertes (fair value) eines Eigenkapitalinstrumentes sind im Abschluss nicht auszuweisen (IAS 32.22). Die im Zusammenhang mit einem solchen Vertrag erhaltenen bzw. gezahlten Entgelte sind direkt dem Eigenkapital zuzuschreiben bzw. davon abzuziehen (IAS 32.22).

29 Verpflichtungen des Unternehmens gegenüber Rechtspersonen oder natürlichen Personen werden im Folgenden gleich behandelt. Der bilanzielle Ausweis sollte unabhängig von den Eigenschaften der Vertragspartei sein.

Trotz des Anspruchs, prinzipienbasierte Regeln zu verfassen, enthalten die IFRS umfangreiche kasuistische Anhänge oder Ergänzungen.[30] Zu den Ergänzungen gehören die Beschreibenden Beispiele (illustrative examples). Anders als die Anwendungsleitlinien (application guidance), die integraler Bestandteil des Standards sind, ergänzen die Beschreibenden Beispiele den Standard ohne Teil dieses Standards zu sein. IAS 32.IE10 beschreibt die bilanzielle Erfassung einer Vereinbarung, die die Ausgabe einer fixen Zahl von Eigenkapitalinstrumenten gegen Zahlung eines fixen Betrages mit Bruttoerfüllung vorsieht. Dabei wird unterstellt, dass der beizulegende Zeitwert der Vereinbarung zunächst null ist, da sich der Wert der Forderung und der Wert der Verbindlichkeit ausgleichen. Zu Vertragsbeginn erfolgt daher auch keine Zahlung.

Gemäß IAS 32.IE10 bleibt die „fix-for-fix"-Terminvereinbarung trotz ihrer Klassifikation als Eigenkapitalinstrument zunächst ohne Wirkung auf das Kapital des Unternehmens (kapitalneutral), denn weder die Forderung auf Zahlung noch die Verpflichtung zur Ausgabe von Anteilen sind de lege lata bilanziell zu erfassen. Die implizite Saldierung von Forderung und Verbindlichkeit wird nicht begründet.

Die Gegenpartei des Unternehmens hat mit der Terminvereinbarung Anspruch auf Lieferung einer fixen Zahl von Eigenkapitalinstrumenten des Unternehmens erworben. Aus Sicht der Gegenpartei schwankt der Wert der Vereinbarung in Abhängigkeit vom Wert der Anteile am Unternehmens (IAS 39.9 (a)), erfordert die Vereinbarung keine Anfangsinvestition (IAS 39.9 (b)) und ist die Vereinbarung mit zeitlicher Verzögerung zu erfüllen (IAS 39.9 (c)). Die Gegenpartei hat daher die Terminvereinbarung als Derivat zu klassifizieren, da die Vereinbarung die Bedingungen in IAS 39.9 i. V. m. IAS 39.AG9-11 erfüllt.

Gemäß IAS 39.9 ist ein Derivat ein erfolgswirksam zum beizulegenden Zeitwert zu bewertender finanzieller Vermögenswert bzw. eine erfolgswirksam zum beizulegenden Zeitwert zu bewertende finanzielle Verbindlichkeit (financial asset or financial liability at fair value through profit or loss). Die Terminvereinbarung ist erfolgswirksam zum beizulegenden Zeitwert zu bewerten und entsprechend yu klassifizieren.[31] Ist

30 Vgl. LÜDENBACH, N./HOFFMANN, W.-D., in: Haufe IFRS, § 1, Rn. 53.

31 Jeder finanzielle Vermögenswert oder jede finanzielle Verbindlichkeit im Geltungsbereich des IAS 39 kann beim erstmaligen Ansatz als erfolgswirksam zum beizulegenden Zeitwert zu bewertende(r) finanzieller Vermögenswert bzw. finanzielle Verbindlichkeit designiert werden.

der beizulegende Zeitwert zu Vertragsbeginn null dann hat die Gegenpartei zunächst weder einen finanziellen Vermögenswert noch eine finanzielle Verbindlichkeit anzusetzen. Der Bilanzausweis zu Vertragsbeginn wird in IAS 32.IE3 dargestellt.

Mangels Kapitalwirkung der Vereinbarung beim Unternehmen und aufgrund des beizulegenden Zeitwertes der Vereinbarung von null, haben weder Unternehmen noch Gegenpartei die Vereinbarung bei Vertragsschluss bilanziell zu erfassen.

432.12 Folgebilanzierung zum Bilanzstichtag

Zahlungen aus der Vereinbarung, die eine bilanzielle Abbildung auslösen würden, sind nicht vereinbart. Das Unternehmen hat eine Änderung des beizulegenden Zeitwertes der Vereinbarung nicht auszuweisen (IAS 32.22). Eine Buchung ist wiederum nicht vorzunehmen.

Steigt bzw. fällt der beizulegende Zeitwert der Vereinbarung[32] aus Sicht der Gegenpartei, dann ist ein finanzieller Vermögenswert, also eine Forderung aus dem Termingeschäft (forward asset), bzw. eine finanzielle Verbindlichkeit, d.h. eine Verpflichtung aus dem Termingeschäft (forward liability[33]), in Höhe des beizulegenden Zeitwertes der Vereinbarung[34] erfolgswirksam zu aktivieren (passivieren) (IAS 39.14 i.V.m. IAS 39.46 bzw. IAS 39.47 (b)).

Ausgenommen davon sind Anlagen in Eigenkapitalinstrumenten, für die kein auf einem aktiven Markt notierter Marktpreis existiert und deren beizulegender Zeitwert nicht verlässlich bestimmt werden kann. Vgl. IAS 39.46 (c) und IAS 39.AG80 und AG81.

32 Der Wert der Vereinbarung weicht von null ab.

33 Die vom IASB verwendete Terminologie in den Buchungssätzen ist nicht konsistent. Während die Bezeichnung „forward asset" (IAS 32.IE3) vom IASB für eine aus einem positiven beizulegenden Zeitwert der Vereinbarung resultierende Forderung aus dem Termingeschäft gewählt wird, wird eine aus einem negativen beizulegenden Zeitwert der Vereinbarung resultierende Verbindlichkeit aus dem Termingeschäft teilweise als „forward liability" (IAS 32.IE8, IAS 32.IE9) und teilweise als „liability" (IAS 32.IE5) bezeichnet.

34 Der beizulegende Zeitwert der Vereinbarung ergibt sich aus einer Reihe von Faktoren, wie dem Wert des zugrundeliegenden Eigenkapitalinstrumentes, den Finanzierungskosten (Zins) und sonstigen mit dem Instrument verbundenen Wertfaktoren (Dividendenzahlungen, Wertpapierleihekosten etc.). Vgl. für eine detaillierte Darstellung der Bewertung von Terminvereinbarungen HULL, J. C., Optionen, Futures and other Derivatives, S. 50–77 und S. 77f. m. w. N. Der beizulegende Zeitwert der Vereinbarung ist während der Dauer der Vereinbarung zu jedem Bilanzstichtag erneut zu ermitteln. Schwankungen des beizulegenden Zeitwertes fließen in den Bilanzansatz ein. Eine positive Werthaltigkeit der Vereinbarung kann sich erhöhen, kann in eine negative Werthaltigkeit umschlagen oder vice versa. Entsprechend wäre der angesetzte finanzielle Vermögenswert erfolgswirksam zu erhöhen oder zu verringern, bzw. statt eines finanziellen Vermögenswertes eine finanzielle Verbindlichkeit anzusetzen, soweit die Ver-

Buchungssatz bei der Gegenpartei[35]:		
Forderung (aus Termingeschäft) (forward asset)	an	Gewinn (gain) [i. H. v. positiver Wertänderung]
bzw.		
Verlust (loss)	an	Verpflichtung (aus Termingeschäft) (liability) [i. H. v. negativer Wertänderung]

Mangels asymmetrischer Erfolgswirkung in der Gewinn- und Verlustrechnung von Unternehmen und Gegenpartei ist die bilanzielle Kapitalwirkung der Folgebuchung bei Unternehmen und Gegenpartei ebenfalls asymmetrisch.

432.13 Abschlussbilanzierung bei Erfüllung

Die Terminvereinbarung wird durch Ausgabe einer fixen Zahl von Anteilen gegen die Zahlung eines fixen Betrages an das Unternehmen erfüllt. Erst im Zeitpunkt ihrer Erfüllung wird die Vereinbarung durch Erhöhung des Eigenkapitals des Unternehmens in Höhe des zufließenden Betrages bilanziell kapitalwirksam. Die Buchung entspricht der Buchung bei einer Kapitalerhöhung durch Ausgabe neuer Anteile.

Buchungssatz Unternehmen:		
Kasse	an	Eigenkapital [i. H. v. Terminpreis]

Die erfolgswirksam fortgeschriebene Forderung bzw. Verbindlichkeit in Höhe der Nettoänderung des beizulegenden Zeitwertes der Vereinbarung aus Sicht der Gegenpartei erlischt durch die Erfüllung und ist daher erfolgsneutral auszubuchen (IAS 39.17 bzw. IAS 39.39). Die Gegenpartei hat die von dem Unternehmen bei der Erfüllung erworbenen Anteile als finanziellen Vermögenswert zum beizulegenden Zeitwert zu aktivieren (IAS 39.14 i. V. m. IAS 39.43). Aus Sicht der Gegenpartei handelt es sich nicht um ein Eigenkapitalinstrument gemäß der Definition in IAS 32.11,

einbarung statt eines positiven einen negativen beizulegenden Zeitwert aufweist oder vice versa. Vgl. IAS 39.AG66.

35 Buchungssätze werden im Folgenden kursiv geschrieben.

sondern um einen finanziellen Vermögenswert. Im Folgenden wird daher im Kontext der bilanziellen Abbildung bei der Gegenpartei von einem (fremden) Eigenkapitalinstrument bzw. von Anteilen (an einem Unternehmen) gesprochen.

Buchungssatz bei der Gegenpartei:		
Anteile *[i. H. v. beizulegendem Zeitwert]*	*an*	*Kasse* *[i. H. v. Terminpreis]*
	an	*Forderung (aus Termingeschäft)* *[i. H. v.(Netto-)Wertänderung]*
bzw.		
Anteile *[i. H. v. beizulegendem Zeitwert]*		
Verpflichtung (aus Termingeschäft) *[i. H. v.(Netto-)Wertänderung]*	*an*	*Kasse [i. H. v. Terminpreis]*

Die Abschlussbuchungen in Bezug auf die Transaktion bei dem Unternehmen und der Gegenpartei sind jeweils erfolgsneutral. Die Buchungen sind daher in ihrer Erfolgswirkung symmetrisch. Sie sind aber in Hinblick auf ihre Kapitalwirkung asymmetrisch, da die Ausgabe der Anteile zur Erhöhung des Eigenkapitals des Unternehmens führt, während die Gegenpartei einen Vermögenswert aktiviert.

432.2 Bilanzierung einer „fix-for-variable"-Vereinbarung

432.21 Erstmalige Bilanzierung bei Vertragsabschluss

Ein Vertrag, zu dessen Erfüllung das Unternehmen eine variable Zahl von Eigenkapitalinstrumenten gegen einen fixen Betrag an flüssigen Mitteln oder anderen finanziellen Vermögenswerten ausgibt oder einzieht, wird als „fix-for-variable"-Vereinbarung bezeichnet. Die Terminverkaufvereinbarung verpflichtet das Unternehmen zur Ausgabe einer variablen Zahl von Eigenkapitalinstrumenten gegen einen fixen Betrag an flüssigen Mitteln und ist folglich eine „fix-for-variable"-Vereinbarung. Die Terminverkaufvereinbarung erfüllt die Bedingung in IAS 32.16 (a) für die Klassifikation als Eigenkapitalinstrument, da sie keine vertragliche Verpflichtung enthält, flüssige Mittel oder einen anderen finanziellen Vermögenswert abzugeben. Die zweite Bedingung für die Klassifikation als Eigenkapitalinstrument in IAS 32.16 (b) wird hingegen nicht erfüllt, da Ausgabe einer variablen Zahl von Eigenkapitalinstrumenten gegen einen fixen Betrag an flüssigen Mitteln vereinbart ist. Die Vereinbarung ist gemäß IAS 32.24 als finanzieller Vermögenswert oder als finanzielle Verbindlichkeit zu klassifizieren.

Der Wert der Vereinbarung schwankt in Abhängigkeit vom Wert des Eigenkapitalinstruments des Unternehmens[36]. Die Vereinbarung erfordert keine Anfangsinvestition[37] und ist mit zeitlicher Verzögerung zu erfüllen[38]. Das Unternehmen hat daher die „fix-for-variable"-Terminvereinbarung als Derivat zu klassifizieren, da die Vereinbarung die Bedingungen in IAS 39.9 i.V.m. IAS 39.AG9-11 erfüllt sind. Beim erstmaligen Ansatz ist das Derivat gemäß IAS 39.9 vom Unternehmen erfolgswirksam zum beizulegenden Zeitwert zu bewerten und als finanzieller Vermögenswert bzw. eine finanzielle Verbindlichkeit bilanziell gemäß IAS 39.14 i.V.m. IAS 39.43 zu erfassen. Das Unternehmen hat die Vereinbarung bei erstmaliger Bilanzierung und beim Folgeausweis analog zu einem Terminverkauf mit Barerfüllung, wie in Beispiel IAS 32.IE8 dargestellt, abzubilden. Dabei wird wieder unterstellt, dass der beizulegende Zeitwert der Vereinbarung zunächst null ist und zu Vertragsbeginn keine Zahlung erfolgt.

Die Gegenpartei hat die Vereinbarung als Derivat analog dem Ausweis eine „fix-for-fix"-Vereinbarung mit Bruttoerfüllung sowohl bei erstmaliger bilanzieller Erfassung, Folgebilanzierung als auch Abschlussbilanzierung auszuweisen.[39]

Aufgrund des beizulegenden Zeitwertes der Vereinbarung von null, haben weder das Unternehmen noch die Gegenpartei die Vereinbarung bei Vertragsschluss bilanziell zu erfassen.

432.22 Folgebilanzierung zum Bilanzstichtag

Eine Änderung des beizulegenden Zeitwertes der Vereinbarung ist gemäß IAS 39.46 bzw. IAS 39.47(a) erfolgswirksam auszuweisen.

36 Vgl. IAS 39.9 (a).
37 Vgl. IAS 39.9 (b).
38 Vgl. IAS 39.9 (c).
39 Vgl. Abschnitt 432.1.

Buchungssatz Unternehmen[40]*:*		
Forderung *(aus Termingeschäft)*	*an*	*Gewinn* *[i. H. v. positive Wertänderung]*
bzw.		
Verlust	*an*	*Verpflichtung* *(aus Termingeschäft)* *[i. H. v. negative Wertänderung]*

Die Folgebuchungen von Unternehmen und Gegenpartei sind im Hinblick auf ihre Erfolgswirkung und die daraus resultierende Kapitalwirkung spiegelbildlich, da beide Parteien die Vereinbarung als Derivat gemäß IAS 39 bilanzieren. Daraus ergibt sich eine spiegelbildliche Kapitalwirkung auf beide Parteien.

432.23 Abschlussbilanzierung bei Erfüllung

Im Zeitpunkt ihrer Erfüllung wird die Vereinbarung durch Erhöhung des Eigenkapitals in Höhe des zufließenden Betrages beim Unternehmen kapitalwirksam. Die Zahl der auszugebenden Eigenkapitalinstrumente ist entsprechend der Vereinbarung, z. B. auf Basis einer Formel bzw. mit Bezug auf bestimmte Marktdaten, zu ermitteln. Die Kapitalerhöhung durch Ausgabe von Anteilen ist analog einer Kapitalerhöhung durch Ausgabe neuer Anteile in der Bilanz abzubilden.

Nach Erfüllung ist die finanzielle Forderung oder finanzielle Verbindlichkeit aus dem Termingeschäft in Höhe ihres fortgeschriebenen beizulegenden Zeitwertes auszubuchen, denn diese Forderung bzw. diese Verbindlichkeit erlischt durch die Erfüllung. Die Ausbuchung der Forderung führt zu einer Reduktion des Eigenkapitals bzw. die Ausbuchung der Verbindlichkeit verursacht eine entsprechende Erhöhung des Eigenkapitals. Die Nettoänderung des Eigenkapitals ist die Summe aus der Erhöhung bzw. Reduktion während der Laufzeit der Vereinbarung und der Erhöhung durch Ausgabe von Anteilen bei Erfüllung. Der absolute Betrag der Forderung kann nie den vertraglich vereinbarten Terminpreis übersteigen. Der Saldo von Ausbuchung der Forderung und Erhöhung des Eigenkapitals durch Ausgabe der Anteile das Eigenkapital erhöht das Eigenkapital.

40 Vgl. Abschnitt 432.12 zu den Buchungssätzen bei der Gegenpartei.

Die Erhöhung des Eigenkapitals um den Betrag von Änderungen des beizulegenden Zeitwertes während der Laufzeit der Vereinbarung ist erfolgswirksam zu erfassen. Während der Laufzeit kann daher ein fiktiver Ertrag bzw. Aufwand entstehen, da die Vereinbarung zwingend durch Lieferung von Anteilen zu erfüllen ist und damit im Ergebnis erfolgsneutral abgewickelt wird. Der fiktive Ertrag bzw. Aufwand könnte durch erfolgswirksame Ausbuchung der Forderung bzw. der Verbindlichkeit in Bezug auf den Betrag im Zeitpunkt der Ausbuchung, d. h. im Zeitpunkt der Erfüllung, neutralisiert werden. Die Ergebnisverzerrung über die betroffenen Berichtsperioden würde durch den gegenläufigen, ebenfalls fiktiven Aufwand im Fall der erfolgswirksamen Ausbuchung der Forderung bzw. Ertrag im Fall der erfolgswirksamen Ausbuchung der Verbindlichkeit, der dem aggregierten Ertrag bzw. Aufwand über die Perioden gegenüber steht, noch verstärkt. Im Folgenden wird eine erfolgsneutrale Ausbuchung der Forderung bzw. Verbindlichkeit dargestellt. IAS 32 verfasst keine eindeutigen Bestimmungen. In den Beschreibenden Beispielen wird diese Konstellation nicht berücksichtigt.

Buchungssatz Unternehmen:		
Kasse	*an*	*Eigenkapital* *[i. H. v. Terminpreis]*
Verlust	*an*	*Forderung* *(aus Termingeschäft)* *[i. H. v. Forderung]*
bzw.		
Kasse	*an*	*Eigenkapital* *[i. H. v. Terminpreis]*
Verpflichtung *(aus Termingeschäft)*	*an*	*Gewinn* *[i. H. v. Verbindlichkeit]*

Die Buchungen von Unternehmen und Gegenpartei sind auch bei einer „fix-for-varibale"-Vereinbarung in Hinblick auf ihre Kapitalwirkung asymmetrisch, da die Ausgabe der Anteile zur Erhöhung des Eigenkapitals des Unternehmens führt, während die Gegenpartei einen Vermögenswert aktiviert.

433 Würdigung der bilanziellen Abbildung de lege lata und Diskussion des sachgerechten Ausweises

In Abschnitt 431 wurden die wirtschaftlichen Komponenten eines Termingeschäfts bei Bruttolieferung durch Bareinlage über ein Verfügungsrecht am anteiligen Residualkapital erläutert. Das Unternehmen erlangt eine Forderung auf Zahlung des Terminkaufpreises gegen den Terminkäufer und wird zur Ausgabe eines Verfügungsrechts am bzw. Anteils des Haftkapitals verpflichtet.[41] Ein solches Termingeschäft entspricht wirtschaftlich einer Erhöhung des Vermögens und einer Erhöhung des Haftkapitals des Unternehmens jeweils in Höhe des vereinbarten Erwerbspreises, unabhängig davon, ob die Ausgabe einer fixen oder variablen Zahl von Anteilen vereinbart wurde. Maßgebend für die Erhöhung des Haftkapitals des Unternehmens ist die Höhe des vereinbarten Vermögenszuwachses durch Forderung auf Einzahlung.

De lege lata ist weder die Forderung noch die Verpflichtung aus der Vereinbarung bilanziell zu erfassen. Die implizite Saldierung von Forderung und Verbindlichkeit wird in IAS 32.AG27 nicht begründet. Der Ausweis de lege lata steht daher im Widerspruch zum grundlegenden qualitativen Erfordernis der Rechnungslegung nach IFRS, der glaubwürdigen Darstellung (CF QC5). Die Finanzberichterstattung hat Geschäftsvorfälle glaubwürdig darzustellen, um entscheidungsnützlich zu sein (CF QC4). Nachfolgend wird daher die sachgerechte Bilanzierung der Vereinbarung untersucht. Das Rahmenkonzept ist eine Deduktionsbasis, um neue Standards zu entwickeln bzw. bestehende Standards zu überarbeiten (CF QC 12 i. V. m. CF BC3.18.), und daher der geeignete Bezugsrahmen der Untersuchung.

Die Untersuchung der bilanziellen Abbildung einer Termintransaktion mit Bruttoerfüllung setzt an den Leistungspflichten, also der wirtschaftlichen Komponente der Forderung und der Verpflichtung, an. Die gesellschaftsrechtlichen und schuldrechtlichen Bestimmungen für deutsche Kapitalgesellschaften umfassen keine, auf einen Anspruch auf Zahlung des Terminpreises anwendbare Rechtsnorm. Daher wird der bilanzielle Ausweis des Anspruchs auf Zahlung im Zusammenhang mit der Bilanzierung

41 Die Fälligkeit der Forderung auf Zahlung des Terminkaufpreises ist vertraglich festgeschrieben. Die Unterscheidung zwischen fälligem und nicht fälligem Anspruch kann daher in dieser Untersuchung vernachlässigt werden, da sie für diese ohne praktische Bedeutung ist. Die Leistungspflicht besteht grundsätzlich erst im Zeitpunkt der vereinbarten Fälligkeit.

von vergleichbaren Sachverhalten, z. B. der Kapitalerhöhung durch Einlage einer Forderung oder der Kapitalerhöhung durch Bareinlage vor vollständiger Kapitaleinzahlung, sowie dem Zeichnungsvertrag und der ausstehenden Einlagen auf das gezeichnete Kapital und von bedingtem Kapital diskutiert.

Das Rahmenkonzept umfasst ein zweistufiges Ansatzkonzept. Bedingung des bilanziellen Ansatzes ist zum einen, dass die Forderung als Vermögenswert gemäß CF 4.4 (a) i. V. m. CF 4.8–4.14 qualifiziert werden kann, und zum anderen, dass Ansatzfähigkeit in der Bilanz gemäß CF 4.44–4.45 besteht. Die Forderung des Unternehmens auf Zahlung des Terminkaufpreises ist eine in der Verfügungsmacht des Unternehmens stehende Ressource, denn der künftige wirtschaftliche Nutzen aus der Ressource ist die erwartete Zahlung des Terminkäufers an das Unternehmen.[42] Die Ressource muss ein Ergebnis von Ereignissen der Vergangenheit darstellen. Geschäftsvorfälle oder Ereignisse, deren Eintreten für die Zukunft erwartet wird, erzeugen für sich gesehen keine Vermögenswerte. Gemäß CF 4.13 ist zwischen dem Ergebnis vergangener Geschäftsvorfälle oder anderer Ereignisse und Geschäftsvorfällen oder Ereignissen, deren Eintreten erst für die Zukunft erwartet wird, zu unterscheiden. Letztere liegen vor, wenn nur eine Absicht auf Lieferung oder Leistung besteht.[43] In diesem Zusammenhang argumentiert der IASB, dass die Forderung auf Zahlung einer noch nicht eingezahlten Einlage kein Vermögenswert sei, denn es handelte sich bei ausstehenden Einlagen nicht um das Ergebnis vergangener Ereignisse bzw. vergangener Geschäftsvorfälle. Aktivierungsfähigkeit sei daher nicht gegeben.[44] Im Eigenkapital sei vielmehr nur das mit der tatsächlich umgesetzten Vermögenseinlage korrespondierende Kapital als geleistete Einlage auszuweisen.[45] Dem ist entgegenzuhalten, dass auf Grundlage des Abstraktionsprinzips im deutschen Zivilrecht der schuldrechtliche Vertrag als Verpflichtungsgeschäft unabhängig vom sachenrechtlichen Vertrag als abstraktes Verfügungsgeschäft bindend vereinbart wird.[46] Die Forderung auf Zahlung

42 Vgl. CF 4.8 Satz 2.

43 Vgl. CF 4.13 Satz 3.

44 Vgl. LÜDENBACH, N., in: Haufe IFRS, § 20, Rn. 51; EPSTEIN, B. J./MIRZA, A. A., IAS 2004, S. 713.

45 Vgl. LÜDENBACH, N., in: Haufe IFRS, § 20, Rn. 51.

46 Das Abstraktionsprinzip gehört zu den Grundsätzen des deutschen Zivilrechts und ist im BGB verankert, ohne dort explizit benannt zu werden. Vgl. ELLENBERGER, J., in: PALANDT, BGB, Überblick vor § 104, Rn. 22; BASSENGE, P., in: PALANDT, BGB, Einlassung vor § 854, Rn. 13 m. w. N.

entsteht wirksam mit der Vereinbarung des schuldrechtlichen Vertrags.[47] Die Verpflichtung der Vertragsparteien aus dem schuldrechtlichen Vertrag zur Vereinbarung des sachenrechtlichen Vertrags ist qualitativ aufgrund seiner rechtlichen Bindungswirkung einer Absicht zur Vereinbarung des sachenrechtlichen Vertrags überlegen.[48] Die Forderung des Unternehmens auf Zahlung des Terminkaufpreises gegenüber dem Terminkäufer ist als Vermögenswert gemäß CF 4.4 zu qualifizieren und gemäß CF 4.44 zu aktivieren. Mit Abschluss des schuldrechtlichen Vertrags ist ein Vermögenswert entstanden. Die geplante Neudefinition[49] des Begriffs Vermögenswert führt zum gleichen Ergebnis.[50] In der geplanten Neudefinition wird Vermögenswert als eine gegenwärtige Ressource definiert, über die das Unternehmen ein Verfügungsrecht hat oder wozu das Unternehmen sonstigen Zugang hat, den andere nicht haben bzw. der anderen nicht zusteht.[51]

Die Verpflichtung des Unternehmens ist de lege lata als Schuld zu qualifizieren, wenn sie eine gegenwärtige Verpflichtung des Unternehmens darstellt, die aus Ereignissen der Vergangenheit entsteht und deren Erfüllung für das Unternehmen erwartungsgemäß mit einem Abfluss von Ressourcen und somit mit dem Abfluss von wirtschaftlichem Nutzen verbunden ist (CF 4.4 (b) i.V.m. CF 4.15–4.19). Bei Vorliegen dieser Voraussetzungen ist nach CF 4.46 eine Schuld in der Bilanz anzusetzen. Für eine Qualifikation als Schuld de lege ferenda ist erforderlich, dass die Verpflichtung des Unternehmens nicht durch Haftung für anteilige Verluste des Unternehmens reduziert wird.[52]

Die Terminvereinbarung ist eine gegenwärtige Verpflichtung des Unternehmens. Ihre Erfüllung führt zur Ausgabe von Anteilen am Residualkapital des Unternehmens. Ein

47 Die Wahrung gesellschaftsrechtlicher Publizitätserfordernisse wird unterstellt.

48 Der sachenrechtliche Vertrag (Verfügungsgeschäft) ist ein künftiges Ereignis und Ergebnis des Abschlusses des schuldrechtlichen Vertrags (Verpflichtungsgeschäft) als Ereignis der Vergangenheit.

49 In der Überarbeitung des Rahmenkonzepts (Phase B) befassen sich der IASB und der FASB mit der Überarbeitung der Definition von Vermögenswert und Schuld und haben eine vorläufige Neudefinition beschlossen. Die vorläufige Entscheidung (tentative decision) über die Neudefinition wurde in einer gemeinsamen Sitzung von IASB und FASB am 20. Oktober 2008 getroffen. Vgl. http://www.fasb.org/project/cf_phase-b.shtml.

50 Vgl. LÜDENBACH, N./HOFFMANN, W.-D., in: Haufe IFRS, § 1, Rn. 89. Das Vorliegen eines Vermögensgegenstandes auf Basis der aktuellen Definition von Vermögensgegenstand ablehnend KEHM, P./LÜDENBACH, N., in: Haufe IFRS, § 28, Rn. 28.

51 „An *asset* of an entity is a present economic ressource to which the entity has a right or other access that others do not have." Vgl. http://www.fasb.org/project/cf_phase-b.shtml.

52 Vgl. Abschnitt 253.

Anteil am Residualkapital des Unternehmens ist kein Vermögenswert des Unternehmens i. S. v. CF 4.4 (a). [53] Folglich führt die Erfüllung der Verpflichtung des Unternehmens nicht zum Abfluss von Ressourcen mit wirtschaftlichem Nutzen für das Unternehmen.[54] Die Verpflichtung kann nicht als Schuld qualifiziert werden.

Gegen eine Qualifikation der Verpflichtung als Schuld spricht daneben der Wortlaut von CF 4.17 (e). Danach ist eine Schuld eine Verpflichtung, die durch Umwandlung in Eigenkapital erfüllt werden kann. Die Verpflichtung aus der Terminvereinbarung bezieht sich primär und ausschließlich auf die Ausgabe von Anteilen am Residualkapital, ohne dass die Umwandlung einer bestehenden Schuld erforderlich ist. Aus dem Wortlaut von CF 4.17 (e) ist daher abzuleiten, dass die Verpflichtung aus der Terminvereinbarung keine Schuld des Unternehmens ist.

Die Verpflichtung zur Ausgabe von Anteilen ist folglich wegen CF 4.4 (c) im Haftkapital zu passivieren. Der Terminverkauf mit Bruttoerfüllung ist als Kapitalmaßnahme abzubilden. Dieser Ausweis steht im Einklang mit dem Prinzip der Haftung und ist damit am wirtschaftlichen Gehalt der Vereinbarung (CF 4.6) orientiert, denn der Terminkäufer erlangt Anspruch auf Übertragung eines Verfügungsrechts am Residualkapital und damit einer Kapitalposition, die Verluste des Unternehmens anteilig absorbiert. Eine Synthetisierung von Forderung und Verpflichtung, daher bilanzielle Darstellung als wirtschaftliche Einheit,[55] würde aus diesem Grund ebenfalls im Widerspruch zum wirtschaftlichen Gehalt der Transaktion stehen und ist deswegen abzulehnen.

Die Aktivierung der Forderung auf Zahlung des Terminkaufpreises bzw. die Passivierung der Verpflichtung zur Ausgabe von Anteilen werfen die Frage nach einem Bilanzierungsverbot aufgrund des Vorliegens eines schwebenden Geschäfts auf. Unter einem schwebenden Geschäft im bilanziellen Sinne (executory contract[56]) versteht man die Phase in der Vertragsbeziehung („Schwebephase“), in der noch keine der beiden

53 Vgl. die ausführliche Diskussion über den Charakter eigener Anteilen und die Ablehnung einer Qualifikation als Vermögenswert in Abschnitten 411 und 412.

54 Mit der Überarbeitung des Rahmenkonzepts (Phase B) wird Schuld als gegenwärtige wirtschaftliche Verpflichtung des Unternehmens definiert. “A *liability* of an entity is a present economic obligation for which the entity is the obligor.” Vgl. http://www.fasb.org/project/cf_phase-b.shtml.

55 Vgl. IAS 39.IG.B.6 und IAS 39.IG.C.6, aus denen Kriterien zur Synthetisierung abgeleitet werden können. Vgl. KEHM, P./LÜDENBACH, N., in: Haufe IFRS, § 28, Rn. 16f.

56 Vgl. Definition in IAS 37.3.

Vertragsparteien eines zweiseitig verpflichtenden Vertrages die vereinbarte Lieferung oder Leistung erbracht hat.[57] Nach deutschem Zivilrecht begründet der schuldrechtliche Vertrag sowohl als Verpflichtungsgeschäft die Hauptleistungspflichten und damit die Forderung des Unternehmens auf Zahlung des Terminkaufpreises als auch die Verpflichtung des Unternehmens auf Ausgabe von Anteilen des Residualkapitals an die Vertragspartei, unabhängig von der Wirksamkeit des Verfügungsgeschäfts.[58]

Nach den IFRS sind die aus schwebendem Geschäft resultierenden Forderungen und Verpflichtungen de lege lata grundsätzlich nicht zu bilanzieren. Das lässt sich zum einen daraus induzieren, dass das Periodisierungsprinzip in CF OB17-19 durch einen dem Imparitätsprinzip[59] entsprechenden Grundsatz konkretisiert wird. Zum anderen ist die bilanzielle Behandlung nach IFRS von schwebenden Geschäften ausschließlich durch spezielle Vorschriften explizit geregelt. So sind gemäß IAS 37.67 schwebende Geschäfte, aus denen ein negativer Erfolgsbeitrag erwartet wird, als Rückstellung zu erfassen. Nach IFRS ist eine Vielzahl von Typen schwebender Geschäfte in der Bilanz saldiert oder unsaldiert auszuweisen. Dazu gehören Finanzinstrumente, die gemäß IAS 32 und IAS 39 i. V. m. IFRS 7 bzw. IFRS 2 auszuweisen sind. Ein weiteres Beispiel für die bilanzielle Erfassung von schwebenden Geschäften bilden langfristige kundenspezifische Fertigungsaufträge (construction contracts). Sie sind gemäß IAS 11 sind nach dem Maß der Leistungserbringung sukzessive anzusetzen.

Das Periodisierungsprinzip bildet die Basis der modernen Erfolgsrechnung und hat seine konzeptionellen Wurzeln in der dynamischen Bilanztheorie.[60] Die Kapitalstruktur wird demgegenüber in einer Stichtagsbilanz dargestellt. Das Periodisierungsprinzip kommt folglich beim Ausweis von erfolgsneutralen Kapitalmaßnahmen nur eingeschränkt zur Anwendung. Der Grundsatz der periodengerechten Abbildung ist bei der bilanziellen Abbildung von Kapitalmaßnahmen im Hinblick auf den Zeitpunkt ihrer rechtlichen Verpflichtungswirkung und damit auf den Zeitpunkt der Veränderung des

---

57 Vgl. BAETGE, J./KIRSCH, H.-J./THIELE, S., Bilanzen, S. 438. Bestehen eine Vielzahl von Leistungspflichten, dann wird für das Bestehen des Schwebezustands auf die Erbringung der Hauptleistung abgestellt. Vgl. auch Vgl. ADS, § 246, Rn. 183.

58 Aufgrund des Abstraktionsprinzips. Vgl. BASSENGE, P., in: PALANDT, BGB, Einlassung vor § 854, Rn. 13.

59 § 252 Abs. 1 Nr. 4 HGB. Vgl. BAETGE, J./KIRSCH, H.-J./THIELE, S., Bilanzen, S. 134–136.

60 Die dynamische Bilanztheorie wurde durch EUGEN SCHMALENBACH mit seinem Werk „Grundlagen dynamischer Bilanzlehre; Dynamische Bilanz“ zu Anfang des 20. Jahrhunderts begründet. Vgl. BAETGE, J./KIRSCH, H.-J./THIELE, S., Bilanzen, S. 17–23 m. w. N.

Haftkapitals zu berücksichtigen. Diese Lesart des im Rahmenkonzepts verfassten Prinzips der Periodenabgrenzung widerläuft nicht dem Wortlaut in CF OB17, der besagt, dass die Auswirkungen von Geschäftsvorfällen und anderen Ereignissen zu erfassen sind, wenn sie auftreten (und nicht wenn ein Zahlungsmittel oder ein Zahlungsmitteläquivalent eingeht oder bezahlt wird). Abschlüsse, die nach dem Konzept der Periodenabgrenzung erstellt sind, bieten den Adressaten nicht nur Informationen über vergangene Geschäftsvorfälle einschließlich geleisteter und erhaltener Zahlungen, sondern sie informieren auch über künftige Zahlungsverpflichtungen sowie Ressourcen, die in der Zukunft zu Zahlungsmittelzuflüssen führen CF OB18. Somit liefern sie die Art von Informationen über zurückliegende Geschäftsvorfälle und andere Ereignisse, die für die Adressaten bei deren wirtschaftlichen Entscheidungen besonders nützlich sind. Mit der Terminvereinbarung liegt bis zum Zeitpunkt der Erfüllung ein schwebendes Geschäft vor. Ein Bilanzierungsverbot des Geschäfts vor dem Zeitpunkt der Erfüllung kann weder aus dem Periodisierungsprinzip noch aus sonstigen konzeptionellen Grundlagen der Rechnungslegung nach IFRS abgeleitet werden. Spezielle Regeln der IFRS sind für die Analyse de lege ferenda nicht maßgebend. Die grundlegende qualitative Anforderung der Relevanz erfordert vielmehr die Aktivierung der Forderung bzw. Passivierung der Verpflichtung unabhängig vom Zeitpunkt der Vereinbarung der Verfügungsgeschäfte, d. h. der Übereignung der Barmittel in Höhe des Terminkaufpreises sowie der Anteile bei Erfüllung. Die Informationen über die Begründung der Forderung und der Verpflichtung sind für die wirtschaftlichen Entscheidungen der Adressaten relevant, denn sie helfen ihnen bei der Beurteilung vergangener, derzeitiger oder künftiger Ereignisse. Sowohl aktuelle als auch potenzielle Kapitalgeber, z. B. kreditgebende Banken oder Lieferanten, werden das Risiko des Ausfalls ihrer (nominal fixen) Forderung gegen die Gesellschaft anders bewerten, wenn das Nettovermögen der Gesellschaft durch eine Forderung gegen den Residualkapitalgeber auf Zahlung des Terminkaufpreises erhöht ist, diese Forderung auch in einer Insolvenz durchsetzbar bleibt und die korrespondierende Verpflichtung der Gesellschaft auf einen Verfügungsanspruch am Nettovermögen beschränkt ist. Der bilanzielle Ausweis von Forderung und Verpflichtung genügt daher dem Erfordernis der Relevanz, denn dieser Ausweis kann die Entscheidung des Bilanzadressaten beeinflussen.[61] Die Information über das Bestehen der Forderung bzw. der Verpflichtung ist auch wesentlich im Sinne von CF QC11, denn ihr Weglassen kann die auf Basis des Abschlusses getroffenen Entscheidungen der Adressaten beeinflussen.[62] Der Terminverkauf einer fixen oder variablen Zahl von Anteilen ist daher in der Bilanz ab dem Zeitpunkt seiner Vereinbarung zu erfassen. Der Ausweis der Forderung auf Zahlung führt zu einer erfolgsneutralen Bilanzverlängerung und steht daher mangels eines Erfolgsbeitrages nicht im Widerspruch zum Grundsatz der Periodenabgrenzung. Der Ausweis de lege lata der Vereinbarung bleibt auch bei Klassifikation der Vereinbarung als Eigenkapitalinstrument („fix-for-fix"-Vereinbarung) zunächst ohne Wirkung auf das Kapital des Unternehmens und ist daher abzulehnen. Der Ausweis de lege ferenda, der zu einer Erhöhung des Haftkapitals führt, entspricht der grundlegenden qualitativen Anforderung der glaubwürdigen Darstellung des Abschlusses (CF QC5 i. V. m. CF QC12-16).

Die Aktivierung der Forderung auf Zahlung des Terminkaufpreises und die Passivierung der Verpflichtung zur Ausgabe von Anteilen im Haftkapital könnten der Pflicht bzw. einem Wahlrecht zur Saldierung unterliegen. Unter Saldierung in der Rechnungslegung versteht man die Verrechnung von Posten der Aktivseite der Bilanz mit Posten der Passivseite der Bilanz und die Verrechnung von Aufwendungen mit Erträgen in der Gewinn- und Verlustrechnung.[63] Die Posten sind im Jahresabschluss nicht mehr einzeln erkennbar. In den IFRS ist die Möglichkeit der Verrechnung stark beschränkt. Gemäß IAS 1.32 ist die Saldierung von Vermögenswerten und Schulden bzw. von Erträgen und Aufwendungen nicht zulässig. Das Erfordernis der Einzelbilanzierung ergibt sich aus der grundlegenden qualitativen Anforderung der glaubwürdigen Darstellung des Abschlusses (CF QC5 i. V. m. CF QC12-16). Eine dergestalt glaubwürdige Darstellung dient dem Ziel der Finanzberichterstattung, das Informationsbedürfnis der Jahresabschlussadressaten durch die Bereitstellung von entscheidungsnützlicher Information zu stillen (CF QC4). Gemäß IAS 1.33 vermindert die Saldierung von Positionen grundsätzlich die Möglichkeit des Jahresabschlussadressa-

61 Vgl. CF QC6.

62 Die Nominalgröße der Forderung bzw. der Verbindlichkeit sei in Relation zur Nominalgröße der Summe von Aktiva und Passiva der Bilanz nicht nur unwesentlich.

63 Vgl. ADS, § 246, Rn. 454 mit Bezug auf das handelsrechtliche Verrechnungsverbot des § 246 Abs. 2 HGB.

ten, Geschäftsvorfälle, sonstige Ereignisse oder Bedingungen zu verstehen und die künftigen Ein- und Auszahlungen des Unternehmens abzuschätzen. Eine Saldierung ist im Umkehrschluss dann sinnvoll, wenn durch die Verrechnung der Positionen der wirtschaftliche Gehalt eines Geschäftsvorfalles, eines Ereignisses oder sonstiger Bedingungen besser dargestellt werden kann und daher die Qualität der durch den Jahresabschluss vermittelten Informationen gesteigert wird. Der Charakter des haftenden Vermögens und damit die Qualität des Haftkapitals werden bei einem Bruttoausweis von Forderung und Verpflichtung verständlicher ausgewiesen als bei einem saldierten Ausweis. Ebenso wird durch den Bruttoausweis CF 4.6 Rechnung getragen, wonach Ausweis auf Basis der wirtschaftlichen Substanz verlangt wird, da eine Saldierung im Widerspruch zum Ausweis einer Kapitalerhöhung bzw. Kapitalherabsetzung i. e. S. steht. Die Saldierung der Forderung und der Verpflichtung aus der Terminvereinbarung widerspricht der grundlegenden qualitativen Anforderung der glaubwürdigen Darstellung des Abschlusses (CF QC5 i. V. m. CF QC12-16) und ist deswegen abzulehnen.

Spezialvorschriften der IFRS können Ausnahmen von dem Grundsatz der Einzelbilanzierung und damit Ausnahmen bzgl. der Zulässigkeit der Saldierung vorsehen.[64] Infolge der Saldierung werden Forderung und Verpflichtung so ausgewiesen, wie sie sich nach einer jederzeit möglichen Aufrechnung darstellen. Die Aufrechnungsmöglichkeit gleicht einer risikolosen Kreditsicherheit.[65]

Die Zulässigkeit der Saldierung nach IAS 32.52 wird unter Berücksichtigung des Durchsetzungsrisikos von Forderung und Verpflichtung[66] ermittelt. Für die Zulässigkeit der Saldierung wird das Bestehen einer zivilrechtlichen Aufrechnungslage gefor-

---

64 Für eine Übersicht von Ausnahmen vgl. HOFFMANN, W.-D., Haufe IFRS, § 2, Rn. 21–23; HAYN, S. / HOLD-PAETSCH, C., Wiley, Abschnitt 2, Rn. 80–84 und Abschnitt 12, Rn. 17; IAS 32.42–50 umfasst Regeln zur Saldierung von Finanzinstrumenten. Dabei handelt es sich um reine Ausweisvorschriften, vgl. KUHN, S. / SCHARPF, P., Rechnungslegung von Financial Instruments, Rn. 550. Eine Verrechnung bleibt ohne Ergebniswirkung.

65 Vgl. WIEDMANN, H., FS Moxter, S. 481.

66 Betrachtet wird ausschließlich die Verrechnung von Forderungen und Verbindlichkeiten, d. h. Verpflichtungen i. e. S., indes keine Verrechung von Forderungen und Residualkapital als eine Verpflichtung i. w. S., denn IAS 32.45 bezieht sich auf das Recht des Schuldners (debtors) zur Aufrechnung seiner Verpflichtungen (amounts due) mit Forderungen gegen den Gläubiger (creditor), indes nicht auf die Verrechnung von Aktivposten mit Positionen des Eigenkapitals.

dert.[67] Aufrechnungslage besteht nach deutschem Recht dann, wenn gleichartige Leistungen vorliegen, die zivilrechtlich nach § 387 BGB gegeneinander aufgerechnet werden können.[68] Voraussetzung ist die Personenidentität von der Verfügungsberechtigten und damit entsprechend Verpflichteten.[69]

Die Anwendung der Spezialvorschriften in IAS 32 führt in Bezug auf eine Terminvereinbarung mit Bruttolieferung zum gleichen Ergebnis wie die Anwendung der im Rahmenkonzept fixierten Grundlagen der IFRS-Rechnungslegung und ist daher abzulehnen. Zwar bestehen die Forderung und die korrespondierende Verpflichtung aus dem Termingeschäft gegenüber der gleichen Gegenpartei, indes scheitert bei einem Termingeschäft mit Bruttolieferung über die Einräumung eines Verfügungsrechts am Residualkapital der Gesellschaft die Aufrechnung bereits am Mangel des Vorliegens einer gleichartigen Forderung und Verbindlichkeit. Die Aufrechnung ist bei einem Termingeschäft mit Bruttolieferung vertraglich nicht zulässig. Zudem ist auch keine Saldierung beabsichtigt[70], sondern dem Terminkäufer geht es gerade um das Erlangen des Verfügungsrechts. Die Fälligkeit der Forderung und der Verpflichtung des Unternehmens liegt für beide Seiten stets am Ende der vereinbarten Laufzeit der Terminvereinbarung. Wegen der verzögerten Fälligkeit von Forderung und Verpflichtung des Unternehmens sind am Bilanzstichtag beide Positionen einzeln zu bilanzieren. Eine Saldierung gemäß IAS 32.42 ist mangels Willen zur Verrechnung nicht möglich.[71]

---

67 Ein explizites Erfordernis ist in IAS 32.42 verfasst. In IAS 32.45 wird hervorgehoben, dass der Anspruch auf Verrechnung ein gesetzliches Recht ist und daher die Wirksamkeit der Verrechnungsvereinbarung von den Vorschriften im maßgebenden Rechtskreis abhängig ist. Im Einzelfall ist immer die konkrete Vereinbarung zwischen den Parteien unter Maßgabe des anzuwendenden Rechts zu berücksichtigen. Vgl. IAS 32.45–50. Vgl. zur Diskussion im Handelsrecht bei FÖRSCHLE, G./KRONER, M., in: Beck Bilanzkomm, § 246, Rn. 100–110.

68 Vgl. GRÜNEBERG, C., in: PALANDT, BGB, § 387, Rn. 3, 8–10.

69 Nach IAS 39.45 ist in Ausnahmefällen die Verrechnung von Verbindlichkeiten gegenüber einem Gläubiger mit Forderungen gegenüber einem Dritten zulässig, wenn zwischen allen drei Beteiligten eine eindeutige Vereinbarung über den Anspruch auf Verrechnung vorliegt. Vgl. KUHN, S./SCHARPF, P., Rechnungslegung von Financial Instruments, Rn. 552.

70 Nach IAS 32.45(b) ist der Wille zur Aufrechnung erforderlich. Vgl. auch KUHN, S./SCHARPF, P., Rechnungslegung von Financial Instruments, Rn. 551.

71 Die Vorschriften in IAS 1 und IAS 39 bzw. IAS 32 bzgl. der Bilanzierung von Derivaten sind nicht konsistent. Die IFRS enthalten eine Reihe von Ausnahmen zum Grundsatz der Einzelbilanzierung in Form von Saldierungswahlrechten. Forderungen und Verpflichtungen aus Derivatvereinbarungen gemäß IAS 39.9 sind zwingend zu saldieren. Der Nettoausweis voll zieht sich auf Basis des fairen Wertes der Forderung als auch des fairen Wertes der Verbindlichkeit.

Die Forderung auf Zahlung ist in Höhe der zum Bilanzstichtag gegebenen Haftungsfähigkeit zu aktivieren. Eine Abbildung zum beizulegenden Zeitwert analog IAS 39.43 i. V. m. IAS 39.48, IAS 39.AG48-49 und AG69-82 bietet sich bei erstmaliger Erfassung an. Anschließend ist die Forderung plangemäß zu fortgeführten Anschaffungskosten gemäß IAS 39.9 auszuweisen. Als fortgeführte Anschaffungskosten eines finanziellen Vermögenswertes wird in IAS 39.9 der Betrag bezeichnet, mit dem der finanzielle Vermögenswert beim erstmaligen Ansatz bewertet wurde, angepasst für Tilgungen, kumulierte Amortisation einer etwaigen Differenz zwischen dem ursprünglichen Betrag und dem bei Endfälligkeit rückzahlbaren Betrag unter Anwendung der Effektivzinsmethode sowie außerordentlichen Abschreibungen bei Wertminderung oder Uneinbringlichkeit[72].[73] Die Laufzeit bis zur Fälligkeit ebenso wie die Bonität der Gegenpartei bleiben folglich bei plangemäßer Folgebewertung ohne Berücksichtigung.

Haftkapital ist in Höhe des beizulegenden Zeitwerts der Forderung zu passivieren. Eine Änderung des Marktwertes des Haftkapitals des Unternehmens ist für die Folgebilanzierung ohne Bedeutung, denn das Kapital ist aus Unternehmenssicht auszuweisen. Aus dieser Sicht ändert sich das Haftkapital nur infolge einer Änderung des Wertes des mit der Terminverkaufvereinbarung entstandenen Vermögenswertes. Eine außerplanmäßige Abschreibung bei Wertminderung oder Uneinbringlichkeit der Forderung aus der Vereinbarung verringert das Vermögen des Unternehmens und damit das Haftkapital. Die Wertberichtigung sollte daher eine Reduktion des Haftkapitals veranlassen. Die Anpassung der Höhe des Haftkapitals ist eine Anpassung einer Kapitalmaßnahme und folglich erfolgsneutral durchzuführen.

Bei Lieferung einer fixen Zahl von Anteilen gegen Einzahlung eines fixen Betrages steht der Ausgabekurs der Anteile zu Vertragsbeginn und damit vor der Erfüllung durch Lieferung fest. Wird die Lieferung einer variablen Zahl von Anteilen gegen Einzahlung eines fixen Betrages vereinbart, dann steht der Ausgabekurs der Anteile erst im Zeitpunkt der Erfüllung fest. Dies berührt indes lediglich das Verhältnis von Alt- zu Neugesellschaftern, da bei einer variablen Zahl erst bei Erfüllung feststeht,

72 Vgl. IAS 39.58–62 i. V. m. IAS 32.63–65 zur außerplanmäßigen Abschreibung nach IFRS von finanziellen Vermögenswerten, die zu fortgeführten Anschaffungskosten ausgewiesen werden.

73 Vgl. BAETGE, J./KIRSCH, H.-J./THIELE, S., Bilanzen, S. 339f.

welche Anteilsquote die Neugesellschafter erhalten und damit in welchem Umfang die Anteilsquote der Altgesellschafter sinken wird. Den bilanziellen Ausweis von derivativen Vereinbarungen auf die Risikoposition von Neugesellschafter und Altgesellschafter abzustellen, impliziert eine „verdeckte Korrespondenz"[74] der Darstellung der Vereinbarung beim Unternehmen in Abhängigkeit von der Risikoposition der Gesellschafter. Eine solche Darstellung führt zu einer abweichenden bilanziellen Behandlung von Vereinbarungen mit identischem wirtschaftlichem Gehalt und verletzt damit die ergänzende qualitative Anforderung der Vergleichbarkeit (CF QC12-25).[75] Die Kapitalstruktur in der Bilanz von kapitalmarktorientierten Unternehmen sollte als Verpflichtungsstruktur aus Sicht des Unternehmens dargestellt werden, um eine Vermischung von Gesellschaftersphäre und Gesellschaftssphäre zu vermeiden.[76] Die Differenzierung anhand der Variabilität der Ausgabe der Anteile, wie sie de lege lata erfolgt, ist daher nicht erforderlich und soll anders als in den speziellen Regeln des IFRS nicht vorgenommen werden.[77] Das Haftkapital als Teil der Kapitalstruktur in der Bilanz des Unternehmens sollte als Form einer Verpflichtungsstruktur aus Sicht des Unternehmens dargestellt werden. Änderungen des Marktwertes der Anteile am Haftkapital sind daher für den bilanziellen Ausweis des Haftkapitals ohne Bedeutung. Eine Neubewertung des Haftkapitals im Zeitpunkt der Folgebilanzierung sollte de lege ferenda nicht vorzunehmen sein. Diese Darstellung ist ebenso aus dem Prinzip der Unternehmensfortführung, verfasst in CF 4.1, abzuleiten. Kapitalmaßnahmen sind (ausgenommen Transaktionskosten) grundsätzlich erfolgsneutral zu erfassen. Wird variable Zahlung vereinbart, dann ist die Erhöhung des Haftkapitals davon abhängig zu machen, ob die Höhe der Zahlung bzw. eine Mindesthöhe verlässlich bestimmt werden kann.

Auf Basis der Ergebnisse der Analyse der Regeln de lege lata anhand der konzeptionellen Grundlagen der IFRS wird im Folgenden ein Vorschlag de lege ferenda zur Bilanzierung des Geschäftvorfalls und seiner Wirkung auf die Kapitalstruktur des bilanzierenden Unternehmens erstellt. Dafür wird entsprechend dem bislang erarbeiteten

---

74 LÜDENBACH, N., in: Haufe IFRS, § 20, Rn. 18.

75 Vgl. Abschnitt 343. So auch LÜDENBACH, N., in: Haufe IFRS, § 20, Rn. 18.

76 Vgl. Abschnitt 223. Vgl. BREKER, N., Optionsrechte und Stillhalterverpflichtungen, S. 22 zur Bedeutung der Perspektive der Darstellung in der Bilanz.

77 So im Ergebnis auch LÜDENBACH, N., in: Haufe IFRS, § 20, Rn. 18 mit einem Verweis auf die Inkonsistenz der Regeln in IAS 32 und IFRS 2 in Bezug auf vergleichbare Sachverhalte.

Folgerungen nicht zwischen einer Vereinbarung über die Ausgabe einer fixen Zahl von Anteilen des Haftkapitals gegen Einzahlung eines fixen Betrages und einer Vereinbarung über die Ausgabe einer variablen Zahl von Anteilen des Haftkapitals gegen Einzahlung eines fixen Betrages unterschieden. Vereinbarungen, die die Ausgabe einer variablen Zahl von Anteilen des Haftkapitals gegen Einzahlung eines variablen Betrages vorsehen und damit die Höhe des zufließenden Haftkapitals unbestimmt lassen, kommen in der Praxis kaum vor und werden daher in dieser Arbeit nicht berücksichtigt. Der Fokus liegt auf der Darstellung aus Sicht des bilanzierenden Unternehmens.[78] Zinseffekte und Transaktionskosten werden nicht berücksichtigt. Folglich wird unterstellt, dass die gewählten Wertansätze ihrem nominalen Wert entsprechen. Die Gliederung des Kapitalkontos wird nicht betrachtet. Die Festlegung auf eine Bezeichnung der Position soll in Anbetracht der gewünschten Rechtsformneutralität und Rechtskreisneutralität der IFRS unterbleiben. Die vorgeschlagene bilanzielle erfassung wird wiederum mit dem Ausweis de lege lata bei der Gegenpartei mit Blick auf ihre jeweilige Kapitalwirkung und Erfolgswirkung verglichen. Der Ausweis bei der Gegenpartei ist nicht Gegenstand der Untersuchung und folglich werden keine de lege ferenda-Vorschläge erstellt.

434 Bilanzielle Abbildung des Terminverkaufs de lege ferenda

434.1 Erstmalige Bilanzierung bei Vertragsabschluss

Die Vereinbarung über einen Terminverkauf mit Bruttolieferung durch das Unternehmen begründet eine Forderung des Unternehmens auf Zahlung des Terminkaufpreises sowie eine unbedingte Verpflichtung des Unternehmens zur Ausgabe von Anteilen des Haftkapitals im Zeitpunkt der Erfüllung an die Vertragspartei.[79] Forderung und Verpflichtung sollten daher in Übereinstimmung mit den im Rahmenkonzept verankerten Grundlagen der Rechnungslegung nach IFRS sowie dem Prinzip der Haftung als Vermögenswert aktiviert bzw. im Haftkapital passiviert werden. Aktivierung und Passivierung würden eine erfolgsneutrale Bilanzverlängerung verursachen. Eine Saldierung sollte nicht zulässig sein. Die Forderung gegen den Terminkäufer sollte sepa-

78 Vgl. Abschnitt 432.1 für die Bilanzierung der Terminvereinbarung bei der Gegenpartei de lege lata.

79 Vgl. Abschnitt 433.

rat von den sonstigen Forderungen der Gesellschaft ausgewiesen werden. Die Position im Haftkapital kann z. B. als „nicht vollständig eingezahlt", in Angrenzung als „vollständig eingezahlt" bezeichnet werden.

Buchungssatz Unternehmen:		
Forderung (aus Termingeschäft)	an	Haftkapital [i. H. v. Terminpreis]

Die Buchung (de lege ferenda) beim Unternehmen sowie die Buchung bei der Gegenpartei der Terminvereinbarung sind in ihrer bilanziellen Kapitalwirkung nicht spiegelbildlich, da beim Unternehmen das Haftkapital erhöht wird, während bei der Gegenpartei ein Vermögenswert aktiviert wird. Aufgrund der jeweils erfolgsneutralen Erfassung sind die Buchungen symmetrisch in ihrer Erfolgswirkung in der Gewinn- und Verlustrechnung.

434.2 Folgebilanzierung zum Bilanzstichtag

Eine Änderung des Marktwertes des Haftkapitals des Unternehmens ist für die Haftungsfähigkeit ohne Bedeutung. Eine Neubewertung des Haftkapitals sollte daher unterbleiben. Kommt es zur Wertminderung des Vermögens infolge des vollständigen oder teilweisen Ausfalls der Forderung aus der Vereinbarung, dann sollte diese eine erfolgswirksame Reduktion des Haftkapitals hervorrufen.

Der Folgeausweis der Vereinbarung de lege ferenda beim Unternehmen weicht mangels Neubewertung der Bilanzposition vom Folgeausweis de lege lata bei der Gegenpartei mit Blick auf Erfolgswirkung und Kapitalwirkung ab.

434.3 Abschlussbilanzierung bei Erfüllung

Die Erfüllung der Vereinbarung durch Ausgabe von Anteilen am Haftkapital und Zahlung des Terminkaufpreises sollte als erfolgsneutraler Aktivtausch abgebildet werden.[80] Die Forderung sollte daher ausgebucht und die zugeflossenen flüssigen Mittel oder andere finanzielle Vermögenswerte aktiviert werden. Im Haftkapital kann eine Umbuchung vorgenommen werden, um den modifizierten Charakter der Position bzw.

80 Vgl. Abschnitt 433.

die tatsächliche Ausgabe von Anteilen zu verdeutlichen. Eine Verwässerung oder Zuwachsung der Position der Alt-Residualkapitalgeber sollte in der Bilanz des Unternehmens nicht berücksichtigt werden.[81]

Buchungssatz Unternehmen:		
Kasse	an	Forderung (aus Termingeschäft) [i. H. v. Terminpreis]
Haftkapital (Position A)	an	Haftkapital (Position B) [i. H. v. Terminpreis]

Die Buchungen de lege ferenda aus Unternehmenssicht sowie de lege lata aus Sicht der Gegenpartei der Terminvereinbarung sind jeweils erfolgsneutral, weichen indes in ihrer Kapitalwirkung voneinander ab.

435 Zwischenfazit

In der nachstehenden Übersicht wird die Kapitalwirkung (KW) und die Erfolgswirkung (EW) des Bilanzausweises einer Terminverkaufvereinbarung (aus Unternehmenssicht) vergleichend gegenübergestellt. Dabei wird zwischen einer symmetrischen (symm.) und einer asymmetrischen (asymm.) Wirkung unterschieden. Symetrie bedeutet, dass die Wirkung der Vereinbarung auf Kapital und Erfolg aus Sicht von Unternehmen und Gegenpartei gleich ist. Assymetrie bedeutet, dass die Wirkung der Vereinbarung auf Kapital und Erfolg aus Sicht des Unternehmens und der Gegenpartei voneinander abweichen. Der Bilanzausweis de lege lata bei Unternehmen und Gegen partei der Vereinbarung („de lege lata") und der Bilanzausweis de lege ferenda bei Unternehmen und Bilanzausweis de lege lata bei Gegenpartei der Vereinbarung („de lege ferenda") werden verglichen. In der Betrachtung werden nur „fix-for-variable"-Vereinbarungen, bei denen die Höhe des Terminpreises fixiert ist und damit die Höhe des zufließenden Haftkapitals bestimmt ist, aufgeführt.

81 Dieses Ergebnis ist eine Konsequenz aus der Wahl der Unternehmensperspektive als Bilanzperspektive. Vgl. Abschnitt 223.

	De lege lata		De lege ferenda	
	fix-for-fix	fix-for-variable	fix-for-fix	fix-for-variable
Erstbuchung	**Symm. KW (Kapitalneutral)** Symm. EW (Erfolgsneutral)		**Asymm. KW** Symm. EW (Erfolgsneutral)	
Folgebuchung	Asymm. EW Asymm. KW	**Symm. EW** **Symm. KW**	Asymm. EW Asymm. KW	
Abschlussbuchung	Asymm. KW Symm. EW (Erfolgsneutral)		Asymm. KW Symm. EW (Erfolgsneutral)	

Übersicht 4-2: *Vergleich der Symmetrie von Kapitalwirkung (KW) und Erfolgswirkung (EW) eines Terminverkaufs*

Bei erstmaliger bilanzieller Erfassung de lege lata bei Unternehmen und Gegenpartei besteht Gleichlauf in den Buchungen, da der Wert der Terminvereinbarung zunächst null beträgt. Symmetrie im Ausweis de lege lata besteht ferner in der Erfolgswirkung der Abschlussbuchung, da diese sowohl im Unternehmen als auch bei der Gegenpartei erfolgsneutral vorzunehmen sind. Vollständige Symmetrie der bilanziellen Erfassung vor dem Zeitpunkt der Erfüllung kann hingegen nur auftreten, wenn die Transaktion sowohl bei dem Unternehmen als auch bei der Gegenpartei als Derivat erfasst wird. Diese Bedingung ist für den Ausweis de lege lata einer „fix-for-variable"-Vereinbarung aus Sicht des Unternehmens ebenso wie aus Sicht der Gegenpartei bei erstmaliger Bilanzierung und Folgebilanzierung erfüllt.

Der bilanzielle Ausweis einer Kapitalerhöhung führt immer zur asymmetrischen Kapitalwirkung bei Kapitalnehmer und Kapitalgeber. Daher ist der Ausweis der Terminvereinbarung de lege ferenda in der Bilanz des Unternehmens sowohl in seiner Erfolgs- als auch Kapitalwirkung asymmetrisch zum Ausweis bei der Gegenpartei, ausgenommen davon ist wiederum die erfolgsneutrale Erstbuchung und Abschlussbuchung bei Unternehmens und Gegenpartei.

Der Vorschlag für den Ausweis de lege ferenda der Terminverkaufsvereinbarung beim Unternehmen unterscheidet sich vom Ausweis de lege lata der „fix-for-fix" als auch „fix-for-variable"-Vereinbarung, indem er eine Bilanzverlängerung bei erstmaliger Bilanzierung durch Erhöhung von Aktiva und Haftkapital in Höhe der Forderung auf

Zahlung aus dem Terminverkauf auslöst. Dieser vorgeschlagene bilanzielle Ausweis ist am Prinzip der Haftungsfähigkeit als Maßstab des Kapitalausweises orientiert und damit sachgerecht, denn er zeigt die Erhöhung des Haftkapitals des Unternehmens im Zeitpunkt des wirtschaftlichen Zugangs des Haftkapital auf und vermittelt dadurch entscheidungsrelevante Informationen an die Adressaten des Jahresabschlusses. Ein Ausweis der Erhöhung des Haftkapitals im (späteren) Zeitpunkt der Ausgabe der Anteile und damit im Zeitpunkt der gesellschaftsrechtlichen Kapitalerhöhung, wie er gegenwärtig in IAS 32.IE10 bestimmt ist, ist als formalistisch abzulehnen, denn er bildet die wirtschaftliche Substanz der Vereinbarung nur unzureichend ab.

44 Terminkauf (forward purchase)

441 Wirtschaftliche Substanz des Terminkaufs

Die Vereinbarung über einen Terminkauf mit Bruttolieferung durch das Unternehmen begründet die unbedingte Verpflichtung des Unternehmens (als Terminkäufer) zum Erwerb von Anteilen am Residualkapital und zur Zahlung des Terminkaufpreises im Zeitpunkt der Erfüllung an die Gegenpartei (als Terminverkäufer).[82] Die mit der Verpflichtung korrespondierende Forderung auf Zugang von eigenen Anteilen des Unternehmens erhöht nicht das Vermögen des Unternehmens, denn eigene Anteile sind kein Vermögenswert.[83] Bei Erfüllung der Vereinbarung durch Zahlung des Terminkaufspreises wird das Vermögen der Gesellschaft reduziert. Der Anspruch der Gegenpartei auf Zahlung des Terminkaufpreises besteht unabhängig von entstehenden Verlusten des Unternehmens und bleibt auch in einer Insolvenz bestehen.[84] Durch die Terminvereinbarung wird daher ein Teil der bestehenden Vermögensmasse für die Erfüllung der Verpflichtung reserviert bzw. dem Haftungspuffer entzogen und damit das Haftkapital bereits im Zeitpunkt der Vereinbarung reduziert.[85] Die Vereinbarung des Terminkaufs entspricht daher wirtschaftlich dem Erwerb eigener Anteile.[86]

82 Vgl. Abschnitt 342.1.
83 Vgl. Abschnitt 411.
84 Vgl. Abschnitt 252.2.
85 Vgl. Abschnitt 252.2.
86 Vgl. Abschnitt 411 zur wirtschaftlichen Substanz des Erwerbs eigener Anteile.

Praktische Relevanz haben Terminkäufe von eigenen Anteilen z. B. bei der wirtschaftlichen Absicherung von Verpflichtungen des Unternehmens zur Lieferung von eigenen Anteilen im Zusammenhang von Akquisitionen oder Arbeiternehmervergütungsprogrammen, soweit z. B. bei einer Aktiengesellschaft eine Bedienung dieser Ver-Verpflichtungen aus dem genehmigten oder bedingten Kapital der Gesellschaft z. B. mangels Zustimmung der Gesellschafterversammlung nicht zulässig oder zur Vermeidung der Verwässerung durch Erhöhung der Zahl der ausgegebenen Aktien nach Erfüllung der Verpflichtung nicht erwünscht ist.

442 Bilanzielle Abbildung des Terminkaufs de lege lata

442.1 Bilanzierung einer „fix-for-fix"-Vereinbarung

442.11 Erstmalige Bilanzierung bei Vertragsabschluss

Der Terminkauf verpflichtet das Unternehmen, eine fixe Zahl von Eigenkapitalinstrumenten gegen Zahlung eines Betrages an flüssigen Mitteln zu erwerben und umfasst folglich eine Zahlungspflicht des Unternehmens. Der Terminkauf erfüllt damit nicht die Bedingung in IAS 32.16 (a) für die Klassifikation als Eigenkapitalinstrument, wonach das Finanzinstrument keine vertragliche Verpflichtung enthält, flüssige Mittel oder einen anderen finanziellen Vermögenswert an ein anderes Unternehmen abzugeben. Eine vertragliche Verpflichtung einschließlich solcher aus Derivaten, die zum künftigen Empfang von Eigenkapitalinstrumenten des Emittenten führen, indes weder die Bedingung in IAS 32.16 (a) noch IAS 32.16 (b) erfüllt, ist kein Eigenkapitalinstrument (IAS 32.16). Ist eine der oder sind beide Bedingungen nicht erfüllt, dann ist das Instrument entsprechend der Ausnahmebestimmung in IAS 32.16 letzter Satz als Eigenkapitalinstrument zu klassifizieren, wenn die Vereinbarung ein Andienbares Instrument (Puttable Instrument) gemäß IAS 32.16A und IAS 32.16B oder ein Instrument gemäß 32.16C und IAS 32.16 ist, das Anspruch auf einen pro rata Anteil am Liquidationserlös vermittelt (Instrument that imposes on the entity to deliver to a pro rata share of the net assets of the entity only in liquidation). Die Terminkaufvereinbarung vermittelt dem Terminverkäufer, also der Gegenpartei des Unternehmens, keinen Anspruch auf einen pro rata Anteil am Nettovermögen sondern einen fixen Zahlungsanspruch und erfüllt folglich weder die Merkmale noch die Bedingungen, die in

IAS 32.16A-D bestimmt sind. Das Terminkaufgeschäft über eigene Anteile des Unternehmens kann daher nicht nach IAS 32.16 als Eigenkapitalinstrument klassifiziert werden.

IAS 32.16 ist als Ausschlusstatbestand bestimmt: „... the instrument is an equity instrument if, and only if, both condition (a) and (b) below are met." (IAS 32.16 Satz 1). Im Gegensatz dazu ist eine Vereinbarung gemäß IAS 32.22 auch dann als Eigenkapitalinstrument zu klassifizieren, wenn die Vereinbarung durch Erwerb einer fixen Zahl von Eigenkapitalinstrumenten gegen Zahlung eines fixen Betrags an flüssigen Mitteln oder anderen finanziellen Vermögenswerten durch das Unternehmen zu erfüllen ist. Das Klassifikationskriterium entspricht dem in IAS 32.16 (b), ohne indes die Bedingung in IAS 32.16 (a) zu erfassen. Gemäß IAS 32.22 ist die Terminkaufvereinbarung als Eigenkapitalinstrument zu klassifizieren. Änderungen des beizulegenden Zeitwertes der Vereinbarung sind daher im Abschluss nicht auszuweisen (IAS 32.22 letzter Satz). Der Terminkauf einer fixen Zahl eigener Anteile gegen Zahlung eines fixen Betrags durch das Unternehmen wird in IAS 32.AG13 als Beispiel für ein Eigenkapitalinstrument aufgeführt und spricht für die Klassifikation als Eigenkapitalinstrument. IAS 32.16 und IAS 32.22 i. V. m. IAS 32.AG13 stehen im Widerspruch.

Gemäß IAS 32.23 i. V. m. IAS 32.AG13 und IAS 32.AG27(a)-(b) löst ein Vertrag („gives rise to"), der das Unternehmen zum Kauf einer fixen Zahl eigener Eigenkapitalinstrumente gegen Zahlung eines fixen Betrags flüssiger Mittel oder Lieferung von im Wert fixen anderen finanziellen Vermögenswerten verpflichtet, eine finanzielle Verbindlichkeit in Höhe des Barwertes des vertraglich vereinbarten Rückkaufbetrages aus. Der Rückkaufbetrag kann beispielsweise der Rückkaufpreis eines Termingeschäfts oder der Ausübungskurs einer Option sein. Die Passivierung einer finanziellen Verbindlichkeit ist zwingend vorzunehmen, auch wenn der Vertrag als Eigenkapitalinstrument qualifiziert werden kann (IAS 32.23). Als Beispiel hierfür benennt IAS 32.23 die aus einem Termingeschäft entstehende Verpflichtung eines Unternehmens, eine fixe Zahl von Eigenkapitalinstrumenten gegen einen fixen Betrag an flüssigen Mitteln oder anderen finanziellen Vermoegenswerten zu erwerben.

Diese Passivierungspflicht einer Verbindlichkeit trotz Klassifikation der Vereinbarung als Eigenkapitalinstrument ist eine Ausnahme zur Systematik der Behandlung von Finanzinstrumenten nach IAS 39 und zu den sonstigen Bestimmungen in IAS 32 für wirtschaftlich vergleichbare „fix-for-variable"-Vereinbarungen, also Vereinbarungen, die „fix-for-fix"-Vereinbarungen wirtschaftlich entsprechen, indes im Hinblick auf die Erfüllung abweichend gestaltet sind. Diese Ausnahme wird unter dem Stichwort „synthetische Verbindlichkeit" (synthetic liability) diskutiert. Die Verbindlichkeit ergibt sich aus der bilanziellen Antizipation der Erfüllung der Vereinbarung zu Vertragsbeginn durch Abfluss von wirtschaftlich wertvollen Ressourcen des Unternehmens und ist Ausdruck des im IAS 32.16 festgelegten Vorrangs der Permanenz des Kapitalbestandteils für die Klassifikation der Vereinbarung als Eigenkapitalinstrument.[87] Das strenge Primat der Permanenz für die Klassifikation als Eigenkapitalinstrument wurde durch die Überarbeitung des IAS 32 im Jahr 2008 in Bezug auf bestimmte Eigenkapitalinstrumente um die Notwendigkeit der Haftungsfähigkeit für bestimmte, eng definierte Parameter der Auslegung des Instruments ergänzt (IAS 32.16A–F).[88]

Beim erstmaligen Ansatz der Verpflichtung aus der Vereinbarung ist gemäß IAS 32.23 ihr beizulegender Zeitwert (der Barwert des Rückkaufbetrages) aus dem Eigenkapital in eine Verbindlichkeit umzugliedern. Diese Verbindlichkeit wird gemäß IAS 39.43 i. V. m. IAS 39.AG64 ausgewiesen. Danach kann der beizulegende Zeitwert von Krediten und Forderungen ohne Verzinsung als der Barwert aller künftigen Einzahlungen geschätzt werden, die unter Verwendung des herrschenden Marktzinses für ein ähnliches Instrument (vergleichbar im Hinblick auf Währung, Laufzeit, Art des Zinssatzes und sonstiger Faktoren) mit vergleichbarer Bonität abgezinst werden.[89] Gemäß IAS 39.AG79 können kurzfristige Verbindlichkeiten ohne festgelegten Zinssatz mit dem ursprünglichen Rechnungsbetrag angesetzt werden, falls der Abzinsungseffekt unwesentlich ist.

IAS 32.IE5 beschreibt die bilanzielle Erfassung des Terminkaufs mit Bruttoerfüllung einer „fix-for-fix"-Vereinbarung. Eine Differenzierung nach Laufzeit der Vereinbarung und damit der Verpflichtung wird in IAS 32.IE5 nicht vorgenommen. Die Verpflichtung des Unternehmens aus dem Termingeschäft auf Zahlung des Terminkaufpreises ist unabhängig von der verbleibenden Restlaufzeit und unter Berücksichtigung

87 Vgl. IAS 32, Dissent of James Leisenring from the issue of IAS 32 in December 2003.

88 Vgl. Abschnitt 233.

89 Die in die Schätzung des beizulegenden Zeitwertes einfließenden Daten werden in IAS 39.AG82 beschrieben.

des Abzinsungseffekts zum beizulegenden Zeitwert anzusetzen. Die geforderte Erstbuchung ist mit der bilanziellen Erfassung einer Kapitalherabsetzung durch Einzug von Anteilen vergleichbar. Die mit der Erfassung der Verbindlichkeit einhergehende Reduktion des Eigenkapitals ist erfolgsneutral. Die Terminvereinbarung wird unmittelbar kapitalwirksam erfasst.

Buchungssatz Unternehmen:		
Eigenkapital	an	Verpflichtung (aus Termingeschäft) [i. H. v. Barwert Terminpreis]

Die Gegenpartei bilanziert analog zur Bilanzierung eines Terminverkaufs (aus Sicht des Unternehmens).[90] Die erstmalige Erfassung folgt IAS 32.IE8 am Beispiel eines Terminverkaufs mit Barerfüllung. Die Buchungen von Unternehmen und Gegenpartei bei erstmaliger Bilanzierung der Vereinbarung sind jeweils erfolgsneutral. Sie sind in Hinblick auf ihre Kapitalwirkung asymmetrisch, da das Unternehmen eine Reduktion von Haftkapital und eine korrespondierende Erhöhung der Verbindlichkeiten auszuweisen hat.

442.12 Folgebilanzierung zum Bilanzstichtag

Das Unternehmen hat eine Änderung des beizulegenden Zeitwertes der Vereinbarung nicht im Abschluss auszuweisen (IAS 32.22). Die finanzielle Verbindlichkeit ist gemäß IAS 39.47 zu fortgeführten Anschaffungskosten unter Anwendung der Effektivzinsmethode (effective interest method), also der Diskontierung des erwarteten künftigen Mittelzuflusses mit dem internen Zinsfuß[91], zu bewerten und auszuweisen. Eine der in IAS 39.47(a)-(d) genannten Ausnahmen liegt nicht vor. Entsprechend ist die Verbindlichkeit des Unternehmens erfolgwirksam aufzuzinsen. Zahlungen aus der Vereinbarung bis zum Zeitpunkt der Folgebilanzierung, die eine bilanzielle Abbildung auslösen würden, werden nicht getätigt.

90 Vgl. Abschnitt 432.12.
91 Vgl. IAS 39.9 i. V. m. IAS 32.AG5–8.

Buchungssatz Unternehmen:		
Zinsaufwand	*an*	*Verpflichtung (aus Termingeschäft) [i. H. v. anteiligem Zinsaufwand]*

Die Folgebilanzierung der Gegenpartei ist in IAS 32.IE8 am Beispiel eines Terminverkaufs mit Barerfüllung dargestellt. Die Folgebuchungen von Unternehmen und Gegenpartei sind weder in ihrer Erfolgswirkung noch ihrer Kapitalwirkung spiegelbildlich, da das Unternehmen lediglich die Aufzinsung der Verbindlichkeit erfolgswirksam ausweisen muss, wohingegen die Gegenpartei die Wertschwankungen der Vereinbarung erfolgswirksam abzubilden hat.

442.13 Abschlussbilanzierung bei Erfüllung

Die Terminvereinbarung wird durch Erwerb einer fixen Zahl von Eigenkapitalinstrumenten gegen Zahlung eines fixen Betrages erfüllt. Die Verbindlichkeit erlischt durch die Erfüllung. Das Unternehmen hat die Verringerung seiner Verpflichtungen durch erfolgsneutrale Bilanzverkürzung auszuweisen. Die Eigenkapitalreduktion durch Erwerb der Anteile wird nicht erneut bilanziert, da sie bei Erstbuchung bereits antizipiert wurde. Die erworbenen Anteile dürfen nicht aktiviert werden (IAS 32.33).

Buchungssatz Unternehmen:		
Verpflichtung	*an*	*Kasse [i. H. v. Terminpreis]*

Die erfolgswirksam fortgeschriebene Forderung bzw. Verbindlichkeit in Höhe der Nettoänderung des beizulegenden Zeitwertes der Vereinbarung aus Sicht der Gegenpartei erlischt durch die Erfüllung und ist daher erfolgsneutral auszubuchen (IAS 39.17 bzw. IAS 39.39). Die Gegenpartei hat die an das Unternehmen veräußerten Anteile zu deaktivieren. (IAS 39.17).[92]

92 Die Buchungen sind analog der Abschlussbilanzierung bei Erfüllung einer Terminverkaufvereinbarung (aus Sicht des Unternehmens) vorzunehmen. Vgl. Abschnitt 432.13.

Buchungssatz bei der Gegenpartei:		
Kasse *[i. H. v. Terminpreis]*	*an*	*Anteile* *[i. H. v. beizulegender Zeitwert]*
	an	*Forderung* *(aus Termingeschäft)* *[i. H. v.(Netto-) Wertänderung]*
bzw.		
Kasse *[i. H. v. Terminpreis]*		
Verpflichtung *(aus Termingeschäfte) [i. H. v. (Netto-)Wertänderung]*	*an*	*Anteile* *[i. H. v. beizulegender Zeitwert]*

Die Abschlussbuchung de lege lata von Unternehmen und Gegenpartei sind jeweils erfolgsneutral, aber im Hinblick auf ihre Kapitalwirkung asymmetrisch, denn der Einzug der Anteile gegen Zahlung des Terminkaufpreises führt zu einer Bilanzverkürzung beim Unternehmen und zu einem Aktivtausch bei der Gegenpartei.

442.2 Bilanzierung einer „fix-for-variable"-Vereinbarung

Ebenso wie eine „fix-for-variable"-Vereinbarung über einen Terminverkauf durch das Unternehmen ist eine „fix-for-variable"-Vereinbarung über einen Terminkauf durch das Unternehmen gemäß IAS 32.22 nicht als Eigenkapitalinstrument zu klassifizieren.[93] Ein solcher Vertrag stellt ebenfalls einen finanziellen Vermögenswert bzw. eine finanzielle Verbindlichkeit gemäß IAS 32.11 i. V. m. IAS 32.16 dar. Er ist gemäß IAS 39.9 i. V. m. IAS 39.AG9-11 als Derivat zu klassifizieren und gemäß IAS 39.43 i. V. m. IAS 39.9 beim erstmaligen Ansatz als vom Unternehmen als erfolgswirksam zum beizulegenden Zeitwert bewertet bilanziell zu erfassen. Eine Änderung des beizulegenden Zeitwertes ist gemäß IAS 39.46 bzw. IAS 39.47(a) erfolgswirksam im Abschluss auszuweisen. Der „fix-for-variable"-Terminverkauf wird aus Sicht des Unternehmens und aus Sicht der Gegenpartei bilanziell analog zum „fix-for-variable"-

93 Vgl. Abschnitt 432.21.

Terminverkauf behandelt. Die einzelnen Buchungssätze werden daher an dieser Stelle nicht wiederholt.[94]

443 Würdigung der bilanziellen Abbildung de lege lata und Diskussion des sachgerechten Ausweises

De lege lata ist die Zahlungsverpflichtung aus der Terminvereinbarung als eine Verbindlichkeit auszuweisen, wenn der Erwerb einer fixen Zahl von Eigenkapitalinstrumenten gegen Zahlung eines fixen Betrags vereinbart wurde. Dieser Ausweis de lege lata steht im Einklang mit dem Rahmenkonzept, wonach die Verpflichtung aus dem Geschäft gemäß CF 4.4 (b) i. V. m. 60–64 als eine Schuld zu klassifizieren ist, denn sie ist eine gegenwärtige Verpflichtung des Unternehmens, die aus Ereignissen der Vergangenheit entstanden ist und deren Erfüllung für das Unternehmen erwartungsgemäß mit einem Abfluss von Ressourcen, z. B. von Barmitteln, mit wirtschaftlichem Nutzen verbunden ist. Die Pflicht zur Passivierung der Verpflichtung zur Zahlung ergibt sich aus CF 4.46.

Durch die Terminkaufvereinbarung wird eine Zahlungspflicht des Unternehmens begründet, die das Haftkapital des Unternehmens wirtschaftlich bereits vor der Erfüllung der Vereinbarung und dem tatsächlichen Abfluss des Terminkaufpreises reduziert.[95] Eine abbildungsorientierte Bilanzierung des Terminkaufs hat auf dem Prinzip der Haftung aufzubauen. Das bilanziell ausgewiesene Haftkapital des Unternehmens ist entsprechend im Zeitpunkt der Vereinbarung des Terminkaufs in Höhe der Zahlungspflicht zu reduzieren, um die Verringerung des haftenden Vermögens aufzuzeigen.[96] De lege lata ist die Verpflichtung aus der Terminkaufvereinbarung bilanziell durch Umgliederung von Eigenkapital in eine Verbindlichkeit zu erfassen und stimmt daher mit einer Darstellung überein, die vom Prinzip der Haftung geleitet ist. Der Betrag, zu dem die Verbindlichkeit de lege lata passiviert wird, ist gemäß IAS 32.IE5 i. V. m. IAS 39.AG64 als Barwert zu ermitteln. IAS 32.AG64 enthält ein Beispiel für die Be-

94 Vgl. Abschnitt 432.2.
95 Vgl. Abschnitt 441 zur wirtschaftlichen Substanz des Terminkaufs.
96 Soweit in einer Liquidation Anpassungen der Zahlungspflicht für eine durch Liquidation eventuell verkürzte Laufzeit vorzunehmen sind, verringert sich das Haftkapital um den angepassten Betrag der Zahlungspflicht, wie er anhand der Liquidationsregeln z. B. als Barwert zu ermitteln wäre.

rechnung des Barwerts von Krediten und Forderungen und damit von Aktiva. Die vorgeschlagene Abzinsung unter Verwendung des herrschenden Marktzinses für ein ähnliches Instrument mit vergleichbarer Bonität ist folglich sinnvoll. Die Ermittlung des Barwerts der Zahlungspflicht aus der Terminkaufvereinbarung unter Berücksichtigung der Bonität des Terminkäufers, also des Unternehmens, ist indes abzulehnen, weil eine Abzinsung bewirken würde, dass Unternehmen mit hoher Bonität und damit einhergehend mit entsprechend geringerem Risikozuschlag auf den risikolosen Zinssatz c.p. einen höheren Betrag aus dem Eigenkapital in die Verbindlichkeiten umgliedern müssten, als Unternehmen mit geringerer Bonität, da der Abzinsungseffekt geringer ist. Unternehmen mit hoher Bonität würden im Ergebnis ein geringeres Eigenkapital und eine höhere Verschuldung ausweisen. Die Abzinsung der Verbindlichkeit unter Berücksichtigung der Bonität des Unternehmens kollidiert sowohl mit dem Prinzip der Unternehmensfortführung in CF 4.1 als auch mit der Anforderung des Rahmenkonzepts an die Vergleichbarkeit des Abschlusses in CF QC20-25. Entsprechend diesen Überlegungen sollte die Anwendung von IAS 39.AG69 auf Vermögenswerte beschränkt bleiben. Das Haftkapital sollte in Höhe der Verbindlichkeit reduziert werden. Die Verbindlichkeit ist in Höhe der Zahlungspflicht aus der Terminvereinbarung zu passivieren. Eine Abzinsung der Zahlungspflicht mit dem Basiszinssatz[97] sollte nur dann vorgenommen werden, wenn der Zeitwert des Geldes für die Haftungsfähigkeit im zugrundezulegenden gesellschaftsrechtlichen Rahmen berücksichtigt ist, z.B. durch entsprechende Abzinsung der Zahlungspflicht aus der Terminvereinbarung bei Liquidierung des Unternehmens vor Fälligkeit.

Eine planmäßige oder außerplanmäßige Neubewertung der Verbindlichkeit infolge einer Änderung des beizulegenden Zeitwertes der Verbindlichkeit im Zeitpunkt der Folgebilanzierung widerspräche dem Prinzip der Unternehmensfortführung in CF 4.1, da der beizulegende Zeitwert Änderungen der Bonität des Unternehmens erfassen würde.[98] Eine Neubewertung ist deswegen abzulehnen. Sowohl die Reduktion des Haftkapitals durch Vereinbarung des Terminkaufs als auch die Erfüllung der Terminvereinbarung durch Erwerb der eigenen Anteile sind Teil einer Kapitalmaßnahme und

97 Auch als risikoloser Zinssatz bezeichnet. Vgl. IAS 39.AG82.

98 Das gleiche Argument spricht gegen das Wahlrecht, Verbindlichkeiten zum beizulegenden Zeitwert anzusetzen.

damit analog zum Ausweis de lege ferenda des Terminverkaufs mit Bruttoerfüllung als erfolgsneutrale Kapitalmaßnahme abzubilden.[99] Die Aktivierung einer Forderung auf Lieferung der Anteile ist abzulehnen, da Anteile bzw. eine Forderung auf Einlieferung eines Anteils aus Sicht des Unternehmens keinen Vermögenswert darstellen.[100] Damit entspricht der Vorschlag de lege ferenda zur Abbildung eines Terminkaufs einer fixen Zahl von Eigenkapitalinstrumenten ausgenommen der Höhe des Passivierungsbetrags dem Ausweis de lege lata.

De lege lata ist die Terminvereinbarung als ein Derivat gemäß IAS 39.9 auszuweisen, wenn Erwerb einer variablen Zahl von Eigenkapitalinstrumenten gegen Zahlung eines fixen Betrags vereinbart wurde (IAS 32.16). Bei diesem Ausweis wird implizit die Forderung auf Lieferung der Anteile mit der Verpflichtung zur Zahlung des Kaufpreises verrechnet. Sowohl Forderung als auch die Verpflichtung werden bei Folgeausweis zum beizulegenden Zeitwert bewertet, da der Gesamtwert der Vereinbarung zum beizulegenden Zeitwert zu erfassen ist (IAS 39.9). Ein Wertüberhang der Forderung über die Verpflichtung ist als finanzieller Vermögenswert auszuweisen, ein Wertüberhang der Verpflichtung über die Forderung ist als finanzielle Verbindlichkeit auszuweisen.

Die Saldierung ebenso wie die Neubewertung steht im Widerspruch zur grundlegenden qualitativen Anforderung der glaubwürdigen Darstellung des Abschlusses (CF QC5 i. V. m. CF QC12-16). Die Saldierung verdeckt die Reduktion des Haftkapitals, die unabhängig von der zu erwerbenden Zahl von Anteilen einzig durch die Zahlungsverpflichtung begründet wird und unterdrückt damit entscheidungsnützliche Informationen. Die Saldierung einer Pflicht zur Zahlung mit einer Pflicht zum Erwerb von Anteilen ist mangels Gleichartigkeit der Leistungspflichten sowie in Anbetracht des erklärten Willens zur Bruttoerfüllung im Sinne von CF QC5 i. V. m. CF QC12-16 abzulehnen.

Die Bewertung der Verbindlichkeit zum beizulegenden Zeitwert widerspricht daneben dem Prinzip der Unternehmensfortführung in CF 4.1 und ist daher nicht zulässig. Wird variable Zahlung vereinbart, dann ist die Verringerung des Haftkapitals analog

99 Vgl. Abschnitt 433 und 434.
100 Vgl. Abschnitt 411.

der Erhöhung des Haftkapital bei bilanzieller Abbildung de lege ferenda eines Terminverkaufs mit Bruttoerfüllung davon abhängig zu machen, ob die Höhe der Zahlung bzw. eine Mindesthöhe verlässlich bestimmt werden kann.

Die „fix-for-fix“-Vereinbarung ist c. p. mit der „fix-for-variable“-Vereinbarung wirtschaftlich identisch und wegen der ergänzenden qualitativen Anforderung der Vergleichbarkeit (CF QC12-25 i. V. m. CF QC5) in vergleichbarer Weise auszuweisen.[101]

Der de lege ferenda-Vorschlag zum Ausweis einer Terminkaufvereinbarung wird im Folgenden sowohl anhand von Buchungssätzen für die erstmalige Bilanzierung als auch den Folgeausweis und die Abschlussbilanzierung beschrieben und die Wirkung auf die Kapitalstruktur des bilanzierenden Unternehmens dargestellt.[102]

444 Bilanzielle Abbildung des Terminkaufs de lege ferenda

444.1 Erstmalige Bilanzierung bei Vertragsabschluss

Auf Basis der Ergebnisse der konzeptionellen Betrachtung der bilanziellen Abbildung sollte das Unternehmen den Terminkauf bilanziell durch Kürzung des Haftkapitals und Erhöhung des nicht-haftenden Kapitals, daher als erfolgsneutralen Passivtausch, erfassen. Die Vereinbarung sollte grundsätzlich im Zeitpunkt des Vertragsabschlusses in Höhe des bei Erfüllung abfließenden Betrages kapitalwirksam werden. In Abhängigkeit der zugrundezulegenden gesellschaftsrechtlichen Bestimmungen ist der Zeitwert des Geldes durch Abzinsung zum Basiszins zu berücksichtigen. Die Verbindlichkeit sollte innerhalb des Haftkapitals separat ausgewiesen werden, um ihren besonderen Charakter hervorzuheben. Eine Aktivierung der Forderung auf Lieferung der eigenen Anteile sollte mangels Qualifikation als Vermögenswert abgelehnt werden.[103]

101 Vgl. Abschnitt 433.

102 Die vereinfachenden Annahmen für die Betrachtung der Terminverkaufvereinbarung gelten auch für die Betrachtung des Terminkaufs. Vgl. Abschnitt 434 mit einer Darstellung der Bilanzierung der Terminvereinbarung bei der Gegenpartei de lege lata.

103 Vgl. Abschnitt 411.

Buchungssatz Unternehmen:		
Haftkapital	*an*	*Verpflichtung (aus Termingeschäft) [i. H. v. Terminpreis]*

Die Buchungen de lege ferenda von Unternehmen und die Buchung de lege lata der Gegenpartei zur erstmaligen Erfassung einer Terminkaufvereinbarung (aus Sicht des Unternehmens) weichen in ihrer Kapitalwirkung voneinander ab. Die Buchung des Unternehmens ist erfolgsneutral und hat damit keine Wirkung auf den bilanziell ausgewiesenen Erfolg des Unternehmens.

444.2 Folgebilanzierung zum Bilanzstichtag

Eine Änderung des Marktwertes des Haftkapitals des Unternehmens ist für die Haftungsfähigkeit ohne Bedeutung. Die Verpflichtung und damit das Haftkapital des Unternehmens sollten folglich nicht neu bewertet werden. In Abhängigkeit der zugrundezulegenden gesellschaftsrechtlichen Bestimmungen ist wiederum der Zeitwert des Geldes durch Abzinsung auf die verbleibende Laufzeit zum Basiszins zu berechnen und die Änderungen sind im Bilanzansatz erfolgsneutral zu berücksichtigen.

Der Folgeausweis de lege ferenda beim Unternehmen weicht mangels Neubewertung der Bilanzposition vom Folgeausweis de lege lata bei der Gegenpartei mit Blick auf Erfolgswirkung und Kapitalwirkung ab.

444.3 Abschlussbilanzierung bei Erfüllung

Das Unternehmen erfüllt die Terminvereinbarung durch Erwerb von eigenen Anteilen gegen Zahlung des Terminkaufpreises. Die Zahlung des Terminkaufpreises führt zum Abgang eines Vermögenswertes, d.h. einer Reduktion von Aktiva. Eine Aktivierung der erworbenen eigenen Anteile sollte mangels Qualifikation als Vermögenswert ebenso wie schon die Aktivierung der Forderung auf Lieferung der eigenen Anteile abgelehnt werden.[104] Vielmehr sollte die Erfüllung als erfolgsneutrale Bilanzkürzung durch Reduktion von Aktiva und Verbindlichkeiten in Höhe des Terminkaufpreises ausgewiesen werden. Die Höhe des Haftkapitals sollte durch die Erfüllung nicht be-

104 Vgl. Abschnitt 411.

rührt werden. Eine Verwässerung oder Zuwachsung der Position der Alt-Residualkapitalgeber wird wiederum nicht berücksichtigt.[105]

Buchungssatz Unternehmen:		
Verpflichtung (aus Termingeschäft)	*an*	*Kasse [i. H. v. Terminpreis]*

Die Abschlussbuchung de lege ferenda von Unternehmen und de lege lata Gegenpartei sind erfolgsneutral, weichen indes in ihrer Kapitalwirkung voneinander ab.

445 Zwischenfazit

In der nachstehenden Übersicht wird der Bilanzausweis de lege lata und de lege ferenda der Terminkaufvereinbarung bei Unternehmen und bei der Gegenpartei mit Blick auf Kapitalwirkung und Erfolgswirkung verglichen. In der Betrachtung werden wieder nur solche „fix-for-variable"-Vereinbarungen aufgeführt, bei denen die Höhe des Terminpreises fixiert und damit die Höhe des abfließenden Haftkapitals bestimmt ist.

	De lege lata		**De lege ferenda**	
	fix-for-fix	fix-for-variable	fix-for-fix	fix-for-variable
Erstbuchung	Asymm. KW Symm. EW (Erfolgsneutral)	**Symm. EW** **Symm. KW**	Asymm. KW Symm. EW (Erfolgsneutral)	
Folgebuchung	Asymm. EW Asymm. KW	**Symm. EW** **Symm. KW**	Asymm. EW Asymm. KW	
Abschlussbuchung	Asymm. KW Symm. EW (Erfolgsneutral)		Asymm. KW Symm. EW (Erfolgsneutral)	

Übersicht 4-3: *Vergleich der Symmetrie von Kapitalwirkung (KW) und Erfolgswirkung (EW) eines Terminkaufs*

Vollständige Symmetrie zwischen der bilanziellen Erfassung de lege lata bei Unternehmen und Gegenpartei besteht lediglich in Bezug auf die Erfolgswirkung der Erst-

105 Vgl. Abschnitt 223 zur Wahl der Unternehmensperspektive als Bilanzperspektive.

buchung und Abschlussbuchung, da diese sowohl bei Unternehmen als auch Gegenpartei erfolgsneutral vorzunehmen ist, und für den Fall, dass die Transaktion sowohl bei dem Unternehmen als auch bei der Gegenpartei als Derivat erfasst wird. Diese Bedingung ist wiederum für den Ausweis de lege lata einer „fix-for-variable“-Vereinbarung aus Sicht des Unternehmens ebenso wie aus Sicht der Gegenpartei erfüllt.

Der bilanzielle Ausweis einer Kapitalherabsetzung führt ebenso wie der Ausweis einer Kapitalerhöhung immer zur asymmetrischen Kapitalwirkung bei Kapitalnehmer und Kapitalgeber. Daher ist der Ausweis der Terminvereinbarung de lege ferenda in der Bilanz des Unternehmens in seiner Erfolgs- als auch Kapitalwirkung asymmetrisch zum Ausweis bei der Gegenpartei.

Der Vorschlag für den Ausweis de lege ferenda der „fix-for-fix“-Vereinbarung ähnelt dem Ausweis de lege lata. Der Ausweis einer „synthetischen Verbindlichkeit“ ist sachgerecht, denn er steht mit dem Prinzip der Haftungsfähigkeit als Maßstab des Kapitalausweises im Einklang. Die Verringerung des Haftkapitals wird im Zeitpunkt des wirtschaftlichen Abgangs des Haftkapitals und damit vor der gesellschaftsrechtlichen Kapitalherabsetzung ausgewiesen. Ein solcher Ausweis vermittelt entscheidungsrelevante Informationen an die Adressaten des Jahresabschlusses. Der Vorschlag für den Ausweis de lege ferenda der „fix-for-variable“ Vereinbarung weicht wiederum erheblich vom Ausweis de lege lata ab.

45 Erwerb Verkaufoption (purchased put option)

451 Wirtschaftliche Substanz des Erwerbs der Verkaufoption

Die Vereinbarung über eine Verkaufoption mit Erfüllung durch Bruttolieferung zwischen Unternehmen (als Erwerber) und der Gegenpartei (als Verkäufer des Optionsrechts bzw. Stillhalter) begründet ein Recht des Unternehmens.[106] Im Unterschied zu einem unbedingten Terminverkauf erwirbt das Unternehmen das Recht, die Hauptleis-

106 Vgl. Abschnitt 332.

tungspflichten durch Ausübung der Verkaufoption herbeizuführen.[107] Die Fälligkeit der Hauptleistungspflichten ist an die Ausübung der Option geknüpft. Die Hauptleistungspflicht des Unternehmens besteht darin, Anteile am Unternehmen an den Stillhalter auszugeben. Der Stillhalter ist im Gegenzug zur Zahlung des Ausübungspreises der Option verpflichtet. Dieser Anspruch auf Zahlung ist in einem Insolvenzverfahren durchsetzbar.[108] Das Unternehmen erlangt daher durch die Vereinbarung eine bedingte Forderung auf Zahlung des Ausübungspreises, die unmittelbar das Vermögen des Unternehmens erhöht, denn die Ausübung der Option und daher die Herbeiführung der Bedingung liegen vollständig im Ermessen des Unternehmens. Der Erwerb eines Verkaufsrechts bewirkt folglich, ebenso wie ein Terminverkauf von eigenen Anteilen, die Erhöhung des Haftkapitals des Unternehmens zu Vertragsbeginn.

Das Unternehmen wird das Verkaufsrecht nicht ausüben, sondern verfallen lassen, wenn das Unternehmen die Anteile für einen höheren Preis als den Ausübungspreis an einen Dritten veräußern kann. Der Verkauf der Anteile außerhalb der Optionsvereinbarung bildet dann eine wirtschaftlich gleichwertige Ersatzmaßnahme. Der Mindestpreis für die Ausgabe der Anteile durch das Unternehmen ist daher auch bei einem Verkauf außerhalb der Optionsvereinbarung der Ausübungspreis der Option.

Im Gegenzug zum Erwerb des Verkaufsrechts wird das Unternehmen verpflichtet, den Optionspreis für das Recht an den Stillhalter zu zahlen. Der Optionspreis entspricht dem Wert der Vereinbarung zu Vertragsbeginn. Der Wert setzt sich aus dem innerem Wert und dem Zeitwert zusammen.[109] Als innerer Wert (intrinsic value) einer Option wird eine positive Differenz zwischen Marktpreis und Ausübungspreis der Option bezeichnet.[110] Der Zeitwert (time value) einer Option ist die Differenz zwischen dem beizulegenden Zeitwert (fair value) und dem inneren Wert. Die aus der Vereinbarung resultierende Verpflichtung auf Zahlung des Optionspreises bzw. die tatsächliche Zah-

---

107 Die rechtliche Entstehung des Optionsrechts bzw. der Stillhalterverpflichtung kann auf einem besonderen Vertrag oder auch einer einseitigen Willenserklärung beruhen. Praktisch ist die rechtliche Ursache der Entstehung unbedeutend. Finanzwirtschaftlich maßgeblich und konsistent mit einer jurisdiktionsunabhängigen Betrachtung ist das Bestehen eines einklagbaren Wahlrechts des Optionsinhabers durch die Vereinbarung. Vgl. BREKER, N., Optionsrechte und Stillhalterverpflichtungen, S. 15f.

108 Vgl. Abschnitt 252.22.

109 Vgl. HULL, J. C., Optionen, Futures und andere Derivate, S. 6; BREALEY, R./MYERS, S./ALLEN, F., Corporate Finance, S. 542.

110 Vgl. BAETGE, J./KIRSCH, H.-J./THIELE, S., Bilanzen, S. 331f.

lung verringern das vertraglich haftende Vermögen des Unternehmens, denn die Vermögenserhöhung ist dauerhaft und von der Ausübung der Option unabhängig. Entsprechend ist das Haftkapital im Zeitpunkt des Vertragsabschlusses um den Betrag des Optionspreises reduziert.

Das Verkaufsrecht ist häufig als wirtschaftliche Komponente klassischer Kapitalmaßnahmen anzutreffen.[111] Das Recht zur Ausgabe von Haftkapital verbunden mit der Einnahme liquider Mittel aus der Emission ist folglich ein wichtiges Instrument der flexiblen Eigenkapitalfinanzierung von Unternehmen. Vereinbarungen, die ein Verkaufsrecht umfassen, werden z. B. als Contingent Capital bzw. Contingent Equity für längerfristige Vereinbarungen oder Übernahmegarantien bzw. Backstop für kurzfristige Vereinbarungen[112] bezeichnet. Eine einheitliche Bezeichnung für dieses Instrument gibt es in der Praxis nicht.

452 Bilanzielle Abbildung des Erwerbs der Verkaufoption de lege lata

452.1 Bilanzierung einer „fix-for-fix"-Vereinbarung

452.11 Erstmalige Bilanzierung bei Vertragsabschluss

Das Verkaufsrecht gibt dem Unternehmen das Recht, eine fixe Zahl von Eigenkapitalinstrumenten gegen einen fixen Betrag an flüssigen Mitteln oder anderen finanziellen Vermögenswerten auszugeben und ist folglich eine „fix-for-fix"-Vereinbarung. Die Vereinbarung erfüllt die Bedingung für die Klassifikation als Eigenkapitalinstrument in IAS 32.16 (a), da sie keine vertragliche Verpflichtung enthält, flüssige Mittel oder einen anderen finanziellen Vermögenswert abzugeben, sowie in IAS 32.16 (b), da

111 Vgl. z. B. die Pressemeldung der LANCASHIRE GROUP vom 14. Juni 2007: „Lancashire enters into Contingent Equity Arrangement" (www.lancashiregroup.com), der INFINEON AG vom 10. Juli 2009: „Infineon plant Kapitalerhöhung mit Einnahmen von bis zu 725 Millionen Euro, Backstop-Vereinbarung mit Investment-Gesellschaft Apollo" (www.infineon.com), der Premiere AG vom 23. Dezember 2008: „Premiere vereinbart langfristige Finanzierungsstruktur zur Umsetzung der neuen Unternehmensstrategie" (http://info.sky.de/inhalt/de/index.jsp).

112 Übernahmegarantien bzw. Backstops werden von Investoren oder der die Anteile platzierenden Bank (Underwriting Bank) für eine bestimmte Zeit vor dem Abschluss einer Kapitalerhöhung durch Ausgabe von neuen Aktien gegeben, wenn das Unternehmen bereits vor dem Abschluss der Kapitalmaßnahme Sicherheit über die Mindesthöhe des neu zufließenden Kapitals fordert bzw. ein Teil der Bezugsrechte für neue Aktien durch die Altaktionäre nicht ausgeübt wird. Vgl. auch BREKER, N., Optionsrechte und Stillhalterverpflichtungen, S. 23 m. w. N.

Ausgabe einer fixen Zahl von Eigenkapitalinstrumenten gegen einen fixen Betrag an flüssigen Mitteln vereinbart ist. Das Unternehmen hat das „fix-for-fix"-Verkaufsrecht gemäß IAS 32.16 als Eigenkapitalinstrument i.S.v. IAS 32.11 zu klassifizieren. IAS 32.22 i.V.m. IAS 32.AG27 (a) bedingt ebenfalls die Klassifikation als Eigenkapitalinstrument. Änderungen des beizulegenden Zeitwertes der Option sind im Abschluss nicht auszuweisen (IAS 32.22). Der gezahlte Optionspreis ist direkt vom Eigenkapital abzuziehen (IAS 32.22).

Unter der Prämisse rationaler Entscheidung übt das Unternehmen das Optionsrecht dann aus, wenn der durch die Ausgabe von Anteilen zu erlösende Betrag höher ist, als der Betrag, der durch den Verkauf der Anteile an einen Dritten erlöst werden kann. Vereinfachend wird in dieser Untersuchung unterstellt, dass sich die Entscheidung über die Ausübung des Rechts zur Ausgabe von eigenen Anteilen ausschließlich auf Basis eines Vergleiches von einem fest vereinbarten Ausübungspreis und dem alternativ erzielbaren Emissionspreis der Anteile vollzieht. Sonstige strategische Überlegungen bzw. gesellschaftsrechtliche Beschränkungen, die bei der Entscheidung über die Ausgabe eigener Anteile von Bedeutung sein können, werden hier nicht berücksichtigt. Der beizulegende Zeitwert der Vereinbarung soll zu Vertragsbeginn dem Optionspreis entsprechen. Bei diesem Beispiel wird davon ausgegangen, dass der Optionspreis zu Vertragsbeginn fällig ist und gezahlt wird.

IAS 32.IE25 beschreibt die bilanzielle Erfassung einer Vereinbarung, die das Recht verleiht, die Ausgabe einer fixen Zahl von Eigenkapitalinstrumenten gegen Zahlung eines fixen Betrages mit Bruttoerfüllung vorzunehmen, daher eine „fix-for-fix"-Verkaufoption mit Bruttoerfüllung.[113] Die Forderung auf Zahlung des Ausübungspreises bzw. das Recht zur Ausgabe von eigenen Anteilen werden analog zum Ausweis der „fix-for-fix"-Terminverkaufsvereinbarung mit Bruttoerfüllung nicht bilanziell erfasst. Der gezahlte Optionspreis ist direkt vom Eigenkapital abzuziehen. Die Zahlung ist daher erfolgsneutral. Die Kapitalwirkung der Vereinbarung bleibt trotz ihrer Klassifikation als Eigenkapitalinstrument zunächst auf die Höhe des Optionspreises beschränkt, den das Unternehmen auszahlt.

113 Vgl. auch IAS 33.5 für eine Definition von Verkaufoptionen (put options).

Buchungssatz Unternehmen:		
Eigenkapital	an	Kasse [i. H. v. Optionspreis]

Die Gegenpartei des Unternehmens ist mit der Vereinbarung Stillhalter einer Verkaufoption geworden. Die Gegenpartei ist im Fall der Ausübung der Option durch das Unternehmen zum Erwerb einer fixen Zahl von Eigenkapitalinstrumenten des Unternehmens verpflichtet. Die Vereinbarung ist aus Sicht der Gegenpartei gemäß IAS 39.9 i. V. m. IAS 39.AG9-11 als Derivat zu klassifizieren und beim erstmaligen Ansatz erfolgswirksam zum beizulegenden Zeitwert zu bewerten.[114] Der beizulegende Zeitwert der Vereinbarung zu Vertragsbeginn entspricht dem erhaltenen Optionspreis. Die Gegenpartei hat gemäß IAS 39.14 i. V. m. IAS 39.43 eine finanzielle Verpflichtung in Höhe des erhaltenen Optionspreises anzusetzen und löst damit eine erfolgsneutrale Bilanzverlängerung aus. Die erstmalige Erfassung folgt IAS 32.IE28 am Beispiel einer Verkaufoption mit Barerfüllung.

Buchungssatz bei der Gegenpartei:		
Kasse	*an*	*Verpflichtung (aus Verkaufoption)*[115] *[i. H. v. Optionspreis]*[116]

Die erstmalige Erfassung der Verkaufoption bei Unternehmen und Gegenpartei ist erfolgsneutral als Bilanzverkürzung bzw. Bilanzverlängerung mit spiegelbildlicher Kapitalwirkung vorzunehmen.

452.12 Folgebilanzierung zum Bilanzstichtag

Die Änderungen des beizulegenden Zeitwertes der als Eigenkapitalinstrument klassifizierten Vereinbarung sind im Abschluss des Unternehmens nicht auszuweisen (IAS 32.22). Zahlungen aus der Vereinbarung bis zum Zeitpunkt der Folgebilanzierung, die eine bilanzielle Abbildung auslösen würde, werden nicht getätigt.

---

114 Vgl. Abschnitt 432.11.

115 In der englischen Originalfassung wird die Verpflichtung als „put option liability" bezeichnet. Vgl. IAS 32.IE28.

116 Die bilanzielle Abbildung vollzieht sich analog zum Ausweis eines Optionsgeschäfts über den Verkauf einer Verkaufoption mit Barerfüllung. Vgl. IAS 32.IE28.

Die Gegenpartei hat eine Änderung des beizulegenden Zeitwertes der als Derivat klassifizierten Vereinbarung gemäß IAS 39.46 bzw. IAS 39.47(a) erfolgswirksam im Abschluss auszuweisen. Ist der Wert der Optionsvereinbarung z. B. infolge eines Wertverfalls des Basiswertes gestiegen, dann ist die Verbindlichkeit entsprechend der Wertsteigerung erfolgswirksam zu erhöhen und, vice versa, ist der Wert der Optionsvereinbarung z. B. infolge eines Wertanstiegs des Basiswertes gefallen, dann ist die Verbindlichkeit entsprechend dem Wertverfall erfolgswirksam zu reduzieren. Anders als bei einem Termingeschäft kann die Stillhalterposition nie in eine Forderung umschlagen und ist daher immer als Verpflichtung auszuweisen. Die Folgebuchung ist in IAS 32.IE28 am Beispiel einer Verkaufoption mit Barerfüllung dargestellt.

Buchungssatz bei der Gegenpartei:

Verpflichtung (aus Verkaufoption)	*an*	*Gewinn* *[i. H. v. positiver Wertänderung]*
bzw.		
Verlust	*an*	*Verpflichtung* *(aus Verkaufoption)* *[i. H. v. negativer Wertänderung]*

Die Folgebuchungen de lege lata von Unternehmen und Gegenpartei sind in Bezug auf die Erfolgswirkung und die Kapitalwirkung asymmetrisch.

452.13 Abschlussbilanzierung bei Erfüllung

Die Ausübung des Optionsrechts führt zur Erfüllung der Optionsvereinbarung durch Ausgabe einer fixen Zahl von Eigenkapitalinstrumenten gegen Zahlung eines fixen Betrages. Das Unternehmen hat die Erfüllung durch erfolgsneutralen Aktivtausch auszuweisen. Im Zeitpunkt ihrer Erfüllung wird die Vereinbarung durch Erhöhung des Eigenkapitals in Höhe des zufließenden Betrages kapitalwirksam. Die Abschlussbilanzierung bei Ausübung des Optionsrechts und Lieferung von Anteilen durch das Unternehmen ist ebenfalls in IAS 32.IE25 dargestellt. Die Buchung entspricht der Buchung bei einer Kapitalerhöhung durch Ausgabe neuer Anteile.

Buchungssatz Unternehmen:		
Kasse	*an*	*Eigenkapital* *[i. H. v. Ausübungspreis]*

Die Gegenpartei hat die Erfüllung analog dem Ausweis einer Terminvereinbarung auszuweisen, die das Unternehmen zur Ausgabe von Anteilen verpflichtet.[117]

Das Unternehmen und die Gegenpartei buchen jeweils erfolgsneutral. Diese Abschlussbuchungen bei Ausübung des Verkaufsrechts sind in Hinblick auf ihre Kapitalwirkung asymmetrisch.

452.14 Abschlussbilanzierung bei Verfall des Optionsrechts

IAS 32.IE25 enthält keine Beschreibung der erforderlichen bilanziellen Behandlung für den Fall, dass die Option nicht ausgeübt wird. Die Bilanzierung wird daher im Folgenden aus den Vorschriften in IAS 32 und IAS 39 ermittelt. Der gezahlte Optionspreis wurde bei Erstbuchung gemäß IAS 32.22 bilanzverkürzend direkt vom Eigenkapital abgezogen. Bilanzielle Anpassungen für Änderungen des Optionswertes waren danach nicht vorzunehmen (IAS 32.22). Das Unternehmen weist weder einen Vermögenswert noch eine Verpflichtung aus. Bei Verfall der Option kommt es zu keiner Zahlung. Anteile werden nicht ausgegeben. Somit hat der Verfall der Option auch keine Kapitalwirkung und keine Erfolgswirkung auf das Unternehmen. Der Bilanzausweis ist nicht anzupassen.

Die Gegenpartei hat die zum beizulegenden Zeitwert fortgeschriebene Verbindlichkeit auf null erfolgssteigernd abzuschreiben (IAS 39.47(a) i. V. m. IAS 39.9 und vollständig auszubuchen (IAS 39.39).

Buchungssatz bei der Gegenpartei:		
Verpflichtung *(aus Verkaufoption)*	*an*	*Gewinn* *[i. H. v. (Netto-) Wertänderung]*

117 Vgl. Abschnitt 432.1.

Die Buchungen de lege lata von Unternehmen und Gegenpartei bei Verfall des Optionsrechts weichen sowohl in ihrer Erfolgswirkung als auch in ihrer Kapitalwirkung voneinander ab.

452.2 Bilanzierung einer „fix-for-variable"-Vereinbarung

Eine Vereinbarung, die dem Unternehmen das Recht gibt, eine variable Zahl von Anteilen zu einem fixen Preis auszugeben, ist analog einer verpflichtenden Vereinbarung mit variabler Erfüllung bei Unternehmen und der Gegenpartei als Derivat gemäß IAS 39.9 zu klassifizieren.[118] Beim erstmaligen Ansatz ist die vom Unternehmen gezahlte bzw. der von der Gegenpartei erhaltene Optionspreis als erfolgswirksam zum beizulegenden Zeitwert zu bewertender finanzieller Vermögenswert bzw. finanzielle Verbindlichkeit zu erfassen (IAS 39.14). Eine Änderung des beizulegenden Zeitwertes ist gemäß IAS 39.46 bzw. IAS 39.47(a) erfolgswirksam im Abschluss auszuweisen. Die Erfüllung der fix-for-variable-Vereinbarung durch Ausgabe der Anteile ist erfolgsneutral zu erfassen.[119] Wird die Option nicht ausgeübt, ist der finanzielle Vermögenswert bzw. die finanzielle Verbindlichkeit erfolgswirksam auszubuchen (IAS 39.47(a) und IAS 39.17 bzw. IAS 39.39).

453 Würdigung der bilanziellen Abbildung de lege lata und Diskussion des sachgerechten Ausweises

In Abschnitt 451 wurde begründet, dass der Erwerb der Verkaufoption mit Bruttoerfüllung wirtschaftlich zu einer bedingten Erhöhung des Haftkapitals des Unternehmens führt. Der Erwerb der Verkaufoption entspricht in Hinblick auf seine wirtschaftliche Kapitalwirkung einem Terminverkauf[120], denn die Bedingung, daher die Ausübung des Optionsrechts[121], kann unabhängig von der wirtschaftlichen Situation des Unternehmens vollständig durch das Unternehmen herbeigeführt werden. Folglich entspricht der Erwerb einer Verkaufoption wirtschaftlich einer Erhöhung des Haftkapitals des Unternehmens in Höhe des Ausübungspreises der Option, daher dem Aus-

118 Vgl. Abschnitt 432.2.
119 Vgl. Abschnitt 442.23.
120 Vgl. Abschnitt 431.
121 Vereinfachend wird unterstellt, dass die Ausübung des Optionsrechts und die Erfüllung der daraus resultierenden Verpflichtungen zeitlich zusammenfallen.

gabepreis der Anteile. Das Haftkapital ist unabhängig davon erhöht, ob das Unternehmen das Recht hat, eine fixe oder eine variable Zahl von Anteilen auszugeben, denn maßgebend für die Erhöhung des Haftkapitals ist die an die Optionsausübung geknüpfte Forderung des Unternehmens auf Zahlung des Ausgabepreises der Anteile, deren Fälligstellung einzig im Ermessen des Unternehmens steht.[122] Die „fix-for-fix"-Vereinbarung ist c.p. mit der „fix-for-variable"-Vereinbarung wirtschaftlich identisch und wegen der ergänzenden qualitativen Anforderung der Vergleichbarkeit (CF QC12-25 i.V.m. CF QC5) in vergleichbarer Weise auszuweisen.[123]

De lege lata ist unabhängig von der Ausübung des Optionsrechts weder die Forderung auf Zahlung des Ausübungspreises noch die damit verbundene Verpflichtung zur Ausgabe von Anteilen bilanziell zu erfassen. Dieser Ausweis de lege lata steht damit im Widerspruch zum grundlegenden qualitativen Erfordernis des Rahmenkonzepts, die Finanzinformation im Jahresabschluss glaubwürdig darzustellen (CF QC5). Die bedingte Forderung des Unternehmens auf Zahlung des Ausübungspreises gegen den Stillhalter der Option ist als Vermögenswert gemäß CF 4.4 zu qualifizieren und gemäß CF 4.44 zu aktivieren. Aus Sicht des Unternehmens besteht keine Unsicherheit über den Zufluss des künftigen wirtschaftlichen Nutzens aus der Vereinbarung. Die Entscheidung darüber, daher die Ausübung der Option, liegt vielmehr vollständig im Ermessen des Unternehmens und CF 4.40 findet daher keine Anwendung. Die Verpflichtung zur Ausgabe von Anteilen ist wegen CF 4.4 (c) im Haftkapital zu passivieren.[124]

Die Zahlung des Optionspreises reduziert das Vermögen und damit die Haftmasse des Unternehmens unmittelbar. Sie ist Teil der Kapitalmaßnahme. Die Zahlung sollte daher de lege ferenda erfolgsneutral erfasst werden. Ein solcher Ausweis entspricht dem Ausweis de lege lata, wonach der gezahlte Optionspreis direkt vom Eigenkapital des Unternehmens abzuziehen ist. Das erworbene Recht zur Ausübung der Option ist kein eigenständiger Vermögenswert, sondern wird durch die bedingte Forderung umfasst.

122 Vgl. Abschnitt 433.

123 Vgl. Abschnitte 352 und 433.

124 Vereinfachend wird unterstellt, die gesellschaftsrechtlichen Voraussetzungen für die Ausgabe von Anteilen sind erfüllt.

Aufbauend auf den Ergebnissen zur bilanziellen Abbildung des Terminverkaufs in Abschnitt 433 und 434 wird im Folgenden die Abbildung de lege ferenda solcher Aspekte des Geschäftsvorfalls diskutiert, die bei der Betrachtung des Terminverkaufs nicht zu berücksichtigen waren. Die Betrachtung wird für die Abbildung beim Unternehmen vorgenommen.[125] Die vereinfachenden Annahmen für die Betrachtung der Terminverkaufvereinbarung gelten auch für die Betrachtung der Verkaufoption. Vgl. Abschnitt 452 mit einer Darstellung der Bilanzierung der Optionsvereinbarung bei der Gegenpartei de lege lata.

454 Bilanzielle Abbildung der erworbenen Verkaufoption de lege ferenda

454.1 Erstmalige Bilanzierung bei Vertragsabschluss

Analog zum Ausweis eines Terminverkaufs mit Bruttolieferung durch das Unternehmen sollte das Unternehmen die bedingte Forderung auf Zahlung aus der Vereinbarung aktivieren und das Haftkapital um den Ausübungspreis erhöhen, da die Erbeiführung der Bedingung in der Macht des Unternehmens steht.[126] Die Forderung gegen den Stillhalter der Option sollte separat von den sonstigen Forderungen der Gesellschaft ausgewiesen werden. Der gezahlte Optionspreis ist als erfolgsneutrale Bilanzverkürzung durch Reduktion von Aktiva und Haftkapital zu erfassen.

Buchungssatz Unternehmen:		
Forderung (aus Option)	*an*	*Haftkapital [i. H. v. Ausübungspreis]*
Haftkapital	*an*	*Kasse [i. H. v. Optionspreis]*

Die Buchungen de lege ferenda beim Unternehmen sowie de lege lata bei der Gegenpartei der Vereinbarung sind erfolgsneutral und in ihrer Kapitalwirkung asymmetrisch zueinander.

125 Vgl. Abschnitt 452 mit einer Darstellung der Bilanzierung der Verkaufoption durch die Gegenpartei als Stillhalter de lege lata.
126 Vgl. Abschnitt 434.1.

454.2 Folgebilanzierung zum Bilanzstichtag

Analog zum Ausweis der Terminvereinbarung sollte eine Änderung des beizulegenden Zeitwertes der Verkaufoption bei Folgebilanzierung nicht berücksichtigt werden.[127] Eine Wertminderung des Vermögens infolge des vollständigen oder teilweisen Ausfalls der bedingten Forderung auf Zahlung aus der Vereinbarung sollte wie auch bei der Abbildung des Terminverkaufs als erfolgswirksame Reduktion des Haftkapitals ausgewiesen werden.[128]

Der Folgeausweis de lege ferenda beim Unternehmen weicht mangels Neubewertung der Bilanzposition vom Folgeausweis de lege lata bei der Gegenpartei mit Blick auf Erfolgswirkung und Kapitalwirkung ab.

454.3 Abschlussbilanzierung bei Erfüllung

Bei Ausübung der Option durch das Unternehmen sollte die Erfüllung der Vereinbarung durch Ausgabe von Anteilen und Zahlung des Ausübungspreises analog der Erfüllung eines Terminverkaufs als erfolgsneutraler Aktivtausch abgebildet werden.[129] Die Position sollte innerhalb des Haftkapitals umgebucht werden, um den veränderten rechtlichen Charakter zu reflektieren. Eine Verwässerung oder Zuwachsung der Position der Alt-Residualkapitalgeber wird auch bei diesem Geschäft auf Seiten des bilanzierenden Unternehmens nicht berücksichtigt.[130]

Buchungssatz Unternehmen:		
Kasse	*an*	*Forderung (aus Verkaufoption) [i. H. v. Ausübungspreis]*
Haftkapital (Position A)	*an*	*Haftkapital (Position B) [i. H. v. Ausübungspreis]*

Die Buchungen de lege ferenda beim Unternehmen sowie de lege lata bei der Gegenpartei der Vereinbarung sind jeweils erfolgsneutral. Sie sind indes in Hinblick auf ihre Kapitalwirkung asymmetrisch.

127 Vgl. Abschnitt 434.2.
128 Vgl. Abschnitt 434.2.
129 Vgl. Abschnitt 434.3.
130 Vgl. Abschnitt 223 zur Wahl der Unternehmensperspektive als Bilanzperspektive.

454.4 Abschlussbilanzierung bei Verfall des Optionsrechts

Liegt der Marktpreis über dem Ausübungspreis, dann besteht für das Unternehmen der wirtschaftliche Anreiz, die Option verfallen zu lassen und die Anteile zum Marktpreis zu veräußern. Der Verfall der Option führt zu einer Reduktion des Haftkapitals, solange keine ersetzende Kapitalmaßnahme durchgeführt wird. Wenn keine Ersatzmaßnahme vollzogen wird, ist eine erfolgsneutrale Bilanzverkürzung durch Reduktion des Haftkapitals infolge der Ausbuchung der Forderung vorzunehmen.

Buchungssatz Unternehmen:		
Haftkapital	*an*	*Forderung* *(aus Verkaufoption)* *[i. H. v. Ausübungspreis]*

Bei Verfall der Option hat die Gegenpartei die fortgeschriebene passivierte Verbindlichkeit auf den beizulegenden Zeitwert erfolgssteigernd abzuschreiben und vollständig auszubuchen.

Die Buchungen von Unternehmen und Gegenpartei der Vereinbarung sind asymmetrisch in ihrer Erfolgswirkung und Kapitalwirkung.

455 Zwischenfazit

In der nachstehenden Übersicht wird wie bereits in den vorherigen Abschnitten der Bilanzausweis de lege lata und de lege ferenda des Erwerbs einer Verkaufoption beim Unternehmen (Erwerber) und bei der Gegenpartei (Stillhalter) mit Blick auf Kapitalwirkung und Erfolgswirkung verglichen. In der Betrachtung werden wieder nur solche „fix-for-variable"-Vereinbarungen aufgeführt, bei denen die Höhe des Terminpreises fixiert und damit die Höhe des abfließenden Haftkapitals bestimmt ist. Die Abschlussbuchung wird für Ausübung der Option zum letztmöglichen Zeitpunkt bzw. und Verfall der Option dargestellt.

	De lege lata		De lege ferenda	
	fix-for-fix	fix-for-variable	fix-for-fix	fix-for-variable
Erstbuchung	Asymm. KW Symm. EW (Erfolgsneutral)		Asymm. KW Symm. EW (Erfolgsneutral)	
Folgebuchung	Asymm. EW Asymm. KW	**Symm. EW** **Symm. KW**	Asymm. EW Asymm. KW	
Abschlussbuchung	Asymm. KW Symm. EW (Erfolgsneutral)		Asymm. KW Symm. EW (Erfolgsneutral)	

Übersicht 4-4: *Vergleich der Symmetrie von Kapitalwirkung (KW) und Erfolgswirkung (EW) des Erwerbes einer Verkaufoption*

Vollständige Symmetrie von der bilanziellen Erfassung de lege lata bei Unternehmen und Gegenpartei besteht auch hier lediglich in der Erfolgswirkung der Erstbuchung und Abschlussbuchung, da diese sowohl beim Unternehmen als auch bei der Gegenpartei erfolgsneutral vorzunehmen ist, und für den Fall, dass die Transaktion sowohl bei dem Unternehmen als auch bei der Gegenpartei als Derivat erfasst wird. Diese Bedingung ist wiederum für den Ausweis de lege lata einer „fix-for-variable"-Vereinbarung aus Sicht des Unternehmens ebenso wie aus Sicht der Gegenpartei erfüllt.

Der bilanzielle Ausweis einer Kapitalerhöhung führt zur asymmetrischen Kapitalwirkung bei Kapitalnehmer und Kapitalgeber. Daher ist der Ausweis des erworbenen Optionsrechts de lege ferenda in der Bilanz des Unternehmens in seiner Erfolgs- als auch Kapitalwirkung asymmetrisch zum Ausweis bei der Gegenpartei. Die bilanzielle Abbildung des Erwerbs der Verkaufoption de lege lata als auch de lege ferenda entspricht im Wesentlichen der Abbildung eines Terminverkaufs als Kapitalerhöhung im Zeitpunkt der Vereinbarung des Geschäfts. Die Kapitalmaßnahme umfasst die Zahlung der Optionspreis, die als unmittelbare Kapitalherabsetzung zu erfassen ist.

Der Vorschlag für den Ausweis de lege ferenda des Erwerbs einer Verkaufoption durch das Unternehmen unterscheidet sich vom Ausweis de lege lata, indem der Ausweis de lege ferenda analog zum Terminverkauf eine Bilanzverlängerung bei erstmaliger Bilanzierung durch Erhöhung von Haftkapital und Aktiva in Höhe des Ausübungspreises abzüglich des ausgezahlten Optionspreises sowohl für „fix-for-fix" als auch „fix-for-variable"-Vereinbarungen auslöst. Dieser vorgeschlagene bilanzielle Ausweis ist am Prinzip der Haftungsfähigkeit als Maßstab des Kapitalausweises orientiert und damit sachgerecht. Er zeigt die Erhöhung des Haftkapitals des Unternehmens im Zeitpunkt des wirtschaftlichen Zugangs des Haftkapitals auf und vermittelt dadurch entscheidungsrelevante Informationen an die Adressaten des Jahresabschlusses. Ein Ausweis der Erhöhung des Haftkapitals im (späteren) Zeitpunkt der Ausgabe der Anteile bei Ausübung der Verkaufoption und damit im Zeitpunkt der gesellschaftsrechtlichen Kapitalerhöhung, wie er gegenwärtig in IAS 32.IE25 verfasst ist, ist analog zum Terminverkauf als formalistisch abzulehnen.

46 Stillhalter Verkaufoption (written put option)

461 Wirtschaftliche Substanz des Verkaufs der Verkaufoption

Die Vereinbarung über eine Verkaufoption mit Erfüllung durch Bruttolieferung zwischen dem Unternehmen (Stillhalter) und der Gegenpartei (als Erwerber) begründet eine bedingte Pflicht des Unternehmens.[131] Die Pflicht des Unternehmers besteht darin, zu einem bestimmten Zeitpunkt in der Zukunft von der Gegenpartei eigene Anteile zu erwerben und den Ausübungspreis der Option zu zahlen. Die Fälligkeit der Hauptleistungspflichten ist an die Ausübung der Option durch die Gegenpartei geknüpft.[132] Das Unternehmen kann die Ausübung der Option nicht beeinflussen und damit das Eintreten der Bedingung der Vereinbarung nicht herbeiführen.

Ebenso wie bei einem Terminkauf hat das Unternehmen die Verpflichtung, aus der bestehenden Vermögensmasse zu tilgen, denn der Zugang von eigenen Anteilen erhöht nicht das Vermögen des Unternehmens.[133] Der Anspruch der Gegenpartei auf Zahlung des Ausübungspreises besteht unabhängig von entstehenden Verlusten des Unternehmens und bleibt damit auch in einer Insolvenz bestehen. Die Vereinbarung

131 Vgl. Abschnitte 332 und 352.1.
132 Vgl. Abschnitte 332.
133 Vgl. Abschnitt 411.

des Terminkaufs entspricht wirtschaftlich dem bedingten Erwerb eigener Anteile und führt zu einer Reduktion des Haftkapitals zu Vertragsbeginn.

Die aus der Vereinbarung resultierende Forderung auf Einzahlung des Optionspreises bzw. die tatsächliche Einzahlung erhöht das vertraglich haftende Vermögen des Unternehmens, denn die Vermögenserhöhung ist dauerhaft und von der Ausübung der Option unabhängig. Entsprechend ist das Haftkapital im Zeitpunkt des Vertragsabschlusses um den Betrag des Optionspreises erhöht. Die Gegenpartei wird das Verkaufsrecht nicht ausüben, sondern verfallen lassen, wenn sie die Anteile für einen höheren Preis als den Ausübungspreis außerhalb der Optionsvereinbarung veräußern kann.

Unternehmen begeben sich in einer Vielzahl von wirtschaftlichen Sachverhalten in die Position eines Stillhalters einer Verkaufoption. Das Angebot des Unternehmens an alle Inhaber der Anteile innerhalb eines Rückkaufprogrammes von Aktien[134], mit dem Ziel der Kapitalreduktion, entspricht wirtschaftlich der Position eines Stillhalters. Durch das Erwerbsangebot entsteht eine vertragliche Verpflichtung, deren Erfüllung durch Lieferung der Anteile an die Gesellschaft mit gesetzlich vorgeschriebenem zeitlichem Abstand zum Zeitpunkt der Verpflichtung vollzogen wird. Einen vergleichbaren Sachverhalt stellen Kündigungsrechte bzw. Andienungsrechte von Gesellschaftern gegenüber der Gesellschaft dar.[135]

Im Zusammenhang von Aktienrückkaufprogrammen verkaufen Unternehmen Verkaufoptionen und begeben sich in eine vergleichbare Stillhalterposition.[136] Aus der Bereitschaft zum Erwerb eigener Anteile zu einem bestimmten Preis wird dabei ein wirtschaftlicher Nutzen in Form des erzielten Optionspreises gezogen. Der Ausü-

---

134 Ein Unternehmen ist innerhalb eines freiwilligen Erwerbsangebots einer börsennotierten Gesellschaft an ihre Aktionäre nach dem Wertpapierübernahmegesetz (WpÜG) Stillhalter. Vgl. LÜDENBACH, N., Haufe IFRS, § 20, Rn. 20.

135 Die praktische Bedeutung von Kündigungsrechten und Andienungsrechten ist in der Debatte um die Überarbeitung des IAS 32 (rev. 2004) durch die Änderung in 2008 deutlich geworden. Vgl. Abschnitt 233.

136 Zum Beispiel die MÜNCHNER RÜCKVERSICHERUNG AG und die E.ON AG haben solche Vereinbarungen im Jahr 2008 getroffen. Vgl. unter http://www.munichre.com/en/ir/shares/share_buyback/2007/default.aspx und http://www.eon.com/en/investors/25332.jsp. Gegenpartei der Optionsvereinbarung muss dabei nicht ein bestehender Anteilseigner der Gesellschaft sein. Vgl. BREKER, N., Optionsrechte und Stillhalterverpflichtungen, S. 23 m. w. N.

bungspreis der Verkaufoption kann dabei in Höhe des Zielpreises des Rückkaufs gewählt werden.

Verkaufoptionen bzw. Andienungsrechte werden auch bei Unternehmens-übernahmen vereinbart.[137] Praktische Relevanz haben solche Vereinbarungen bei Transaktionen, bei denen das erwerbende Unternehmen den Kaufpreis durch Ausgabe von eigenen Anteilen begleicht. Die Zahlung mit eigenen Anteilen kann dabei mit einem Andienungsrecht an den Emittenten verbunden werden. Aus Sicht des Verkäufers, der in Anteilen des Erwerbers verbunden mit einem Andienungsrecht bezahlt wird, ist zu beachten, dass die Werthaltigkeit des Andienungsrechts negativ mit der Wahrscheinlichkeit der Ausübung des Rechts korreliert ist. Im Extremfall ist das Unternehmen, welches das Andienungsrecht ausgegeben hat, dann zahlungsunfähig, wenn dem Verkäufer der maximale Anspruch aus dem Andienungsrecht zusteht.

462 Bilanzielle Abbildung der Verkaufoption als Stillhalter de lege lata

462.1 Bilanzierung einer „fix-for-fix"-Vereinbarung

462.11 Erstmalige Bilanzierung bei Vertragsabschluss

Die Vereinbarung verpflichtet das Unternehmen als Stillhalter zum Einzug einer fixen Zahl von Eigenkapitalinstrumenten gegen Zahlung eines fixen Betrages. Analog der Terminkaufvereinbarung hat das Unternehmen die Vereinbarung gemäß IAS 32.22 i. V. m. IAS 32 AG27(a) im Widerspruch zu IAS3.16 (a)[138] als Eigenkapitalinstrument zu klassifizieren, da sie nur durch Erwerb einer fixen Zahl von Eigenkapitalinstrumenten erfüllt werden kann. Änderungen des beizulegenden Zeitwertes eines Eigenkapitalinstrumentes sind im Abschluss nicht auszuweisen. Die aus einem solchen Vertrag erhaltenen Entgelte sind direkt dem Eigenkapital hinzuzurechnen. Die vertragliche Verpflichtung eines Unternehmens zum Rückkauf eigener Eigenkapitalinstrumente

137 Zum Beispiel die ARCANDOR AG hat im Zuge des Erwerb von HSE von INTERACTIVE CORP eigene Aktien an INTERACTIVE CORP ausgegeben und damit verbunden INTERACTIVE CORP das Recht zum Verkauf der Aktien zu einem fixen Ausübungspreis eingeräumt, um INTERACTIVE CORP gegen einen Wertverfall der Aktien teilweise zu sichern. Vgl. z. B. INTERACTIVE CORP, Geschäftsbericht Jahr 2007, S. 73.

138 Vgl. Abschnitt 442.1.

begründet gemäß IAS 32.23 auch dann zu Vertragsbeginn eine bilanziell abzubildende finanzielle Verbindlichkeit in Höhe des Barwertes des Rückkaufbetrages, d.h. des Ausübungspreises der Verkaufoption, wenn die Verpflichtung nur bei Ausübung des Verkaufrechts durch die Gegenpartei durch Inanspruchnahme der geschriebenen Verkaufoption zu erfüllen ist. Der Verkauf einer Verkaufoption auf eigene Eigenkapitalinstrumente unterliegt daher ebenfalls der in IAS 32 enthaltenen Ausnahme zur Systematik der Behandlung von Finanzinstrumenten nach IAS 39 als auch IAS 32. Trotz Klassifikation als Eigenkapitalinstrument begründet die Vereinbarung eine bilanzielle Verbindlichkeit. Das Unternehmen hat eine synthetische Verbindlichkeit zu passivieren, die sich aus der Kombination des ausstehenden Eigenkapitalinstrumentes und der Optionsvereinbarung ergibt.[139] Beim erstmaligen Ansatz der Verbindlichkeit aus der Vereinbarung ist gemäß IAS 32.23 ihr beizulegender Zeitwert, d.h. der Barwert des Rückkaufbetrages, aus dem Eigenkapital in eine Verbindlichkeit umzugliedern. Der Ausweis der Verbindlichkeit geschieht gemäß IAS 39.43 i.V.m. IAS 39.AG64. Aufgrund ihrer Klassifikation als Eigenkapitalinstrument bleibt die mit der Erfassung der Verbindlichkeit einhergehende Reduktion des Eigenkapitals erfolgsneutral.

Das Unternehmen hat der Gegenpartei das Recht verkauft, eine fixe Zahl von Anteilen zu einem fixen Betrag zu verkaufen. Die Gegenpartei wird das Optionsrecht dann ausüben, wenn der durch den Verkauf von Anteilen an das Unternehmen zu erlösende Betrag höher ist, als der Betrag, der durch den Verkauf der Anteile an einen Dritten erlöst werden kann. Das Unternehmen erhält für seine Verpflichtung als Stillhalter den Optionspreis. IAS 32.IE30 beschreibt die bilanzielle Erfassung einer Stillhalterposition aus Verkaufoption mit Bruttoerfüllung.

Buchungssatz Unternehmen:		
Eigenkapital	*an*	*Verpflichtung (aus Verkaufoption) [i. H. v. Barwert Ausübungspreis]*
Kasse	*an*	*Eigenkapital [i. H. v. Optionspreis]*

139 Vgl. Abschnitt 442.1.

Die Gegenpartei bilanziert analog zur Bilanzierung einer Verkaufoption (als Stillhalter).[140] Die Gegenpartei hat daher eine Forderung in Höhe des gezahlten Optionspreises zu aktivieren. Die erstmalige Erfassung folgt IAS 32.IE23 am Beispiel einer Verkaufoption mit Barerfüllung.

Buchungssatz bei der Gegenpartei:		
Forderung	*an*	*Kasse (aus Verkaufoption) [i. H. v. Optionspreis]*

Der erstmalige Ausweis der Verkaufoption ist bei Unternehmen und Gegenpartei erfolgsneutral als Bilanzverlängerung bzw. Bilanzverkürzung mit spiegelbildlicher Kapitalwirkung vorzunehmen.

462.12 Folgebilanzierung zum Bilanzstichtag

Der Ausweis entspricht der Folgebilanzierung der „fix-for-fix"- Terminkaufvereinbarung mit Bruttoerfüllung beim Unternehmen.

Buchungssatz Unternehmen:		
Zinsaufwand	*an*	*Verpflichtung (aus Verkaufoption) [i. H. v. anteiliger Zinsaufwand]*

Die Gegenpartei bilanziert analog zur Bilanzierung einer Verkaufoption (als Stillhalter).[141] Ist der Wert der Optionsvereinbarung z. B. infolge eines Wertverfalls des Basiswertes gestiegen, dann ist die Forderung entsprechend der Wertsteigerung erfolgswirksam zu erhöhen und, vice versa, ist der Wert der Optionsvereinbarung z. B. infolge eines Wertanstiegs des Basiswertes gefallen, dann ist die Forderung entsprechend dem Wertverfall erfolgswirksam zu reduzieren. Anders als bei einem Termingeschäft hat der Optionsinhaber immer ein Recht und weist daher eine Forderung aus. Die Forderung kann nicht in eine Verbindlichkeit umschlagen. Die Folgebilanzierung ist in IAS 32.IE23 am Beispiel einer Verkaufoption mit Barerfüllung dargestellt.

140 Vg. Abschnitt 452.12.
141 Vg. Abschnitt 452.12.

Buchungssatz bei der Gegenpartei:		
Forderung (aus Verkaufoption)	*an*	*Gewinn [i. H. v. positive Wertänderung]*
bzw.		
Verlust	*an*	*Forderung (aus Verkaufoption) [i. H. v. negative Wertänderung]*

Die Folgebuchungen de lege lata von Unternehmen und Gegenpartei sind in Bezug auf Erfolgswirkung und Kapitalwirkung asymmetrisch.

462.13 Abschlussbilanzierung bei Erfüllung

Die Ausübung des Optionsrechts durch die Gegenpartei führt zur Erfüllung der Optionsvereinbarung. Das Unternehmen hat eine fixe Zahl von Eigenkapitalinstrumenten gegen Zahlung eines fixen Betrages in Höhe des Ausübungspreises zu erwerben. Das Unternehmen hat die Verringerung seiner Verpflichtungen durch erfolgsneutrale Bilanzverkürzung auszuweisen.

Buchungssatz Unternehmen:		
Verpflichtung (aus Verkaufoption)	*an*	*Kasse [i. H. v. Ausübungspreis]*

Die Gegenpartei hat die Anteile in einem Aktivtausch gegen den Verkaufspreis auszubuchen. Die Forderung erlischt durch Erfüllung und ist erfolgsneutral auszubuchen.

Buchungssatz bei der Gegenpartei:		
Kasse [i. H. v. Ausübungspreis]	*an*	*Forderung (aus Verkaufoption) [i. H. v. beizulegender Zeitwert der Optionsvereinbarung]*
	an	*Anteile [i. H. v. beizulegender Zeitwert der erworbenen Anteile]*

Unternehmen und Gegenpartei bilanzieren die Ausübung jeweils erfolgsneutral. Die Abschlussbuchungen sind in Hinblick auf ihre Kapitalwirkung asymmetrisch.

462.14 Abschlussbilanzierung bei Verfall des Optionsrechts

IAS 32.IE30 enthält keine Beschreibung der erforderlichen bilanziellen Behandlung des Optionsverfalls. Die bilanzielle Abbildung wird daher im Folgenden aus den Vorschriften in IAS 32 und IAS 39 ermittelt. Der erzielte Optionspreis wurde bei Erstbuchung gemäß IAS 32.22 bilanzverlängernd direkt zum Eigenkapital hinzugerechnet. Bilanzielle Anpassungen für Änderungen des Optionswertes waren danach nicht vorzunehmen (IAS 32.22). Das Unternehmen weisst weder einen Vermögenswert noch eine Verpflichtung aus. Bei Verfall der Option kommt es zu keiner Zahlung. Anteile werden nicht erworben. Das Unternehmen hat daher die Verpflichtung aus der Verkaufoption erfolgsneutral gegen das Eigenkapital auszubuchen. Durch Verfall der Option ist die Verpflichtung daher wieder erfolgsneutral in Eigenkapital umzubuchen. Das Eigenkapital lebt wieder auf, da die bedingte Verpflichtung zur Zahlung entfallen ist.

Buchungssatz Unternehmen:		
Verpflichtung (aus Verkaufoption)	*an*	*Eigenkapital [i. H. v. Ausübungspreis]*

Am Ende der Laufzeit gleicht der beizulegende Zeitwert einer Verkaufoption dem inneren Wert. Liegt der Ausübungspreis unterhalb des Marktpreises, dann ist der innere Wert null. Die Option wird nicht ausgeübt. Die Gegenpartei verkauft keine Anteile und erhält keine Zahlung. Die Gegenpartei hat die fortgeschriebene Forderung daher auf den beizulegenden Zeitwert ertragsmindernd abzuschreiben und vollständig auszubuchen.

Buchungssatz Unternehmen:		
Verlust	*an*	*Forderung (aus Verkaufoption) [i. H. v.(Netto-)Wertänderung]*

Die Abschlussbuchungen von Unternehmen und Gegenpartei bei Verfall der Option sind in Bezug auf Erfolgswirkung und Kapitalwirkung asymmetrisch.

462.2 Bilanzierung einer „fix-for-variable"-Vereinbarung

Die „fix-for-variable"-Vereinbarung eines Verkaufsrechts wird aus Sicht des Unternehmens als Stillhalters bilanziell analog zu einer „fix-for-fix"-Vereinbarung eines vom Unternehmen erworbenen Verkaufsrechts behandelt.[142] Die Gegenpartei bilanziert wie beim Ausweis einer „fix-for-fix"-Verkaufoption.[143]

463 Würdigung der bilanziellen Abbildung de lege lata und Diskussion des sachgerechten Ausweises

Die Vereinbarung der Verkaufoption hat eine Reduktion des Haftkapitals des Unternehmens bereits vor der Erfüllung der Vereinbarung und dem tatsächlichen Abfluss des Ausübungspreises zur Folge.[144] Ebenso wie bei der Bilanzierung der Terminkaufvereinbarung hat der Ausweis dieser Vereinbarung auf Basis des haftungsbasierten Kapitalkonzepts der Haftkapitalreduktion zu Vertragsbeginn Rechnung zu tragen.[145] Das bilanziell ausgewiesene Haftkapital des Unternehmens ist entsprechend zum Zeitpunkt der Vereinbarung der Option zu reduzieren.

Im Folgenden wird diskutiert, wie die bedingte Verpflichtung und bedingte Forderung aus der Optionsvereinbarung auf Basis der Bestimmungen des Rahmenkonzepts der IFRS und unter Berücksichtigung des Prinzips der Haftung zu bilanzieren ist. De lege lata ist die bedingte Zahlungsverpflichtung aus der Verkaufoption als eine Verbindlichkeit auszuweisen, wenn der Erwerb einer fixen Zahl von Eigenkapitalinstrumenten gegen Zahlung eines fixen Betrags vereinbart wurde. Eine Forderung wird nicht erfasst, die Verbindlichkeit wird aus dem Eigenkapital umgegliedert. Ist Erwerb einer variablen Zahl von Anteilen bei Optionsausübung vereinbart, dann wird nur der beizulegende Zeitwert der Vereinbarung als Verbindlichkeit ausgewiesen, ohne dass be-

142 Vgl. Abschnitt 452.2.
143 Vgl. Abschnitt 462.1.
144 Vgl. Abschnitt 461. Vereinfachend wird unterstellt, dass die Ausübung des Optionsrechts und die Erfüllung der daraus resultierenden Verpflichtungen zeitlich zusammenfallen.
145 Vgl. Abschnitt 461.

dingte Zahlungspflicht trotz Vorliegen von wirtschaftlich vergleichbaren Vereinbarungen berücksichtigt wird.

Die Verpflichtung des Unternehmens aus der Optionsvereinbarung ist als eine Schuld gemäß CF 4.4 (b) i.V.m. CF 4.15–64 zu qualifizieren, falls sie eine gegenwärtige Verpflichtung des Unternehmens ist, die aus Ereignissen der Vergangenheit entstanden ist und deren Erfüllung für das Unternehmen erwartungsgemäß (expected)[146] mit einem Abfluss von Ressourcen mit wirtschaftlichem Nutzen verbunden ist. CF 4.19 hebt hervor, dass auch solche Schulden, deren Bestand oder Höhe des Betrags Unsicherheiten unterliegen, von der Definition in CF 4.4 erfasst werden, auch wenn sie in der Rechnungslegungspraxis teilweise als Rückstellungen beschrieben und nicht als Teil der Schulden im Sinne einer Verbindlichkeit erfasst werden. Daher wäre die Verpflichtung aus der Optionsvereinbarung auch dann als Schuld zu erfassen, wenn die Ausübung der Option als eine Bedingung für das Bestehen der Verpflichtung und nicht lediglich der Fälligkeit der Verpflichtung verstanden würde. Die Verpflichtung des Unternehmens zur Zahlung des Ausübungspreises ergibt sich aus der Optionsvereinbarung und ist damit eine gegenwärtige Verpflichtung des Unternehmens, die aus Ereignissen der Vergangenheit, d.h. dem Vertragsabschluss, entstanden ist. Die Höhe des Betrages der Verpflichtung ist vertraglich vereinbart. Die Sonderfälle, in denen ein variabler Ausübungspreis vereinbart wird, werden in dieser Arbeit nicht untersucht. Die Erfüllung der Verpflichtung führt zu einem Abfluss von Ressourcen, z.B. von Barmitteln, mit wirtschaftlichem Nutzen für das Unternehmen. Die Erfüllung wird fällig, indem das Optionsrecht ausgeübt wird und damit die Bedingung der Vereinbarung eintritt. Die Ausübung des Optionsrechts liegt im Ermessen des Optionsinhabers. Die Ausübung und damit die Erfüllung der Optionsverpflichtung durch Abfluss von Ressourcen mit wirtschaftlichem Nutzen für das Unternehmen ist dann zu erwarten, wenn der Ausübungspreis über einem alternativ erzielbaren Preis liegt. Die Verpflichtung aus der Optionsvereinbarung erfüllt folglich die Definition von Schuld in CF 4.4 (b).

146 Der englische Originalbegriff des Rahmenkonzepts „expected“ wird in Übersetzung des IASB mit „erwartungsgemäß“ übertragen. Dagegen übersetzen BAETGE, J./KIRSCH, H.-J./THIELE, S., Bilanzen, S. 180 mit „voraussichtlich“ und LÜDENBACH, N./HOFFMANN, W.-D., in: Haufe IFRS, § 1, Rn. 94 mit „mutmaßlich“.

Im Ansatzkriterium des CF 4.38 (a) wird gefordert, dass der Abfluss des mit dem Sachverhalt verknüpften künftigen wirtschaftlichen Nutzens, also der Auszahlung des Ausübungspreises durch das Unternehmen, wahrscheinlich (probable) ist. Laut CF 4.40 wird das Konzept der Wahrscheinlichkeit in den Ansatzkriterien aufgeführt, um auf den Grad an Unsicherheit hinzuweisen, mit dem der mit dem Sachverhalt verbundene künftige wirtschaftliche Nutzen dem Unternehmen zufließt oder von ihm abfließen wird. Die Beurteilung des Grades der Unsicherheit geschieht laut CF 4.40 im Zeitpunkt der Abschlusserstellung auf Grundlage von verfügbaren substanziellen Hinweisen. Quantitative Angaben zum erforderlichen Grad der Wahrscheinlichkeit werden im Rahmenkonzept nicht gemacht.[147] Gemäß CF 4.39 ist bei der Beurteilung, ob ein Sachverhalt diese Kriterien erfüllt und daher im Abschluss zu erfassen ist, der qualitativen Anforderung der Wesentlichkeit der im Jahresabschluss an die Adressanten vermittelten Information enthält in CF QC11 Rechnung zu tragen. Danach kann auf den Ausweis der Vereinbarung nur dann verzichtet werden, wenn das Weglassen der entsprechenden Informationen die auf Basis des Abschlusses getroffenen wirtschaftlichen Entscheidungen der Adressaten nicht beeinflussen kann. Diese Bedingung wäre nur dann erfüllt, wenn entweder die Wahrscheinlichkeit der Ausübung oder der Ausübungsbetrag sehr gering ist. Sowohl die Wahrscheinlichkeit der Ausübung als auch der Ausübungsbetrag sind dann gering, wenn der Ausübungspreis deutlich unter dem alternativ erzielbaren Preis liegt. Zur Prüfung, ob das Kriterium der Wesentlichkeit erfüllt ist, könnte der erwartete Marktpreis im Zeitpunkt der möglichen Ausübung der Option mit statistischen Methoden ermittelt werden.

Bei der Erarbeitung einer Neudefinition von Schuld durch den IASB und den FASB wurde die mit dem Begriff „expected“ verbundene Möglichkeit zur Fehlinterpretation durch die Anwender der Definition von Schuld durch den Board anerkannt[148] und folgerichtig in der Neudefinition entsprechend berücksichtigt. Eine Schuld wird nunmehr

---

147 Vgl. BAETGE, J./KIRSCH, H.-J./THIELE, S., Bilanzen, S. 182 mit Verweis auf die Regeln in IAS 37 und S. 455–458 zur gelanten Neuregelung der Bilanzierung von Rückstellungen nach IAS 37.

148 “The Boards agreed that the current frameworks’ existing liability definitions have the following shortcomings: Some users misinterpret the terms “expected” (IASB definition) and “probable” (FASB definition) to mean that there must be a high likelihood of future outflow of economic benefits for the definition to be met; this excludes liability items with a low likelihood of a future outflow of economic benefits. (.)”. Vgl. http://www.fasb.org/project/cf_phase-b.shtml.

definiert als eine gegenwärtige wirtschaftliche Verpflichtung, für die das Unternehmen der Schuldner ist.[149] Das Kriterium der Wahrscheinlichkeit entfällt in dieser Neudefinition. Bei Anwendung der Neudefinition sind daher auch solche Vereinbarungen zu erfassen, die einen Ausübungspreis aufweisen, der deutlich unter dem alternativ erzielbaren Preis liegt.

CF 4.46 enthält die Bestimmungen über die Pflicht zur Passivierung der Verpflichtung zur Zahlung bei Vorliegen der in CF 4.38 enthaltenen Ansatzkriterien. Gemäß CF 4.38 ist die Definition eines Abschlusspostens erfüllt und daher eine Schuld gemäß CF 4.46 anzusetzen, wenn es wahrscheinlich ist, dass sich aus der Erfüllung einer gegenwärtigen Verpflichtung ein direkter Abfluss von Ressourcen ergibt, die wirtschaftlichen Nutzen enthalten, und dass der Erfüllungsbetrag verlässlich ermittelt werden kann. Diese Erfordernisse werden durch die Verpflichtung aus der Optionsvereinbarung wie oben beschrieben erfüllt: Der Ausübungsbetrag ist vertraglich vereinbart und kann daher für den Zweck der Bilanzierung verlässlich ermittelt werden. Der Ausübungsbetrag in Form einer Barzahlung umfasst einen wirtschaftlichen Nutzen, der aus dem Unternehmen abfließt. Eine Passivierung sollte auf Basis der aktuell geltenden Definition von Schuld nur dann unterbleiben, wenn die Wahrscheinlichkeit der Ausübung gering ist. Die Wahrscheinlichkeit der Ausübung ist dann sehr gering, wenn der Ausübungspreis deutlich unter dem alternativ erzielbaren Preis liegt. Die bedingte Verpflichtung des Unternehmens auf Zahlung des Ausübungspreises gegenüber dem Inhaber der Option ist entsprechend als Verbindlichkeit gemäß CF 4.4 zu qualifizieren und gemäß CF 4.46 zu passivieren.

Der Passivierung steht nicht entgegen, dass in der Praxis vertragliche Verpflichtungen, die beidseitig anteilig nicht erfüllt sind, im Regelfall im Abschluss nicht als Schuld erfasst werden.[150] Gemäß CF 4.46 können Verpflichtungen, die nach CF 4.4 (b) als Schulden zu qualifizieren sind und, unter der Voraussetzung, dass die Kriterien für die Erfassung unter den besonderen Umständen erfüllt sind, erfasst werden. Mit der Optionsvereinbarung liegt bis zum Zeitpunkt der Erfüllung ein schwebendes Geschäft vor. Ein Bilanzierungsverbot des Geschäfts vor dem Zeitpunkt der Erfüllung

149 "A *liability* of an entity is a present economic obligation for which the entity is the obligor." Vgl. http://www.fasb.org/project/cf_phase-b.shtml.

150 In CF 4.46 wird das Beispiel von Schulden für bestellte, aber noch nicht erhaltene Vorräte, aufgeführt.

kann weder aus dem Periodisierungsprinzip noch aus sonstigen konzeptionellen Grundlagen der Rechnungslegung nach IFRS abgeleitet werden.[151] Die Verpflichtung sollte als Schuld in Höhe des Betrages der Reduktion des Haftkapitals passiviert werden. Dieser Passivtausch entspricht dem Ausweis einer „synthetischen Verbindlichkeit" gemäß IAS 32.23 und AG27(a)-(b).[152] Sowohl die Reduktion des Haftkapitals durch Vereinbarung der Verkaufoption als auch die Erfüllung der Vereinbarung durch Erwerb der eigenen Anteile sind Kapitalmaßnahmen, also erfolgsneutral zu erfassen.[153]

Das Unternehmen erhält als Stillhalter der Option den Optionspreis. Die Einzahlung des Optionspreises erhöht das Vermögen und damit den Haftungspuffer des Unternehmens. Sie ist erfolgsneutral zu erfassen, da die Einnahme des Optionspreises mit der Kapitalmaßnahme verbunden ist. Eine Neubewertung des Haftkapitals im Zeitpunkt der Folgebilanzierung ist nicht vorzunehmen.[154] Eine Neubewertung der Verpflichtung infolge einer Änderung des beizulegenden Zeitwertes der Anteile am Haftkapital im Zeitpunkt der Folgebilanzierung widerspricht dem Prinzip der Unternehmensfortführung in CF 4.1 und ist daher abzulehnen. Die Stillhalterposition aus einer Verkaufoption wird auf Basis dieser Überlegungen als eine Kapitalmaßnahme zu Vertragsbeginn dargestellt. Durch Vertragsschluss fließen, abgesehen vom Optionspreis, keine Aktiva zu oder ab, denn die bedingte Forderung auf Lieferung von eigenen Anteilen ist kein Vermögenswert und damit kein bilanzielles Aktivum.[155] Die Reduktion von Haftkapital ist daher als Passivtausch abzubilden.

Die „fix-for-fix"-Verkaufoption ist c.p. wieder mit der „fix-for-variable"-Verkaufoption wirtschaftlich identisch und deshalb in vergleichbarer Weise auszuweisen (CF QC12-25 i.V.m. CF QC5).[156]

Im Folgenden wird ein Vorschlag de lege ferenda zur Bilanzierung des Geschäftsvorfalls erstellt und die Wirkung auf die Kapitalstruktur des bilanzierenden Unterneh-

---

151 Vgl. dazu die ausführliche Diskussion in Abschnitt 433. Die Überlegungen im Kontext der Terminvereinbarung sind auf die Optionsvereinbarung übertragbar, denn ebenso wie einer Terminvereinbarung ist der Stillhalter aus einer Optionsvereinbarung bindend verpflichtet.

152 Vgl. IAS 32.IE30 sowie IAS 32.IE5.

153 Vgl. Abschnitt 443.

154 Vgl. Abschnitte 443 und 454.

155 Vgl. Abschnitt 411.

156 Vgl. Abschnitt 433.

mens beschrieben.[157] Das Hauptaugenmerk liegt auf der Darstellung aus Sicht des Unternehmens.[158] In Ergänzung der Bilanzierung des Terminkaufs werden vorrangig solche Aspekte des Geschäftsvorfalls analysiert, die bei der Betrachtung des Terminkaufs nicht berücksichtigt wurden.

464 Bilanzielle Abbildung der Verkaufoption als Stillhalter de lege ferenda

464.1 Erstmalige Bilanzierung bei Vertragsabschluss

Der Verkauf einer Verkaufoption mit Bruttolieferung durch das Unternehmen führt zu einer wirtschaftlichen Kürzung des Haftkapitals und Erhöhung des nicht-haftenden Kapitals, sowie der Vereinnahmung des Optionspreises. Diese beiden Aspekte des Geschäftsvorfalls sollten entsprechend der Ausführungen in Abschnitt 463 durch getrennte Buchungen abgebildet werden. Die Kürzung des Haftkapitals und die Erhöhung der Verbindlichkeiten sollte als erfolgsneutraler Passivtausch im Zeitpunkt des Vertragsabschlusses in Höhe des bei Erfüllung abfließenden Betrages kapitalwirksam erfasst werden. Die Verbindlichkeit gegenüber dem Inhaber der Verkaufsoption sollte innerhalb des Haftkapitals separat ausgewiesen werden, um ihren besonderen Charakter zu kennzeichnen. Der Optionspreis fließt dem Vermögen des Unternehmens unbeschränkt zu. Dieser Zufluss sollte als erfolgsneutrale Bilanzverlängerung durch Erhöhung von Aktiva und Haftkapital erfasst werden.

Buchungssatz Unternehmen:		
Haftkapital	*an*	*Verbindlichkeit (aus Option) [i. H. v. Ausübungspreis]*
Kasse	*an*	*Haftkapital [i. H. v. Optionspreis]*

Der erstmalige Ausweis de lege ferenda beim Unternehmen sowie de lege lata bei der Gegenpartei der Verkaufoption sind jeweils erfolgsneutral, aber in ihrer Kapitalwir-

157 Die vereinfachenden Annahmen für die Betrachtung der Terminverkaufvereinbarung gelten auch für diese Betrachtung. Vgl. Abschnitt 433.

158 Vgl. Abschnitt 462 mit einer Darstellung der Bilanzierung der Optionsvereinbarung de lege lata bei der Gegenpartei de lege lata.

kung nicht spiegelbildlich, da beim Unternehmen das Haftkapital reduziert wird, während bei der Gegenpartei ein Vermögenswert aktiviert wird.

464.2 Folgebilanzierung zum Bilanzstichtag

Eine Änderung des Marktwertes des Haftkapitals des Unternehmens ist für die Haftungsfähigkeit ohne Bedeutung. Die Verpflichtung und damit das Haftkapital des Unternehmens sollten folglich nicht neu bewertet werden. In Abhängigkeit der zugrundezulegenden gesellschaftsrechtlichen Bestimmungen ist wiederum der Zeitwert des Geldes durch Abzinsung auf die verbleibende Laufzeit zum Basiszins zu berechnen und Änderungen im Bilanzansatz erfolgsneutral zu berücksichtigen.

Der Folgeausweis de lege ferenda beim Unternehmen weicht mangels Neubewertung der Bilanzposition vom Folgeausweis de lege lata bei der Gegenpartei mit Blick auf Erfolgswirkung und Kapitalwirkung ab.

464.3 Abschlussbilanzierung bei Erfüllung

Bei Ausübung der Option sollte das Unternehmen die Erfüllung der Vereinbarung durch Erwerb von Anteilen ausweisen. Eine Aktivierung der erworbenen eigenen Anteile ist mangels Qualifikation als Vermögenswert ebenso wie bereits die Aktivierung der Forderung auf Lieferung der eigenen Anteile abzulehnen. Die Zahlung des Ausübungspreises durch das Unternehmen führt zum Abgang von Barmitteln, d.h. einer Reduktion von Aktiva. Folglich ist die Erfüllung als erfolgsneutrale Bilanzverkürzung durch Reduktion von Aktiva und Verbindlichkeiten in Höhe des Ausübungspreises auszuweisen. Die Höhe des Haftkapitals wird durch die Erfüllung nicht berührt. Eine Verwässerung oder Zuwachsung der Position der Alt-Residualkapitalgeber wird wiederum nicht in der Bilanz des Unternehmens berücksichtigt.[159]

Buchungssatz Unternehmen:

Verpflichtung (aus Termingeschäft)	*an*	*Kasse [i. H. v. Terminpreis]*

159 Vgl. Abschnitt 223 zur Wahl der Unternehmensperspektive als Bilanzperspektive.

Die Abschlussbuchung de lege ferenda des Unternehmens und de lege lata der Gegenpartei bei Ausübung der Option sind erfolgsneutral, aber asymmetrisch in ihrer Kapitalwirkung.

464.4 Abschlussbilanzierung bei Verfall des Optionsrechts

Der Verfall des Optionsrechts[160] führt zum Verfall der Forderung der Gegenpartei und damit dazu, dass die Verbindlichkeit des Unternehmens erlischt. Der Verfall des Optionsrechts ist dann zu erwarten, wenn z. B. der Marktpreis von vergleichbaren Ansprüchen höher ist als der Ausübungspreis der Option. Der Verfall sollte durch Umgliederung der Verbindlichkeit in Haftkapital ausgewiesen werden. Das Haftkapital lebt wieder auf, da die bedingte Verpflichtung zur Zahlung entfallen ist. Dieser Passivtausch sollte analog zu seiner bilanziellen Entstehung als Kapitalmaßnahme erfolgsneutral ausgewiesen werden.

Buchungssatz Unternehmen:		
Verbindlichkeit	*an*	*Haftkapital* *[i. H. v. Ausübungspreis]*

Die Abschlussbuchung de lege ferenda des Unternehmens und de lege lata der Gegenpartei bei Ausübung der Option sind erfolgsneutral, aber asymmetrisch in ihrer Kapitalwirkung.

465 Zwischenfazit

In der nachstehenden Übersicht wird wie bereits für vorangehend analysierte Basistypen die Kapitalwirkung (KW) und die Erfolgswirkung (EW) des Bilanzausweises vergleichend gegenübergestellt. Dabei wird zwischen einer symmetrischen (symm.) und einer asymmetrischen (asymm.) Wirkung unterschieden. Der Bilanzausweis de lege lata bei Unternehmen und Gegenpartei der Vereinbarung („de lege lata") und der Bilanzausweis de lege ferenda bei Unternehmen und Bilanzausweis de lege lata bei Gegenpartei der Vereinbarung („de lege ferenda") werden verglichen. In der Betrach-

160 Vereinfachend wird unterstellt, dass sich die Betrachtung zum letztmöglichen Zeitpunkt der Ausübung der Option vollzieht.

tung werden nur „fix-for-variable"-Vereinbarungen, bei denen die Höhe des Terminpreises fixiert ist und damit die Höhe des zufließenden Haftkapitals bestimmt ist, aufgeführt. Die Abschlussbuchung wird für Ausübung der Option zum letztmöglichen Zeitpunkt bzw. Verfall der Option dargestellt.

<table>
<tr><th rowspan="2"></th><th colspan="2">De lege lata</th><th colspan="2">De lege ferenda</th></tr>
<tr><th>fix-for-fix</th><th>fix-for-variable</th><th>fix-for-fix</th><th>fix-for-variable</th></tr>
<tr><td>Erstbuchung</td><td>Asymm. KW
Symm. EW
(Erfolgsneutral)</td><td>Symm. EW
Symm. KW</td><td colspan="2">Asymm. KW
Symm. EW (Erfolgsneutral)</td></tr>
<tr><td>Folgebuchung</td><td>Asymm. EW
Asymm. KW</td><td>Symm. EW
Symm. KW</td><td colspan="2">Asymm. EW
Asymm. KW</td></tr>
<tr><td>Abschluss-buchung</td><td colspan="2">Asymm. KW
Symm. EW (Erfolgsneutral)</td><td colspan="2">Asymm. KW
Symm. EW (Erfolgsneutral)</td></tr>
</table>

Übersicht 4-5: *Vergleich der Symmetrie von Kapitalwirkung (KW) und Erfolgswirkung (EW) der Stillhalterposition aus einer Verkaufoption*

Vollständige Symmetrie der bilanziellen Erfassung de lege lata bei dem Unternehmen und der Gegenpartei besteht auch hier lediglich in der Erfolgswirkung der Erstbuchung und Abschlussbuchung, da diese sowohl bei dem Unternehmen als auch Gegenpartei erfolgsneutral vorzunehmen sind, und für den Fall, dass die Transaktion sowohl bei dem Unternehmen als auch bei der Gegenpartei als Derivat erfasst wird. Diese Bedingung ist wiederum für den Ausweis de lege lata einer „fix-for-variable"-Vereinbarung aus Sicht des Unternehmens ebenso wie aus Sicht der Gegenpartei erfüllt.

Der Ausweis des verkauften Optionsrechts de lege ferenda in der Bilanz des Unternehmens ist in seiner Erfolgs- als auch Kapitalwirkung asymmetrisch zum Ausweis bei der Gegenpartei, denn es wird aus Sicht des Unternehmens eine Kapitalmaßnahme dargestellt. Die bilanzielle Abbildung der Stillhalterposition aus der Verkaufoption de lege lata als auch de lege ferenda entspricht aus Sicht des Unternehmens im Wesentlichen der Abbildung eines Terminkaufs als Kapitalerhöhung im Zeitpunkt der Vereinbarung des Geschäfts. Die Kapitalmaßnahme umfasst die Zahlung des Optionspreises an das Unternehmen, die als unmittelbare Kapitalerhöhung zu erfassen ist.

Der Vorschlag für den Ausweis de lege ferenda der Stillhalterposition aus einer Verkaufoption (aus Sicht des Unternehmens) unterscheidet sich wiederum nicht vom Ausweis de lege lata. Der Ausweis einer „synthetischen Verbindlichkeit“ ist auch hier sachgerecht, denn er steht mit dem Prinzip der Haftungsfähigkeit als Maßstab des Kapitalausweises im Einklang. Die Verringerung des Haftkapitals in Höhe des Ausübungspreises abzüglich des eingezahlten, haftkapitalerhöhenden Optionspreises, ist im Zeitpunkt des wirtschaftlichen Abgangs des Haftkapital und damit vor der gesellschaftsrechtlichen Kapitalherabsetzung auszuweisen. Der Ausweis analog zum Terminkauf vermittelt daher entscheidungsrelevante Informationen an die Adressaten des Jahresabschlusses.

47 Erwerb Kaufoption (purchased call option)

471 Wirtschaftliche Substanz des Erwerbs der Kaufoption

Die Vereinbarung über ein Kaufrecht mit Erfüllung durch Bruttolieferung zwischen Unternehmen (als Erwerber) und der Gegenpartei (als Stillhalter) begründet ein Recht des Unternehmens, die Hauptleistungspflichten durch Ausübung der Kaufoption herbeizuführen.[161] Im Unterschied zu einem unbedingten Terminkauf erwirbt das Unternehmen das Recht, die Hauptleistungspflichten durch Ausübung der Kaufoption herbeizuführen.[162]

Die Hauptleistungspflichten sind an die Ausübung der Option geknüpft. Die Hauptleistungspflicht des Unternehmens besteht darin, vom Stillhalter der Option Anteile am Unternehmen (zurück) zu erwerben. Die Gegenpartei ist im Gegenzug zur Erfüllung durch Lieferung der Anteile verpflichtet. Die Ausübung des Optionsrechts und damit die Herbeiführung der Bedingung der Hauptleistungspflicht stehen vollständig im Ermessen des Unternehmens. Erst mit Ausübung des Optionsrechts wird ein Teil der bestehenden Vermögensmasse für die Erfuellung der Verpflichtung reserviert bzw. dem Haftungspuffer entzogen und damit entsprechend das Haftkapital des Unternehmens

161 Vgl. Abschnitte 332 und 352.1.
162 Vgl. Abschnitte 332.

reduziert. Die Forderung auf Lieferung von eigenen Anteilen des Unternehmens erhöht auch in diesem Fall nicht das Vermögen des Unternehmens.[163]

Das Unternehmen wird das Kaufrecht nicht ausüben, sondern verfallen lassen, wenn das Unternehmen die Anteile für einen geringeren Preis als den Ausübungspreis erwerben kann. Daneben wird das Unternehmen auch dann sein Wahlrecht nicht ausüben, wenn die durch die Ausübung entstehende Verpflichtung zur Zahlung des Ausübungspreises und den korrespondierenden Einzug von Verfügungsrechten an einem Teil des Haftkapitals, das Haftkapital des Unternehmens im Zeitpunkt der Erfüllung in einer Art und Weise reduziert, die für das Unternehmen in dem betreffenden Zeitpunkt nicht erstrebenswert ist. Abhängig von der konkreten Vereinbarung kann der wirtschaftliche Wert der Vereinbarung bestehend aus einer positiven Differenz zwischen alternativem Preis und Ausübungspreis auf eine andere Art und Weise vereinnahmt werden. Denkbar ist z. B. ein Wertausgleich in Bar oder die Abtretung des Rechts an einen Dritten.

Das Unternehmen verpflichtet sich, den Optionspreis an den Stillhalter zu zahlen. Das Recht zum Erwerb eigener Anteile ist ebenso wie die bedingte Forderung auf Lieferung von eigenen Anteilen kein Vermögenswert für das Unternehmen.[164] Die Zahlung des Optionspreises ist vielmehr Teil der potenziellen Kapitalmaßnahme. Die Zahlung des Optionspreises reduziert das Vermögen und damit die Haftmasse des Unternehmens.

Unternehmen erwerben in einer Vielzahl von wirtschaftlichen Sachverhalten das Recht, eigene Anteile innerhalb einer bestimmten Frist zu einem bestimmten Ausübungspreis zurückzukaufen. Praktisch von großer Relevanz ist der Erwerb von Kaufoptionen zur Absicherung bestehender Verpflichtungen des Unternehmens aus Mitarbeitervergütungsprogrammen.[165] Durch solche Programme werden Arbeitnehmern des Unternehmens Bezugsrechte auf Anteile am Unternehmen eingeräumt. Das Unternehmen nimmt die Position eines Stillhalters ein. Das mit dieser Position verbundene wirtschaftliche Risiko sichert das Unternehmen ab, indem Optionen mit spiegelbildlichen Konditionen erworben werden. Daneben ist der Erwerb von Kaufoptionen wirt-

163 Vgl. Abschnitte 411 und 441.
164 Vgl. Abschnitt 411.
165 Vgl. z. B. SAP AG, Jahresabschluss 2009, S. 166.

schaftlich Teil der Emission einer Pflichtwandelanleihe[166] und kann zur Optimierung von Aktienrückkaufsprogrammen eingesetzt werden. Unternehmen erwerben dabei Kaufoptionen, um eigene Aktien innerhalb einer bestimmten Frist zu einem bestimmten Ausübungspreis zurückzukaufen. Der Ausübungspreis der Option wird in Höhe des Zielpreises des Rückkaufs abzüglich des Optionspreises gewählt.

472 Bilanzielle Abbildung des Erwerbs der Kaufoption de lege lata

472.1 Bilanzierung einer „fix-for-fix"-Vereinbarung

472.11 Erstmalige Bilanzierung bei Vertragsabschluss

Die erworbene Kaufoption berechtigt das Unternehmen zum Erwerb einer fixen Zahl eigener Anteile gegen die Abgabe eines fixen Betrages an flüssigen Mitteln oder anderen finanziellen Vermögenswerten und ist folglich eine „fix-for-fix"-Vereinbarung. Die Vereinbarung erfüllt die Bedingung für die Klassifikation als Eigenkapitalinstrument in IAS 32.16 (a), da sie keine vertragliche Verpflichtung enthält, flüssige Mittel oder einen anderen finanziellen Vermögenswert abzugeben, sowie in IAS 32.16 (b), da Ausgabe einer fixen Zahl von Eigenkapitalinstrumenten gegen einen fixen Betrag an flüssigen Mitteln vereinbart ist. Das Kaufrecht ist gemäß IAS 32.16 als Eigenkapitalinstrument i. S. v. IAS 32.11 zu klassifizieren. IAS 32.22 i. V. m. IAS 32.AG27 (a) bedingt ebenfalls die Klassifikation als Eigenkapitalinstrument. Änderungen des beizulegenden Zeitwertes der Option sind im Abschluss nicht auszuweisen (IAS 32.22). Der gezahlte Optionspreis ist erfolgsneutral vom Eigenkapital abzuziehen (IAS 32.22). Die Kapitalwirkung der Vereinbarung bleibt trotz ihrer Klassifikation als Eigenkapitalinstrument vor Erfüllung auf die Höhe des gezahlten Optionspreises beschränkt. Die Verpflichtung des Unternehmens zur Zahlung des Ausübungspreises sowie die Forderung auf Lieferung der Anteile sind von der Ausübung der Option durch

---

166 Als Ergänzung zu ihren regelmäßigen Finanzierungsaktivitäten und zur Stärkung der Liquidität hatte die Deutsche Telekom AG im Februar 2003 über ihre niederländische Tochter Deutsche Telekom International Finance B.V. eine Pflichtwandelanleihe mit einem Volumen von rund Eur 2,3 Mrd. begeben. Diesem Betrag liegen bis zu 194 Mio. Aktien zu Grunde, die nach Ablauf der Laufzeit von drei Jahren an die Gläubiger ausgegeben werden. Die Pflichtwandlung im Jahr 2006 bringt einen Verwässerungseffekt von unter 5 Prozent mit sich. Die Transaktion basierte auf einer Ermächtigung zur Begebung von Wandel- oder Optionsanleihen durch die Hauptversammlung vom 29. Mai 2001. Vgl. DEUTSCHE TELEKOM AG, Jahresabschlussbericht 2003, S. 63.

das Unternehmen abhängig. Unter der Prämisse rationaler Entscheidung übt das Unternehmen das Optionsrecht dann aus, wenn der Ausübungspreis der Option unter dem Marktpreis liegt. Der beizulegende Zeitwert der Vereinbarung soll zu Vertragsbeginn dem Optionspreis entsprechen. IAS 32.IE15 beschreibt die bilanzielle Erfassung einer „fix-for-fix"-Kaufoption. Bei diesem Beispiel wird der Optionspreis zu Vertragsbeginn fällig und gezahlt.

Buchungssatz Unternehmen:		
Eigenkapital	*an*	*Kasse* *[i. H. v. Optionspreis]*

Die Gegenpartei bilanziert analog zur Darstellung einer Verkaufoption (als Stillhalter).[167] Die erstmalige Erfassung folgt IAS 32.IE18 am Beispiel einer Kaufoption (als Stillhalter) mit Barerfüllung.

Die Kaufoption ist im Unternehmen als Erwerber und bei der Gegenpartei als Stillhalter erfolgsneutral als Bilanzverkürzung bzw. Bilanzverlängerung mit spiegelbildlicher Kapitalwirkung auszuweisen.

472.12 Folgebilanzierung zum Bilanzstichtag

Änderungen des beizulegenden Zeitwertes der als Eigenkapitalinstrument klassifizierten Vereinbarung sind im Abschluss des Unternehmens nicht auszuweisen.[168] Die Gegenpartei hat Änderungen des beizulegenden Zeitwertes der als Derivat klassifizierten Vereinbarung erfolgswirksam im Abschluss auszuweisen.[169]

Die Folgebuchungen de lege lata von Unternehmen und Gegenpartei sind in Bezug auf Erfolgswirkung und Kapitalwirkung asymmetrisch.

472.13 Abschlussbilanzierung bei Erfüllung

Die Ausübung des Optionsrechts durch das Unternehmen führt zur Erfüllung der Optionsvereinbarung durch Erwerb einer fixen Zahl von eigenen Anteilen gegen Zahlung

167 Vg. Abschnitt 452.11.
168 Vgl. Abschnitt 452.12.
169 Vgl. Abschnitt 452.12.

des Ausübungspreises. Das Unternehmen hat die Erfüllung durch eine erfolgsneutrale Bilanzverkürzung auszuweisen.

Buchungssatz Unternehmen:		
Eigenkapital	*an*	*Kasse* *[i. H. v. Ausübungspreis]*

Die Gegenpartei hat die verkauften (fremden) Eigenkapitalinstrumente erfolgswirksam gegen die fortgeschriebene Verbindlichkeit aus der Vereinbarung auszubuchen.

Das Unternehmen weist de lege lata eine erfolgsneutrale Kapitalreduktion aus. Die Gegenpartei bilanziert einen erfolgswirksamen Aktivtausch. Die Abschlussbuchungen von Unternehmen und Gegenpartei sind folglich im Hinblick auf ihre Erfolgswirkung und Kapitalwirkung asymmetrisch.

472.14 Abschlussbilanzierung bei Verfall des Optionsrechts

IAS 32.IE15 enthält keine Beschreibung der erforderlichen bilanziellen Behandlung bei Optionsverfall. Analog zum Verfall der Verkaufoption hat der Verfall der Kaufoption keine bilanzielle Erfolgswirkung oder Kapitalwirkung auf das Unternehmen und ist bilanziell nicht auszuweisen.[170]

Die Gegenpartei hat die zum beizulegenden Zeitwert fortgeschriebene Verbindlichkeit erfolgssteigernd auf null abzuschreiben und vollständig auszubuchen.[171]

Buchungssatz bei der Gegenpartei:		
Verpflichtung *(aus Verkaufoption)*	*an*	*Gewinn* *[i. H. v. (Netto-) Wertänderung]*

Die Buchungen de lege lata von Unternehmen und Gegenpartei bei Verfall des Optionsrechts weichen in ihrer Erfolgswirkung in ihrer Kapitalwirkung voneinander ab.

170 Vgl. Abschnitt 452.14.
171 Vgl. Abschnitt 452.14.

472.2 Bilanzierung einer „fix-for-variable"-Vereinbarung

Die „fix-for-variable"-Vereinbarung über den Erwerb eines Kaufsrechts wird aus Sicht des Unternehmens und aus Sicht der Gegenpartei bilanziell analog zu einer „fix-for-variable"-Vereinbarung über den Erwerb eines Verkaufsrechts behandelt.[172] Der Ausweis aus Sicht der Gegenpartei entspricht der bilanziellen Behandlung einer „fix-for-fix"-Vereinbarung über den Verkauf einer Verkaufoption.[173]

473 Würdigung der bilanziellen Abbildung de lege lata und Diskussion des sachgerechten Ausweises

In Abschnitt 471 wurde begründet, dass der Erwerb einer Kaufoption keine wirtschaftliche Reduktion des Haftkapitals des Unternehmens vor der Ausübung der Option zur Folge hat, die über den gezahlten Optionspreis hinausgeht, da die Ausübung vollständig im Ermessen des Unternehmens steht. Erst mit Ausübung der Option entsteht die Verpflichtung des Unternehmens zur Zahlung des Ausübungspreises und die Forderung auf Lieferung der Anteile.[174]

Die bedingte Verpflichtung aus der Vereinbarung erfüllt nicht die Definition von Schuld in CF 4.4 (b), da die Verpflichtung nicht gegenwärtig ist. Als gegenwärtig wäre sie gemäß CF 4.16 einzustufen, wenn der Vermögenswert geliefert wurde oder dann, wenn das Unternehmen eine unwiderrufliche Vereinbarung über den Erwerb des Vermögenswertes abschließt. Innerhalb der Kaufoptionsvereinbarung werden die Anteile erst nach Ausübung geliefert. Das Unternehmen hat das Recht zum Erwerb und damit keine unwiderrufliche Zahlungspflicht. Folglich ist die bedingte Verpflichtung keine Schuld i. S. von CF 4.4 (b) und damit nicht zu passivieren. Eigene Anteile sind kein Vermögenswert.[175] Folglich ist die bedingte Forderung auf Lieferung eigener Anteile kein Vermögenswert i. S. CF 4.4 (a).[176]

Durch Ausübung des Optionsrechts und Erfüllung durch Erwerb von eigenen Anteilen wird das Vermögen des Unternehmens unabhängig von der Zahl der erworbenen Antei-

172 Vgl. Abschnitt 452.2.
173 Vgl. Abschnitt 472.
174 Vereinfachend wird unterstellt, dass die Ausübung des Optionsrechts und die Erfüllung der daraus resultierenden Verpflichtungen zeitlich zusammenfallen.
175 Vgl. Abschnitt 411.
176 Vgl. Abschnitt 412.

le um den gezahlten Ausübungspreis reduziert. Das Haftkapital ist entsprechend bei Ausübung und Erfüllung der Option verringert. Das Unternehmen wird das Kaufrecht nicht ausüben, sondern verfallen lassen bzw. Barausgleich herbeiführen, wenn die durch Ausübung entstehende Verpflichtung zur Zahlung des Ausübungspreises und der korrespondierende Erwerb von Anteilen das Haftkapital des Unternehmens im Zeitpunkt der Erfüllung in einer Art und Weise reduzieren, die für das Unternehmen zu dem betreffenden Zeitpunkt nicht erstrebenswert ist. Eine antizipative der Reduktion des Haftkapitals des Unternehmens in Höhe der bedingten Verpflichtung analog zu Terminkauf und Verkaufoption (als Stillhalter) ist daher wirtschaftlich nicht begründbar.

Die Zahlung des Optionspreises reduziert das Vermögen und damit die Haftungsmasse des Unternehmens unmittelbar. Der Erwerb eigener Anteile bei Erfüllung ist bilanziell wie eine Kapitalherabsetzung abzubilden. Sowohl die Reduktion des Haftkapitals durch Zahlung des Optionspreises, als auch die Erfüllung der Vereinbarung durch Erwerb der eigenen Anteile sind Kapitalmaßnahmen und sollten erfolgsneutral erfasst werden.[177] Eine bilanziell zu erfassende Neubewertung der Vereinbarung infolge einer Änderung des Marktwertes der Anteile am Haftkapital im Zeitpunkt der Folgebilanzierung widerspricht dem Prinzip der Unternehmensfortführung (CF 4.1) und sollte bei diesem Geschäftsvorfall abgelehnt werden.

Der Bilanzausweis de lege lata einer „fix-for-fix"-Kaufoption beim Unternehmen (als Erwerber) steht im Einklang mit diesen Überlegungen. Wegen der ergänzenden qualitativen Anforderung der Vergleichbarkeit (CF QC12-25) sollte dieser Ausweis auch für solche Vereinbarungen gelten, die Variabilität der Zahl von Anteilen in ihrer Erfüllung vorsehen und die de lege lata als Derivat auszuweisen sind. Analog zu der Terminkaufvereinbarung und der Verkaufoption (als Stillhalter) ist die Erfolgswirkung und Kapitalwirkung der Vereinbarung identisch zu jener, bei der ein Erwerb einer fixen Zahl von Anteilen vereinbart ist.

Im Folgenden wird ein Vorschlag de lege ferenda zur Bilanzierung des Geschäftsvorfalls erstellt und die Wirkung auf die Kapitalstruktur des bilanzierenden Unternehmens

177 Vgl. Abschnitte 443 und 463.

beschrieben.[178] Der Fokus liegt auf der Darstellung aus Sicht des bilanzierenden Unternehmens.[179]

474 Bilanzielle Abbildung des Erwerbs einer Kaufoption de lege ferenda

474.1 Erstmalige Bilanzierung bei Vertragsabschluss

Der Erwerb einer Kaufoption mit Bruttolieferung führt nicht zu einer wirtschaftlichen Kürzung des Haftkapitals. Die Verpflichtung zur Auszahlung bzw. die Auszahlung des Optionspreises reduziert das Haftkapital unmittelbar zu Vertragsbeginn und sollte als erfolgsneutrale Bilanzkürzung abgebildet werden.

Buchungssatz Unternehmen:		
Haftkapital	*an*	*Kasse [i. H. v. Optionspreis]*

Die Buchungen de lege ferenda beim Unternehmen sowie de lege lata bei der Gegenpartei der Kaufoptionsvereinbarung sind erfolgsneutral und im Hinblick auf ihre Kapitalwirkung asymmetrisch zueinander.

474.2 Folgebilanzierung zum Bilanzstichtag

Analog zum Ausweis der Terminvereinbarung und der Verkaufoption sollte eine Änderung des beizulegenden Zeitwertes der Kaufoption bei Folgebilanzierung nicht berücksichtigt werden.[180] Die Bilanzpositionen sind nicht anzupassen.

Der Folgeausweis de lege ferenda beim Unternehmen weicht mangels Neubewertung der Bilanzposition vom Folgeausweis de lege lata bei der Gegenpartei mit Blick auf Erfolgswirkung und Kapitalwirkung ab.

---

178 Die vereinfachenden Annahmen für die Betrachtung der Terminverkaufvereinbarung gelten auch für diese Betrachtung. Vgl. Abschnitt 433.

179 Vgl. Abschnitt 472 mit einer Darstellung der Bilanzierung der Optionsvereinbarung de lege lata bei der Gegenpartei de lege lata.

180 Vgl. Abschnitte 433.12, 443.12, 453.12 und 463.12.

474.3 Abschlussbilanzierung bei Erfüllung

Bei Ausübung der Option sollte das Unternehmen die Erfüllung der Vereinbarung durch Einzug von Verfügungsrechten am Haftkapital ausweisen. Eine Aktivierung der erworbenen eigenen Anteile ist mangels Qualifikation als Vermögenswert abzulehnen.[181] Die Zahlung des Ausübungspreises durch das Unternehmen führt zum Abfluss von Barmitteln. Folglich ist die Erfüllung als erfolgsneutrale Bilanzverkürzung durch Reduktion von Aktiva und Haftkapital in Höhe des Ausübungspreises auszuweisen.

Buchungssatz:		
Haftkapital	*an*	*Kasse* *[i. H. v. Ausübungspreis]*

Die Abschlussbuchungen de lege ferenda beim Unternehmen sowie de lege lata bei der Gegenpartei sind bei Ausübung der Option jeweils erfolgsneutral, indes im Hinblick auf ihre Kapitalwirkung asymmetrisch.

474.4 Abschlussbilanzierung bei Verfall des Optionsrechts

Der Verfall des Optionsrechts bleibt ohne Wirkung auf die Kapitalsituation des Unternehmens und sollte daher nicht bilanziell erfasst werden. Die Buchungen der Vereinbarung durch Unternehmen und Gegenpartei sind asymmetrisch in ihrer Erfolgswirkung und Kapitalwirkung.

475 Zwischenfazit

In der nachstehenden Übersicht wird der Bilanzausweis der Kaufoption de lege lata und de lege ferenda durch das Unternehmen als Optionsinhaber und der Gegenpartei als Stillhalter der Kaufoption verglichen. In der Betrachtung werden nur „fix-for-variable“-Vereinbarungen, bei denen die Höhe des Ausübungspreises fixiert ist und damit die Höhe des zufließenden Haftkapitals bestimmt ist, aufgeführt. Die Abschlussbuchung wird für Ausübung der Option zum letztmöglichen Zeitpunkt bzw. und Verfall der Option dargestellt.

181 Vgl. Abschnitte 411 und 412.

	De lege lata		De lege ferenda	
	fix-for-fix	fix-for-variable	fix-for-fix	fix-for-variable
Erstbuchung	Asymm. KW Symm. EW (Erfolgsneutral)		Asymm. KW Symm. EW (Erfolgsneutral)	
Folgebuchung	Asymm. EW Asymm. KW	**Symm. EW** **Symm. KW**	Asymm. EW Asymm. KW	
Abschlussbuchung	Asymm. KW Symm. EW (Erfolgsneutral)		Asymm. KW Symm. EW (Erfolgsneutral)	

Übersicht 4-6: *Vergleich der Symmetrie von Kapitalwirkung (KW) und Erfolgswirkung (EW) des Erwerbs einer Kaufoption*

Vollständige Symmetrie der bilanziellen Erfassung de lege lata bei Unternehmen und Gegenpartei besteht auch hier lediglich in der Erfolgswirkung der Erstbuchung und der Abschlussbuchung, da diese sowohl bei dem Unternehmen als auch bei der Gegenpartei erfolgsneutral vorzunehmen sind, und für den Fall, dass die Transaktion sowohl bei dem Unternehmen als auch bei der Gegenpartei als Derivat erfasst wird. Diese Bedingung ist wiederum für den Ausweis de lege lata einer „fix-for-variable"-Vereinbarung aus Sicht des Unternehmens ebenso wie aus Sicht der Gegenpartei erfüllt.

Der Ausweis des erworbenen Optionsrechts de lege ferenda in der Bilanz des Unternehmens ist sowohl in seiner Erfolgs- als auch Kapitalwirkung asymmetrisch zum Ausweis bei der Gegenpartei, denn es wird aus Sicht des Unternehmens wiederum eine Kapitalmaßnahme dargestellt. Die Zahlung des Optionspreises an die Gegenpartei ist Teil einer Kapitalmaßnahme und daher als unmittelbare Herabsetzung des Haftkapitals zu erfassen.

Der Vorschlag für den Ausweis der erworbenen Kaufoption (aus Sicht des Unternehmens) de lege ferenda unterscheidet sich nicht vom Ausweis de lege lata. Mangels einer Verpflichtung zum Einzug von Anteilen und damit mangels einer Verringerung des Haftkapitals zu Vertragsbeginn ist abweichend zum Ausweis eines Terminkaufs und der Veräußerung eines Verkaufsrechtes de lege ferenda, die ebenfalls auf den Einzug von Anteilen des Haftkapitals zielen, keine „synthetische Verbindlichkeit" auszuweisen. Die Reduktion des Haftkapitals ist auf den gezahlten Optionspreis beschränkt.

48 Stillhalter Kaufoption (written call option)

481 Wirtschaftliche Substanz des Verkaufs der Kaufoption

Die Vereinbarung über eine Kaufoption mit Erfüllung durch Bruttolieferung zwischen Unternehmen (als Stillhalter) und der Gegenpartei (als Erwerber) begründet eine bedingte Pflicht des Unternehmens, zu einem bestimmten künftigen Zeitpunkt eigene Anteile gegen Zahlung des Ausübungspreises an die Gegenpartei auszugeben.[182] Die Ausübung der Option und damit die Fälligkeit der Hauptleistungspflicht stehen vollständig im Ermessen des Optionsinhabers, d. h. der Gegenpartei des Unternehmens.[183] Die Vereinbarung begründet eine bedingte Forderung des Unternehmens auf Einzahlung des Ausübungspreises und eine bedingte Verpflichtung des Unternehmens zur Ausgabe von Anteilen. Der Erwerber der Option wird das Kaufrecht nicht ausüben, sondern verfallen lassen, wenn er die Anteile für einen geringeren Preis als den Ausübungspreis erwerben kann.

Im Fall der Insolvenz wird der Marktwert der Anteile regelmäßig unterhalb des Ausübungspreises der Option liegen. Die Ausübung der Option ist dann wirtschaftlich nicht sinnvoll.[184] Die Ausübung der Option und damit der Eintritt der Bedingung kann nicht erwartet werden. In der Insolvenz ist das Unternehmen daher mangels Ausübung des Optionsrechts ohne Anspruch auf Einzahlung des Ausübungspreises gegen Ausgabe von Anteilen. Die bedingte Forderung auf Einzahlung des Ausübungspreises aus der Vereinbarung erhöht daher nicht die wirtschaftliche Haftmasse des Unternehmens vor Ausübung der Option. Die bedingte Verpflichtung aus der Vereinbarung ist ausschließlich auf die Ausgabe von Anteilen des Haftkapitals gegen Zahlung des Ausübungspreises an das Unternehmen gerichtet, führt indes nie zum Abfluss von Vermö-

182 Vgl. Abschnitte 332 und 352.1.
183 Vgl. Abschnitt 332.
184 Die Ausübung der Option in der Insolvenz aufgrund nicht-monetärer Erwägungen wird hier nicht berücksichtigt.

gen des Unternehmens. Die Vereinbarung der bedingten Verpflichtung hat keinen Einfluss auf den Umfang des haftenden Vermögens.

Im Gegenzug zum Erwerb des Kaufrechts ist die Gegenpartei verpflichtet, dem Unternehmen als Stillhalter den Optionspreis zu zahlen.[185] Diese resultierende unbedingte Forderung auf Zahlung des Optionspreises bzw. die tatsachliche Zahlung erhöht das vertraglich haftende Vermögen des Unternehmens, denn die Vermögenserhöhung ist dauerhaft und von der Ausübung der Option unabhängig. Die Vereinbarung führt daher zu einer Erhöhung des Haftkapitals um den Betrag des Optionspreises.

Unternehmen übernehmen in der Praxis der Unternehmensfinanzierung eine Stillhalterverpflichtung aus Kaufoptionen, indem sie Wandelanleihen und ähnliche Instrumente[186] begeben. Wandelanleihen geben dem Gläubiger der Anleihe ein Recht zur Wandlung der Anleihe in Anteile der Gesellschaft.[187] Optionsanleihen weisen eine ähnliche Struktur auf. Bei einer Optionsanleihe geht die Anleihe durch Wandlung nicht unter. Das Recht auf Erwerb von Anteilen kann unabhängig von der Rückzahlung der Anleihe ausgeübt oder verwertet werden. Daneben verpflichten sich Unternehmen bei Mitarbeitervergütungsprogrammen als Stillhalter aus den Kaufoptionen.[188] Dabei werden Arbeitnehmern des Unternehmens Bezugsrechte auf Anteile am Unternehmen eingeräumt.[189] Ferner ergibt sich eine Stillhalterposition des Unternehmens aus der Ausgabe von Optionsscheinen, die zum Bezug von jungen Aktien des

---

185 Vgl. Abschnitt 342.2.

186 Vgl. BREALEY, R./MYERS, S./ALLEN, F., Corporate Finance, S. 680–685; ferner BEAUVAIS, E.-A. V./FISCHER, E./TRAICHEL, C., Wandelschuldverschreibungen, S. 227–230; BRÜGGEMANN, B./LÜHN, M./SIEGEL, M., Hybride Finanzierungsinstrumente, S. 344 f.

187 Die TUI AG hat im Jahr 2007 und im Jahr 2009 ein solches Instrument begeben. Vgl. zu den Konditionen: http://www.tui-group.com/de/ir/anleihen_ratings/anleihen#TAbstatz_06. Die Q-CELLS SE hat im Jahr 2007, 2009 und 2010 ein solches Instrument begeben. Vgl. zu den Anleihekonditionen: http://www.q-cells.com/de/unternehmen/investor_relations /boersen informationen/wandelanleihen/index.html. Daneben hat 2006 die PRAKTIKER AG eine Wandelanleihe begeben. Vgl. Zu den Konditionen: http://www.praktiker.com/pb/site/praktiker_com/node/ 347527/Lde/index.html.

188 Vgl. z. B. SAP AG, Jahresabschluss 2009, S. 228–238 mit einer Darstellung einer großen Bandbreite von in der Praxis umgesetzten Optionsprogrammen.

189 Eine große Zahl von DAX-Unternehmen haben Kaufoptionen an Mitarbeiter im Zusammenhang von Mitarbeiteroptionsprogrammen begeben. Vgl. ADAM-MÜLLER, A./WANGLER, C., Stock Options, S. 1–4 zu ökonomischen Aspekten von Aktienoptionsplänen. Ferner: PELLENS, B./CRASSELT, N., Bilanzierung von Stock Options, S. 149 f.; SIGLOCH, J./EGNER, T., Aktienoptionen, S. 1878–1883; PELLENS, B./CRASSELT, N., Aktienkursorientierte Entlohnungssysteme, S. 127–131.

Stillhalters berechtigen[190]. Sie sind aus Sicht des Optionsinhabers als Aktienkaufoptionen einzustufen, während sie beim Unternehmen als Stillhalter eine Verpflichtung zur Aktienemission, d.h. zur Erhöhung des Eigenkapitals, begründen. Eine ähnliche Stillhalterposition ergibt sich aus Bezugsrechten, die den Altaktionären im Zusammenhang mit einer ordentlichen Kapitalerhöhung eingeräumt werden.[191]

482 Bilanzielle Abbildung der Kaufoption als Stillhalter de lege lata

482.1 Bilanzierung einer „fix-for-fix"-Vereinbarung

482.11 Erstmalige Bilanzierung bei Vertragsabschluss

Die Vereinbarung verpflichtet das Unternehmen als Stillhalter bei Ausübung der Option zur Ausgabe einer fixen Zahl von Anteilen gegen Zahlung eines fixen Betrags und ist folglich eine „fix-for-fix"-Vereinbarung. Die Vereinbarung erfüllt die Bedingung für die Klassifikation als Eigenkapitalinstrument in IAS 32.16 (a), da sie keine vertragliche Verpflichtung enthält, flüssige Mittel oder einen anderen finanziellen Vermögenswert abzugeben, sowie in IAS 32.16 (b), da Ausgabe einer fixen Zahl von Eigenkapitalinstrumenten gegen einen fixen Betrag an flüssigen Mitteln vereinbart ist. Das Kaufrecht ist gemäß IAS 32.16 als Eigenkapitalinstrument i.S.v. IAS 32.11 zu klassifizieren. IAS 32.22 i.V.m. IAS 32.AG27 (a) bedingt ebenfalls die Klassifikation als Eigenkapitalinstrument.[192] Änderungen des beizulegenden Zeitwertes der Option sind im Abschluss nicht auszuweisen (IAS 32.22). Der erlöste Optionspreis ist dem Eigenkapital erfolgsneutral zuzurechnen (IAS 32.22). Die Kapitalwirkung der Vereinbarung bleibt trotz ihrer Klassifikation als Eigenkapitalinstrument vor Erfuellung auf die Höhe des Optionspreises beschränkt. Die Verpflichtung des Unternehmens zur Lieferung der Anteile und die Forderung Zahlung des Ausübungspreises sind von der Ausübung der Option durch die Gegenpartei abhängig. Unter der Prämisse rationaler Entscheidung übt die Gegenpartei das Kaufrecht dann aus, wenn der Ausübungspreis unter dem Marktpreis liegt. Der beizulegende Zeitwert der Vereinbarung soll zu Vertragsbeginn dem Optionspreis entsprechen.

---

190 Vgl. BREKER, N., Optionsrechte und Stillhalterverpflichtungen, S. 23.
191 Vgl. BREKER, N., Optionsrechte und Stillhalterverpflichtungen, S. 23 m. w. N.
192 IAS 32.22 enthält als Beispiel für ein Eigenkapitalinstrument eine ausgegebene „fix-for-fix"-Kaufoption.

IAS 32.IE20 beschreibt die bilanzielle Erfassung einer „fix-for-fix“-Kaufoption als Stillhalter. In diesem Beispiel wird der Optionspreis zu Vertragsbeginn fällig und gezahlt.

Buchungssatz Unternehmen:		
Kasse	*an*	*Eigenkapital* *[i. H. v. Optionspreis]*

Die Gegenpartei bilanziert analog zur Darstellung einer Verkaufoption (als Erwerber).[193] Die erstmalige Erfassung folgt IAS 32.IE13, daher am Beispiel einer Kaufoption (als Erwerber) mit Barerfüllung.

Die Kaufoption ist bei Unternehmen als Stillhalter und Gegenpartei als Erwerber erfolgsneutral als Bilanzverlängerung bzw. Bilanzverkürzung mit spiegelbildlicher Kapitalwirkung auszuweisen.

482.12 Folgebilanzierung zum Bilanzstichtag

Änderungen des beizulegenden Zeitwertes der als Eigenkapitalinstrument klassifizierten Vereinbarung sind im Abschluss des Unternehmens nicht auszuweisen.[194] Die Gegenpartei hat Änderungen des beizulegenden Zeitwertes der als Derivat klassifizierten Vereinbarung erfolgswirksam im Abschluss auszuweisen.[195]

Die Folgebuchungen de lege lata von Unternehmen und Gegenpartei sind in Bezug auf Erfolgswirkung und Kapitalwirkung asymmetrisch.

482.13 Abschlussbilanzierung bei Erfüllung

Bei Ausübung und Erfüllung gibt das Unternehmen Anteile gegen Zahlung des Ausübungspreises aus. Das Unternehmen hat die Erfüllung durch erfolgsneutrale Bilanzverlängerung auszuweisen.

193 Vgl. Abschnitt 462.11.
194 Vgl. Abschnitte 452.12 und 472.12.
195 Vgl. Abschnitt 462.12.

Buchungssatz Unternehmen:		
Kasse	*an*	*Eigenkapital [i. H. v. Ausübungspreis]*

Die Gegenpartei hat die erworbenen (fremden) Eigenkapitalinstrumente erfolgsneutral gegen die fortgeschriebene Forderung zu aktivieren.[196]

Das Unternehmen weist de lege lata eine erfolgsneutrale Kapitalerhöhung aus. Die Gegenpartei bilanziert einen erfolgswirksamen Aktivtausch. Die Abschlussbuchungen von Unternehmen und Gegenpartei sind folglich in Hinblick auf ihre Erfolgswirkung und Kapitalwirkung asymmetrisch.

482.14 Abschlussbilanzierung bei Verfall des Optionsrechts

IAS 32.IE20 enthält keine Beschreibung der erforderlichen bilanziellen Behandlung des Optionsverfalls. Analog zum Verfall der Kaufoption (als Erwerber) hat der Verfall der Kaufoption (als Stillhalter) keine Erfolgswirkung oder Kapitalwirkung auf das Unternehmen.

Die Gegenpartei hat die zum beizulegenden Zeitwert fortgeschriebene Forderung erfolgsmindernd auf null abzuschreiben und vollständig auszubuchen.[197]

Die Abschlussbuchungen von Unternehmen und Gegenpartei bei Verfall der Option sind in Bezug auf Erfolgswirkung und Kapitalwirkung asymmetrisch.

482.2 Bilanzierung einer „fix-for-variable"-Vereinbarung

Die „fix-for-variable"-Vereinbarung einer Kaufoption wird aus Sicht des Unternehmens (als Stillhalter) und aus Sicht der Gegenpartei (als Erwerber) bilanziell analog zu einer „fix-for-variable"-Vereinbarung einer Verkaufoption behandelt.[198] Der Ausweis aus Sicht der Gegenpartei entspricht der bilanziellen Behandlung einer „fix-for-fix" Vereinbarung über den Kauf eines Kaufrechts.[199]

196 Vgl. Abschnitt 432.13.
197 Vgl. Abschnitt 462.14.
198 Vgl. Abschnitt 462.2.
199 Vgl. Abschnitt 482.

483 Würdigung der bilanziellen Abbildung de lege lata und Diskussion des sachgerechten Ausweises

In Abschnitt 481 wurde begründet, dass der Verkauf der Kaufoption eine Erhöhung des Haftkapitals des Unternehmens zur Folge hat, die vor der Ausübung der Option auf die Höhe des erzielten Optionspreises beschränkt ist. Erst mit Ausübung der Option durch die Gegenpartei entsteht die Forderung des Unternehmens auf Zahlung des Ausübungspreises und die Verpflichtung zur Ausgabe der Anteile.[200]

Die bedingte Forderung auf Zahlung des Ausübungspreises erfüllt nicht die Definition eines Vermögenswertes in CF 4.4 (a), da der Zufluss des Ausübungspreises nicht in der Verfügungsmacht des Unternehmens steht, sondern von der Optionsausübung durch die Gegenpartei abhängt. Die bedingte Verpflichtung zur Ausgabe von Anteilen ist keine Schuld i.S. von CF 4.4 (b). Sie ist nicht mit einem Abfluss von Ressourcen mit wirtschaftlichem Nutzen verbunden, da Eigene Anteile keinen Vermögenswert für das Unternehmen darstellen.[201] Die bedingte Verpflichtung ist folglich nicht zu passivieren.

Die Einzahlung des Optionspreises erhöht sowohl den Bestand an Bilanzaktiva als auch das Haftkapital. Sie sollte folglich erfolgsneutral als Bilanzverlängerung abgebildet werden. Eine bilanziell zu erfassende Neubewertung der Kaufoption infolge einer Änderung des Marktwertes der Vereinbarung im Zeitpunkt der Folgebilanzierung widerspricht dem Prinzip der Unternehmensfortführung (CF 4.1) und sollte abgelehnt werden. Der Bilanzausweis de lege lata einer „fix-for-fix"-Kaufoption steht im Einklang mit diesen Überlegungen. Wegen der ergänzenden qualitativen Anforderung der Vergleichbarkeit (CF QC12-25) sollte dieser Ausweis auch für solche Vereinbarungen gelten, die eine Variabilität der Zahl von Anteilen in ihrer Erfüllung vorsehen und die de lege lata als Derivat auszuweisen sind.

Im Folgenden wird ein Vorschlag de lege ferenda zur Bilanzierung des Geschäftsvorfalls erstellt und die Wirkung auf die Kapitalstruktur des bilanzierenden Unternehmens

200 Vereinfachend wird unterstellt, dass die Ausübung des Optionsrechts und die Erfüllung der daraus resultierenden Verpflichtungen zeitlich zusammenfallen.
201 Vgl. Abschnitt 411.

beschrieben.[202] Der Fokus liegt auf der Darstellung aus Sicht des bilanzierenden Unternehmens.[203]

484 Bilanzielle Abbildung der Kaufoption als Stillhalter de lege ferenda

484.1 Erstmalige Bilanzierung bei Vertragsabschluss

Die Stillhalterposition aus einer Kaufoption mit Bruttolieferung führt nicht zu einer Erhöhung des Haftkapitals. Der Anspruch auf Einzahlung bzw. die Einzahlung des Optionspreises sollte das Haftkapital um den Betrag des Optionspreises unmittelbar zu Vertragsbeginn erhöhen. Die Erhöhung ist als erfolgsneutrale Bilanzverlängerung abzubilden.

Buchungssatz Unternehmen:		
Kasse	*an*	*Haftkapital* *[i. H. v. Optionspreis]*

Die Buchungen der Vereinbarung de lege ferenda beim Unternehmen sowie de lege lata bei der Gegenpartei sind jeweils erfolgsneutral und im Hinblick auf ihre Kapitalwirkung asymmetrisch, da die Zahlung des Optionspreises das Haftkapital des Unternehmens erhöht, hingegen bei der Gegenpartei als Aktivum auszuweisen ist.

484.2 Folgebilanzierung zum Bilanzstichtag

Analog zu den sonstigen Basistypen sollte eine Änderung des beizulegenden Zeitwertes der Kaufoption für die Folgebilanzierung ohne Bedeutung sein. Die Bilanzpositionen sind nicht anzupassen.

Der Folgeausweis de lege ferenda beim Unternehmen weicht mangels Neubewertung der Bilanzposition vom Folgeausweis de lege lata bei der Gegenpartei mit Blick auf Erfolgswirkung und Kapitalwirkung ab.

202 Die vereinfachenden Annahmen für die Betrachtung der Terminverkaufvereinbarung gelten auch für diese Betrachtung. Vgl. Abschnitt 433.

203 Vgl. Abschnitt 482 mit einer Darstellung der Bilanzierung der Optionsvereinbarung bei der Gegenpartei de lege lata.

484.3 Abschlussbilanzierung bei Erfüllung

Bei Ausübung der Option sollte das Unternehmen die Erfüllung der Vereinbarung durch Ausgabe von Anteilen als Erhöhung des Haftkapitals ausweisen. Die Zahlung des Ausübungspreises an das Unternehmen, also die zugeflossenen Barmittel, sollten als Vermögenswert aktiviert werden. Das Unternehmen sollte eine erfolgsneutrale Bilanzverlängerung durch Erhöhung von Aktiva und Haftkapital in Höhe des Ausübungspreises bilanzieren.

Buchungssatz Unternehmen:		
Kasse	*an*	*Haftkapital* *[i. H. v. Ausübungspreis]*

Die Abschlussbuchungen bzgl. der Kaufoption de lege ferenda vom Unternehmen und de lege lata von der Gegenpartei sind jeweils erfolgsneutral, indes im Hinblick auf ihre Kapitalwirkung asymmetrisch.

484.4 Abschlussbilanzierung bei Verfall des Optionsrechts

Der Verfall des Optionsrechts bleibt ohne Wirkung auf die Kapitalsituation des Unternehmens. Er sollte daher nicht bilanziell erfasst werden.

Die Buchungen von Unternehmen und Gegenpartei sind asymmetrisch in ihrer Erfolgswirkung und Kapitalwirkung.

485 Zwischenfazit

In der nachstehenden Übersicht wird der Bilanzausweises der Kaufoption de lege lata und de lege ferenda beim Unternehmen als Stillhalter und der Gegenpartei als Erwerber verglichen. In der Betrachtung werden nur „fix-for-variable"-Vereinbarungen, bei denen die Höhe des Terminpreises fixiert ist und damit die Höhe des zufließenden Haftkapitals bestimmt ist, aufgeführt. Die Abschlussbuchung wird für Ausübung der Option zum letztmöglichen Zeitpunkt bzw. und Verfall der Option dargestellt.

	De lege lata		**De lege ferenda**	
	fix-for-fix	fix-for-variable	fix-for-fix	fix-for-variable
Erstbuchung	Asymm. KW Symm. EW (Erfolgsneutral)		Asymm. KW Symm. EW (Erfolgsneutral)	
Folgebuchung	Asymm. EW Asymm. KW	**Symm. EW** **Symm. KW**	Asymm. EW Asymm. KW	
Abschlussbuchung	Asymm. KW Symm. EW (Erfolgsneutral)		Asymm. KW Symm. EW (Erfolgsneutral)	

Übersicht 4-7: *Vergleich der Symmetrie von Kapitalwirkung (KW) und Erfolgswirkung (EW) der Stillhalterposition aus einer Kaufoption*

Lediglich die erfolgsneutrale Erstbuchung und die erfolgsneutrale Abschlussbuchung de lege lata bei Unternehmen und Gegenpartei und der Ausweis de lege lata einer „fix-for-variable“-Vereinbarung aus Sicht sowohl des Unternehmens als auch der Gegenpartei sind in ihrer Erfolgswirkung und Kapitalwirkung symmetrisch.

Der Ausweis des verkauften Optionsrechts de lege ferenda in der Bilanz des Unternehmens ist sowohl in seiner Erfolgs- als auch Kapitalwirkung wiederum asymmetrisch zum Ausweis bei der Gegenpartei, denn es wird aus Sicht des Unternehmens eine Kapitalmaßnahme und aus Sicht der Gegenpartei ein Derivat dargestellt. Die Zahlung des Optionspreises an das Unternehmen ist Teil der Kapitalmaßnahme und daher als unmittelbare Erhöhung des Haftkapitals zu erfassen. Die bilanzielle Abbildung des Verkaufs der Kaufoption sowohl de lege lata als auch de lege ferenda bleibt dagegen im Zeitpunkt der Vereinbarung des Geschäfts ohne Wirkung auf das bilanzielle Kapital.

Der Vorschlag für den Ausweis de lege ferenda der Stillhalterposition aus einer Kaufoption (aus Sicht des Unternehmens) unterscheidet sich nicht vom Ausweis de lege lata. Abweichend zum Ausweis de lege ferenda eines Terminverkaufs und des Erwerbs eines Verkaufsrechtes, die ebenfalls zur Ausgabe von Anteilen des Haftkapitals führen können, ist mangels eines Rechtes des Unternehmens zur Ausgabe von Anteilen zu Vertragsbeginn die Erhöhung des Haftkapitals auf den eingezahlten Optionspreis beschränkt.

49 Zusammenfassung der Ergebnisse der bilanziellen Abbildung de lege ferenda

Derivative Vereinbarungen ohne Bedingungen, also Terminvereinbarungen, ebenso wie bedingte derivative Vereinbarungen über ein Verkaufsrecht sollten unmittelbar im Zeitpunkt der Vereinbarung vom Unternehmen als Kapitalmaßnahme bilanziell erfasst werden, wenn die Bruttoerfüllung erfordert, dass eine fixe oder variable Zahl von eigenen Anteilen durch einen fixen Betrag gezahlt wird. Das bilanziell auszuweisende Haftkapital ist bereits vor der gesellschaftsrechtlichen Kapitalerhöhung bzw. Kapitalherabsetzung entsprechend in seiner Höhe anzupassen. Der Vorschlag de lege ferenda für den Ausweis eines Terminverkaufs und einer erworbenen Verkaufoption (aus Sicht des Unternehmens) weicht daher vom Ausweis de lege lata ab, entspricht indes konzeptionell dem Ausweis einer „synthetischen Verbindlichkeit" bei Terminkauf und Stillhalterposition aus Verkaufsrecht, da die wirtschaftliche Substanz der Vereinbarung unmittelbar und nicht erst verzögert im Zeitpunkt einer gesellschaftsrechtlichen Wirksamkeit ausgewiesen wird.

Bedingte derivative Vereinbarungen über ein Kaufrecht mit Bruttoerfüllung in einer fixen oder einer variablen Zahl von eigenen Anteilen gegen Zahlung eines fixen Betrages sollten erst im Zeitpunkt der Erfüllung als Kapitalmaßnahme abgebildet werden. Dem Unternehmen mangelt es am Recht zur Ausgabe von Anteilen und damit zu einer Erhöhung des Haftkapitals bzw. es besteht keine Pflicht zum Einzug von Anteilen, die mit der Reduktion von Haftkapital einhergehen würde.

Die Untersuchung des bilanziellen Ausweises de lege lata und de lege ferenda der Basistypen derivativer Vereinbarungen mit Bezug auf das Residualkapital zeigt, dass die prinzipienbasierte Abbildung von Kapital anhand seiner Haftqualität sachgerecht ist, da entscheidungsrelevante Informationen über das bestehende Haftkapital an die Adressaten des Jahresabschlusses vermittelt wird. Die gesellschaftsrechtliche Entstehung bzw. Verringerung bestimmter Kapitalkomponenten wird durch den in dieser Arbeit vorgeschlagenen Ausweis bilanziell antizipiert.

5 Zusammenfassung und Ausblick

Mit der vorliegenden Arbeit wurde das Ziel verfolgt, ein abbildungsorientiertes Prinzip für den bilanziellen Ausweis der Kapitalstruktur zu identifizieren und darauf aufbauend rechtsformunabhängige Regeln („de lege ferenda") für den Ausweis von Residualkapitalderivaten vorzuschlagen, die dem Zweck des IFRS-Abschlusses gerecht werden. Um dieses Ziel zu erreichen, wurde in dieser Arbeit die Kapitalstruktur von Unternehmen beschrieben und ein ökonomisch indiziertes Ausweisprinzip aus den Kapitalfunktionen abgeleitet.

Die finanztheoretische Analyse hat ergeben, dass die Kapitalstruktur aus genau zwei identifizierbaren Klassen besteht: haftendem Kapital und nicht-haftendem Kapital. Nach Maßgabe des Rahmenkonzepts ist die Kapitalstruktur folglich als Dichotomie innerhalb einer als Verpflichtungsstruktur des Unternehmens, also aus Sicht des Unternehmens, bilanziell ausgewiesenen Kapitalstruktur zu gliedern.

Anschließend wurde gezeigt, dass Residualkapitalderivate wirtschaftlich Einfluss auf die Zusammensetzung der Kapitalstruktur des Unternehmens nehmen und ihr Bilanzausweis daher im Kontext der Bilanzierung des Kapitals zu diskutieren ist. Dafür wurden die Typen der Erfüllung von Residualkapitalderivaten betrachtet und die Diskrepanz zwischen Wirkung der Erfüllung auf die Unternehmenssphäre und die Kapitalgebersphäre gezeigt. Damit wurde aus einem weiteren Blickwinkel validiert, dass ein Kapitalausweis aus Sicht des Unternehmens, also ein Ausweis der Kapitalstruktur als Verpflichtungsstruktur, sachgerecht ist.

Die anschließende Untersuchung der Basistypen derivativer Vereinbarungen mit Bezug auf das Residualkapital hat anhand einer de lege ferenda Betrachtung ergeben, dass die de lege lata Regeln für den bilanziellen Kapitalausweis nicht konsequent auf den wirtschaftlichen Gehalt der zu bilanzierenden Vereinbarungen abstellen und folglich eine Divergenz zwischen wirtschaftlichem Gehalt und Bilanzausweis bestehen kann, die die Entscheidungsnützlichkeit der im Jahresabschluss vermittelten Information beeinträchtigt. Die Untersuchung kommt anhand der Analyse zu dem Schluss, dass sowohl ein Ausweis der Kapitalstruktur als auch ein Ausweis von Residualkapitalderivaten, der aus Sicht des Unternehmens vorgenommen wird und der an der Haftungsfähigkeit orientiert und damit sowohl ökonomisch indiziert als auch prinzipienbasiert ist, den Bilanzadressaten schlüssige, die wirtschaftliche Substanz korrekt widerspiegelnde Informationen über den abzubildenden Sachverhalt liefert. Wünschenswert ist daher, dass die vorliegenden Ergebnisse in der aktuellen Diskussion um den Kapitalausweis mit seiner weitreichenden Wirkung auf die Stabilität der Kapitalmärkte Berücksichtigung finden.

Entsprechend sollen abschließend die konzeptionellen Überlegungen der vorliegenden Arbeit zum Ausweis de lege ferenda in den Kontext des „Liabilities and Equity" Projekts von IASB und FASB gestellt. Das Projekt wird mit dem Ziel einer Verbesserung der Regeln zur Differenzierung zwischen Eigenkapitalinstrumenten und Nicht-Eigenkapitalinstrumenten sowie der Annäherung der Regeln von IFRS und US-GAAP in diesem Gebiet durchgeführt.[1] Das Projekt ist eines von drei langfristigen Projekten des IASB in Hinsicht auf Finanzinstrumente[2] und soll nachfolgend kurz vorgestellt werden, um die Ergebnisse dieser Arbeit um einen Ausblick auf weitere Entwicklungen des Kapitalausweises zu ergänzen.

Das Projekt wird in Form eines „modified joint approach" durchgeführt, d.h., der FASB ist zunächst federführend bei der konzeptionellen Ausarbeitung von möglichen Ansätzen zur Unterscheidung von Eigenkapital und Fremdkapital. Eine Beschlussfassung über das bevorzugte Konzept geschieht gemeinschaftlich durch beide Boards auf Grundlage des vom FASB erstellten und durch beide Boards zur Kommentierung veröffentlichten Preliminary Views. Der IASB veröffentlichte entsprechend am 28. Februar 2008 ein Diskussionspapier mit dem Titel „Financial Instrumentes with Characteristics of Equity" unter Bezug auf die relevanten IFRS sowie Fragen, die zusätzlich zum Fragenkatalog des FASB aufgenommen wurden. Mit dem Diskussionspapier bat der IASB interessierte Parteien um Stellungnahme[3], ob der Preliminary View des FASB als sachgerechter Ausgangspunkt für die Überlegungen des IASB anzunehmen oder ob ein alternativer Ansatz vorzugswürdig sei. Auf Basis der Stellungnahmen und der anschließenden Diskussionen von FASB und IASB wurden im Okto-

1 Vgl. Abschnitt 11.
2 Vgl. Abschnitt 11 und zum Stand der Projekte unter: www.iasb.org.
3 Die Stellungnahmen wurden auf der IASB-Webseite veröffentlicht. Vgl. unter: www.iasb.org. Vgl. Dazu SCHMIDT, M., Ansätze des FASB (HRSG.), S. 235–243.

ber 2008 die Prinzipien des „perpetual approach“ und des „basic ownership approach“ im Preliminary View beschrieben und den nachfolgenden Überlegungen des IASB und des FASB zu Grunde gelegt. IASB und FASB planen, einen gemeinsamen Exposure Draft zu erstellen, der auf den Ergebnissen der Diskussionen des Preliminary View aufsetzt, sobald Ressourcen dafür verfügbar werden.[4] Die Ergebnisse des Verfahrens sollen zur Ablösung von IAS 32 durch ein neues Regelwerk führen.

Auf Basis des „perpetual approach“ ist ein Instrument dann als Eigenkapital zu klassifizieren, wenn es

(1) keine Fälligkeit hat („lack a settlement requirement“) und

(2) seinem Inhaber einen Anspruch auf einen Anteil am Nettovermögen in der Liquidation gewährt („entitles the holder to a share of the entity’s net assets in liquidation“).

Auf Basis des „basic ownership approach“ ist ein Instrument dann als Eigenkapital zu klassifizieren, wenn es

(1) letztrangig zu bedienen ist („most subordinated claim“) und

(2) seinem Inhaber einen Anspruch auf einen Anteil am Nettovermögen in der Liquidation gewährt („entitles the holder to a share of the entity’s net assets in liquidation“).

Die Unterscheidung in die zwei Kategorien – daher „perpetual approach“ und „basic ownership approach“ – beruht auf einer gesellschaftsrechtlichen und daher als formalistisch abzulehnenden Perspektive und stellen eine Vermischung von Permanenz und Haftungsfähigkeit als Maßstab des Kapitalausweises dar. Das Permanenzprinzip folgt dem Kapitalgliederungskonzept des IAS 32 (revidiert 2003) in Gestalt des Mangels einer Fälligkeit der Vereinbarung. Das Prinzip der Haftung kommt durch das Kriterium „Anspruch auf einen Anteil am Nettovermögen“ und das Kriterium der Letztrangigkeit zum Ausdruck. Diese bislang vorliegenden Ergebnisse der Beratungen zielen, wie bereits in der Einleitung zu dieser Untersuchung erwähnt, auf eine noch immer zu kasuistische Betrachtung von eigenkapitalähnlichen Vereinbarungen für den

4 Vgl. IASB Arbeitsplan (Stand 15. April 2011). Im Internet veröffentlicht unter: http://www.iasb.org/Current+Projects/IASB+Projects/IASB+Work+Plan.htm. Die Plannung sieht vor, die Arbeit im 2. Halbjahr 2011 wieder aufzunehmen.

Zweck der Klassifikation. Der Stand der Diskussionen der Boards kann daher nur begrenzt mit dem in dieser Arbeit gemachten Vorschlägen zu einem ausschließlich an der Haftungsfähigkeit orientierten Kapitalausweis in Übereinstimmung gebracht werden. Zu hoffen ist, dass die Boards den Stellenwert der Haftungsfähigkeit von Kapital für seinen Ausweis anerkennen und diesen im angezeigten Umfang in die Rechnungslegungsvorschriften erkennen. Eine solche Refokusierung auf die Haftungsfähigkeit in der Kapitalregulierung und den Vorschriften zur Transparenz ist vor dem Hintergrund der seit 2007 andauernden Finanzkrise wünschenswert und wird, wie in der Problemstellung dargestellt, bereits von einer Vielzahl von Kapitalmarktakteuren aktiv vorangetrieben.

Quellenverzeichnis

Verzeichnis der Kommentare und Handbücher zur Bilanzierung

ADLER, HANS/ DÜRING, WALTHER/ SCHMALTZ, KURT (Hrsg.), Rechnungslegung und Prüfung der Unternehmen, Kommentar zum HGB, AktG, GmbHG, PublG nach den Vorschriften des Bilanzrichtlinien-Gesetzes, Teilband 6, 6. Aufl., Stuttgart 1998 (zitiert: BEARBEITER, in: ADS).

BAETGE, JÖRG/ WOLLMERT, PETER/ KIRSCH, HANS-JÜRGEN/ OSER, PETER/ BISCHOF, STEFAN (Hrsg.), Rechnungslegung nach IFRS, – Kommentar auf der Grundlage des deutschen Bilanzrechts, 2. Aufl., Loseblatt mit Ergänzungslieferung, Stuttgart 2002, Stand 2009 (zitiert: BEARBEITER, in: IFRS Kommentar).

BALLWIESER, WOLFGANG/ BEINE, FRANK/ HAYN, SVEN/ PEEMÖLLER, VOLKER H. / SCHRUFF, LOTHAR/ WEBER, CLAUS-PETER (Hrsg.), Wiley-Kommentar zur internationalen Rechnungslegung nach IAS/ IFRS 2009, 5. Aufl., Braunschweig 2009 (zitiert: BEARBEITER, in: Wiley).

BAUMBACH, ADOLF/ HOPT, KLAUS J./ MERKT, HANNO, Handelsgesetzbuch, Kommentar, 33. Aufl., München 2008 (zitiert: BEARBEITER, in: Baumbach/ Hopt, HGB, 33. Aufl.).

BERTL, ROMUALD/ EBERHARTINGER, EVA/ EGGER, ANTON/ KALSS, SUSANN/ LANG, MICHAEL/ NOWOTNY, CHRISTIAN/ RIEGLER, CHRISTIAN/ SCHUCH, JOSEF/ STARINGER, CLAUS (Hrsg.), Eigenkapital, 1. Aufl., Wien 2004 (zitiert: BEARBEITER, in: Eigenkapital).

ELLROTT HELMUT/ FÖRSCHLE, GERHARD/ HOYOS, MARTIN/ WINKELJOHANN, NORBERT (Hrsg.), Beck'scher Bilanzkommentar, 6. Aufl., München 2006 (zitiert: BEARBEITER, in: Beck Bilanzkomm., 6. Aufl.).

HEUSER PAUL J./ THEILE, CARSTEN, IFRS Handbuch, Einzel- und Konzernabschluss, 3. Aufl., Köln 2007 (zitiert: BEARBEITER, in: IFRS Handbuch).

HOPT, KLAUS J./ MERKT, HANNO/ BAUMBACH, ADOLF (Hrsg.), Handelsgesetzbuch: mit GmbH & Co., Handelsklauseln, Bank- und Börsenrecht, Transportrecht (ohne Seerecht), 34. Aufl., München 2009 (zitiert: BEARBEITER, in: HGB).

HÜFFER, UWE, Aktiengesetz, 8. Aufl., München 2008 (AktG).

KOLLER, INGO/ ROTH, WULF-HENNING/ MORCK, WINFRIED, Handelsgesetzbuch, Kommentar, 5. Aufl., München 2005 (zitiert: BEARBEITER, in: HGB Kommentar).

LÜDENBACH, NORBERT/ HOFFMANN, WOLF-DIETER (Hrsg.), Haufe-IFRS-Kommentar, das Standardwerk, 6. Aufl., Freiburg im Breisgau/ München/ Berlin/ Würzburg 2008 (zitiert: BEARBEITER, in: Haufe IFRS).

PALANDT, OTTO (Begr.), BASSENGE, PETER/ BRUDERMÜLLER, GERD/ DIEDERICHSEN, UWE/ EDENHOFER, WOLFGANG/ ELLENBERGER, JÜRGEN/ GRÜNEBERG, CHRISTIAN/ SPRAU, HARTWIG/ THORN, KARSTEN/ WEIDENKAFF, WALTER (Bearb.), Bürgerliches Gesetzbuch: BGB, 69. Aufl., München 2010 (zitiert: BEARBEITER, in: Palandt).

Verzeichnis der Monografien

ADAMS, MICHAEL, Eigentum, Kontrolle und beschränkte Haftung, Baden-Baden, 1991 (Eigentum).

BÄCHER, CHRISTIAN, Bilanzierung von Mezzanine-Kapital nach HGB, IFRS und US-GAAP, 1. Aufl., Hamburg 2009.

BAETGE, JÖRG, Möglichkeiten der Objektivierung des Jahreserfolges, Düsseldorf 1970 (Objektivierung des Jahreserfolgs).

BAETGE, JÖRG, Kapital und Vermögen: in: Handwörterbuch der Betriebswirtschaft, Bd. 2, hrsg. v. Grochla, Erwin/ Wittmann, Waldemar, 4. Aufl., Stuttgart 1975, S. 265–362 (Kapital und Vermögen).

BAETGE, JÖRG/ KIRSCH, HANS-JÜRGEN/ THIELE, STEFAN, Bilanzen, 10. Auflage, Düsseldorf 2009 (Bilanzen).

BAETGE JÖRG/ KÜMMEL, JENS/ NIEMEYER, KAI, Darstellung der Discounted-Cashflow-Verfahren (DCF-Verfahren) mit Beispiel, in: Praxishandbuch der Unternehmensbewertung, hrsg. v. Peemöller, Volker, 3. Aufl., Herne/ Berlin 2005, S. 265–362 (Darstellung der DCF-Verfahren).

BAETGE, JÖRG/ LIENAU, ACHIM, Der Gläubigerschutzgedanke im Mixed Fair Value-Modell des IASB, in: Kritisches zu Rechnungslegung und Unternehmensbesteuerung. Festschrift zur Vollendung des 65. Lebensjahres von Theodor Siegel, hrsg. v. Schneider, Dieter/ Rückle, Dieter/ Küpper, Hans-Ulrich/ Wagner, Franz W., Berlin 2005, S. 65–86 (Der Gläubigerschutzgedanke).

BAETGE, JÖRG/ THIELE, STEFAN, Gesellschafterschutz versus Gläubigerschutz – Rechenschaft versus Kapitalerhaltung, in: Handelsbilanzen und Steuerbilanzen, Festschrift für Heinrich Beisse, hrsg. v. Budde, Wolfgang Dieter/ Moxter, Adolf/ Offerhaus, Klaus, Düsseldorf 1997, S. 11–24 (Gesellschafterschutz).

BALLWIESER, WOLFGANG, Zur Frage der Rechtsform-, Konzern- und Branchenunabhängigkeit der Grundsätze ordnungsmäßiger Buchführung, in: Rechenschaftslegung im Wandel, Festschrift für Wolfgang Dieter Budde, hrsg. v. Förschle, Gerhart/ Kaiser, Klaus/ Moxter, Adolf, München 1995, S. 43–66 (Rechtsform-, Konzern- und Branchenunabhängigkeit).

BARCKOW, ANDREAS, Die Bilanzierung von derivativen Finanzinstrumenten und Sicherungsbeziehungen: eine Gegenüberstellung des deutschen Bilanzrechts mit SFAS 133 und IAS 32/ 39, Düsseldorf 2004 (Finanzinstrumente).

BARCKOW, ANDREAS, Some Remarks on Distinguishing Liabilities from Equity, hrsg. v. Bruns, Hans-Georg/ Neubürger, Heinz-Joachim/ Tweedie, David/ Herz, Robert, Stuttgart 2008, S. 307–322 (Distinguishing Liabilities from Equity).

BEAUVAIS, ERNST-ALBRECHT VON/ FISCHER, ELKE/ TRAICHEL, CHRISTIAN, Wandelschuldverschreibungen, in: Mezzanine Finanzierung, hrsg. v. Bösel, Konrad/ Sommer, Michael, München 2006, S. 198–243 (Wandelschuldverschreibungen).

BERTL, ROMUALD, Die Abbildung hybrider Finanzierungsinstrumente im Rechnungswesen, hrsg. v. Bischof, Matthias/ Eberhartinger, Eva, Wien 2005, S. 99–118 (Hybride Finanzierungsinstrumente).

BITZ, MICHAEL, Schöpfungswille und Harmoniestreben des Renaissancemenschen, hrsg. v. Winkeljohann, Norbert/ Bareis, Peter/ Volk, Gerrit, Rechnungslegung, Eigenkapital und Besteuerung, München 2006, S. 147–166 (Eigenkapitalbegriff).

BITZ, MICHAEL, Theorie der Kapitalstruktur, in: Handwörterbuch des Bank- und Finanzwesens, hrsg. v. Gerke, Wolfgang/ Steiner, Manfred, Stuttgart 2001, S. 1317–1340 (Kapitalstruktur).

BOEHM-BEZING, PHILIP VON, Eigenkapital für nicht börsennotierte Unternehmen durch Finanzintermediäre, Sternenfels/ Berlin 1998 (Eigenkapital).

BORK, REINHARD, Einführung in das Insolvenzrecht, Tübingen 2005 (Insolvenzrecht).

BREALEY, RICHARD A./ MYERS, STEWART C./ ALLEN, FRANKLIN, Principles of Corporate Finance, 8. Aufl., Irwin 2006 (Corporate Finance).

BREKER, NORBERT, Optionsrechte und Stillhalteverpflichtungen im handelsrechtlichen Jahresabschluß, Düsseldorf 1993 (Optionsrechte und Stillhalteverpflichtungen).

COENENBERG, ADOLF G./ BERGER, SIMON/ JOEST, ANDREAS, Kapitalabgrenzung nach IAS 32 – Status Quo und Perspektive, in: Rechnungslegung und Wirtschaftsprüfung, Festschrift zum 70. Geburtstag von Jörg Baetge, Düsseldorf 2007, S. 139–169 (Kapitalabgrenzung nach IAS 32).

DRUKARCZYK, JOCHEN, Finanzierung, Eine Einführung, 9. Aufl., Stuttgart 2003 (Finanzierung).

EKKENGA, JENS, Anlegerschutz, Rechnungslegung und Kapitalmarkt: eine vergleichende Studie zum europäischen, deutschen und britischen Bilanz-, Gesellschafts- und Kapitalmarktrecht, Tübingen 1998 (Anlegerschutz).

EPSTEIN, BARRY J./ MIRZA, ABBAS ALI, IAS 2004, Interpretation and Application of International Accounting Standards, New York 2004 (Interpretation and Application).

FRANKE, GÜNTER/ HAX, HERBERT, Finanzwirtschaft des Unternehmens und Kapitalmarkt, 5. Aufl., Berlin 2004 (Finanzwirtschaft).

GELHAUSEN, HANS FRIEDRICH, Bilanzierung zur Einziehung erworbener Aktien und Kapitalschutz, in: Rechnungslegung und Wirtschaftsprüfung, Festschrift zum 70. Geburtstag von Jörg Baetge, hrsg. v. Kirsch, Hans-Jürgen/ Thiele, Stefan, Düsseldorf 2007, S. 192–215 (Bilanzierung zur Einziehung erworbener Aktien und Kapitalschutz).

HACHMEISTER, DIRK, Verbindlichkeiten nach IFRS, München 2006 (Verbindlichkeiten nach IFRS).

HÄGER, MICHAEL/ ELKEMANN-REUSCH, MANFRED, Mezzanine Finanzierungs-instrumente, Stille Gesellschaft – Nachrangdarlehen – Genussrechte, Berlin 2004 (Mezzanine Finanzierungsinstrumente).

HAUCK, ACHIM, Eigenkapital von Banken als Regulierungsgegenstand: Auswirkungen von Eigenkapitalanforderungen auf das Investitionsverhalten bankfinanzierter Unternehmen, Wiesbaden 2008 (Eigenkapital von Banken als Regulierungsgegenstand).

HAX, HERBERT, Rechnungslegungsvorschriften – Notwendige Rahmenbedingungen für den Kapitalmarkt?, in: Unternehmenserfolg, Planung–Ermittlung–Kontrolle, Festschrift für Walther Busse von Colbe zum 60. Geburtstag, hrsg. v. Domsch, Michel/ Eisenführ, Franz/ Ordelheide, Dieter/ Perlitz, Manfred, Wiesbaden 1988, S. 187–201 (Rechnungslegungsvorschriften).

HAX, HERBERT, Theorie der Unternehmung – Information, Anreize und Vertragsgestaltung, in: Betriebswirtschaftlehre und Ökonomische Theorie, hrsg. v. Ordelheide, Dieter/ Rudolph, Bernd/ Büsselmann, Elke, Stuttgart 1991 (Theorie der Unternehmung).

HULL, JOHN C, Option, Futures and Other Derivatives, Boston 2008 (Option, Futures and Other Derivatives).

JENSEN-NISSEN, LARS, IAS 32 / IAS 39 und steuerliche Gewinnermittlung: Bilanzierung von Finanzierungsinstrumenten, 1. Aufl., Wiesbaden 2007 (Bilanzierung von Finanzierungsinstrumenten).

KAMPMANN, HELGA, Die Kapitalstruktur der Unternehmung in der handelsrechtlichen Rechnungslegung: Ökonomische Theorie des Bilanzrechts und Prinzipien der Bilanzierung einfacher und hybrider Kapitalformen, Bielefeld 2001 (Kapitalstruktur).

KIRCHNER, CHRISTIAN, Bilanzrecht und neue Institutionenökonomik: Interdisziplinäre Überlegungen, in: Handelsbilanzen und Steuerbilanzen, Festschrift für Heinrich Beisse, hrsg. v. Budde, Wolfgang Dieter/ Moxter, Adolf/ Offerhaus, Klaus, Düsseldorf 1997, S. 267-283 (Bilanzrecht).

KPMG (Hrsg.), Eigenkapital versus Fremdkapital nach IFRS, Stuttgart 2006 (Eigenkapital versus Fremdkapital nach IFRS).

KUHN, STEFFEN/ SCHARPF, PAUL, Rechnungslegung von Financial Instruments nach IFRS: IAS 32, IAS 39 und IFRS 7, 3. Aufl., Stuttgart 2006 (Rechnungslegung von Financial Instruments).

LARENZ, KARL, Methodenlehre der Rechtswissenschaft, 6. Aufl., Berlin u.a. 1991 (Methodenlehre).

LEFFSON, ULRICH, Die Grundsätze ordnungsmäßiger Buchführung, 7. Aufl., Düsseldorf 1987 (Grundsätze ordnungsmäßiger Buchführung).

MOXTER, ADOLF, Fundamentalgrundsätze ordnungsmäßiger Rechenschaft, in: Bilanzfragen, Festschrift zum 65. Geburtstag von Ulrich Leffson, hrsg. v. Baetge, Jörg/ Moxter, Adolf/ Schneider, Dieter, Düsseldorf 1976, S. 87–117 (Fundamentalgrundsätze).

MOXTER, ADOLF, Grundsätze ordnungsgemässer Rechnungslegung, Düsseldorf 2003 (Grundsätze ordnungsgemässer Rechnungslegung).

MÜLLER, STEFAN, IFRS: Fremdkapital: Ansatz, Bewertung, Ausweis, Berlin 2008 (Fremdkapital).

MÜLLER, STEFAN, Aktuelle Entwicklung der Eigenkapitalklassifikation nach IAS 32, Ein Anreiz zur freiwilligen Umstellung der Rechnungslegung auf IFRS für mittelständische Unternehmen?, in: Rechnungslegung und Corporate Governance: Reporting, Steuerung und Überwachung, hrsg. v. Freidank, Carl-Christian/ Altes, Peter, Berlin 2007, S. 139–152 (Aktuelle Entwicklung).

MÜLLER, WELF, Wohin entwickelt sich der bilanzrechtliche Eigenkapitalbegriff?, in: Rechenschaftslegung im Wandel: Festschrift für Wolfgang Dieter Budde, hrsg. v. Fröschle, Gerhart/ Kaiser, Klaus/ Moxter, Adolf, München 1995, S. 445–464 (Eigenkapitalbegriff).

MÜLLER-KÄNEL, OLIVER, Mezzanine Finance: Neue Perspektiven in der Unternehmensfinanzierung, 2. Aufl., Bern 2004 (Mezzanine Finance).

OBERDÖRSTER, TATJANA, Finanzberichterstattung und Prognosefehler von Finanzanalysten, 1. Aufl., Wiesbaden 2009 (Finanzberichterstattung und Prognosefehler).

PACIOLI, LUCA, Abhandlung über die Buchhaltung: Nach dem ital. Orig. von 1494 ins Dt. übers. und mit einer Einl. über die italienische Buchhaltung im 14. und 15. Jahrhundert und Paciolis Leben und Werk vers. von Balduin Penndorf, hrsg. v. Penndorf, Balduin, Unveränd. Nachdr. der Ausg. von 1933, Stuttgart 2009 (Buchhaltung).

PATON, WILIAM ANDREW, Accounting Theory: With Special Reference To The Corporate Enterprise (1922), Whitefish 2009 (Accounting Theory).

PEEMÖLLER, VOLKER (Hrsg.), Praxishandbuch der Unternehmensbewertung, 4. Aufl., Herne/ Berlin 2009 (Praxishandbuch der Unternehmensbewertung).

PELLENS, BERNHARD/ CRASSELT, NILS, Aktienkursorientierte Entlohnungssysteme im Jahresabschluss, in: Unternehmenswertorientierte Entlohnungssysteme, hrsg. v. Pellens, Bernhard, Stuttgart 1998, S. 125–160 (Aktienkursorientierte Entlohnungssysteme).

PELLENS, BERNHARD/ CRASSELT, NILS, Bilanzierung von Stock Options: Status quo und aktuelle Entwicklungen, in: Küting, Karl-Heinz/ Weber, Claus-Peter, Vom Financial Accounting zum Business Reporting, Stuttgart 2002, S. 147–171 (Bilanzierung von Stock Options).

PELLENS, BERNHARD/ FÜLBIER, ROLF UWE/ GASSEN, JOACHIM, Internationale Rechnungslegung: IFRS/ IAS mit Beispielen und Fallstudie, 5. Aufl., Stuttgart 2004 (IFRS/ IAS).

POPE, PETER/ PUXTY, ANTONY, What is Equity? New Financial Instruments in the Interstices between the Law, Accounting and Economics, in: Law and Accountancy, hrsg. v. Freedman, Judith/ Power, Michael, London 1992, S. 121–143 (Equity).

REINKE, JENS/ NISSEN-SCHMIDT, ASTRID, IFRS: Eigenkapital und Aktienoptionspläne: Ansatz, Bewertung, Darstellung, Berlin 2008 (Eigenkapital).

REUTER, MICHAEL, Eigenkapitalausweis im IFRS-Abschluss – Praxis der Berichterstattung, Berlin 2008 (Eigenkapitalausweis).

RICHTER, RUDOLF/ FURUBOTN, EIRIK GRUNDTVIG, Neue Institutionenökonomik: Eine Einführung und kritische Würdigung, 3. Aufl., Tübingen 2003 (Neue Institutionenökonomik).

ROSENFIELD, PAUL, Contemporary Issues in Financial Reporting, London/ New York 2007 (Contemporary Issues).

RÜCKLE, DIETER, Zum Eigenkapital der Personengesellschaften: Bilanzierungs- und Gestaltungsprobleme, in: Rechnungslegung und Wirtschaftsprüfung, Festschrift zum 70. Geburtstag von Professor Dr. Dr. h. c. Jörg Baetge, hrsg. v. Kirsch, Hans-Jürgen/ Thiele, Stefan, Düsseldorf 2007, S. 479–503 (Eigenkapital der Personengesellschaften).

RUPPE, HANS GEORG, Die Abgrenzung von Eigen- und Fremdkapital in steuerlicher Sicht, in: Die Abgrenzung von Eigenkapital und Fremdkapital, Schriftenreihe des Österreichischen Forschungsinstituts für Sparkassenwesen, Sonderband, hrsg. v. Ruppe, Hans Georg/ Swoboda, Peter/ Nitsche, Günter, Wien 1985, S. 10–41 (Steuerliche Abgrenzung von Eigenkapital und Fremdkapital).

SABIWALSKY, RALF, Die Eigenkapitalausstattung der Kapitalgesellschaft – drei Aufsätze über die Steuerung der Kapitalstruktur und über den Schutz des Gesellschaftskapitals, Köln 2009 (Eigenkapitalausstattung).

SCHEFFLER, EBERHARD, Eigenkapital im Jahres- und Konzernabschluss nach IFRS: Abgrenzung, Konsolidierung, Veränderung, 1. Aufl., München 2006 (Eigenkapital).

SCHIEMER, VERA SOPHIE, Eigen- und Fremdkapital bei Personengesellschaften: IAS 32 als Schuldenfalle?!, in: Internationale und nationale Rechnungslegung am Wendepunkt, hrsg. v. Löffler, Helge/Rohatschek, Roman, Roman, Wien 2007, S. 105–134 (Eigen- und Fremdkapital bei Personengesellschaften).

SCHMIDT, REINHARD H./TERBERGER, EVA, Grundzüge der Investitions- und Finanzierungstheorie, 4. Aufl., Wiesbaden2006 (Grundzüge).

SCHNEIDER, DIETER, Betriebswirtschaftslehre Band 4, Wien 2001 (Betriebswirtschafts-lehre Bd. 4).

SCHNEIDER, DIETER, Betriebswirtschaftslehre Band 2, Wien 1997 (Betriebswirtschafts-lehre Bd. 2).

SCHNEIDER, DIETER, Betriebswirtschaftslehre Band 3, Wien 1997 (Betriebswirtschafts-lehre Bd. 3).

SCHNEIDER, DIETER, Betriebswirtschaftslehre Band 1, Wien 1994 (Betriebswirtschafts-lehre Bd. 1).

SCHNEIDER, DIETER, Investition, Finanzierung und Besteuerung, 7. Aufl., Wiesbaden 1992 (Investition).

SCHOULER, OLIVER, Grundlagen des Eigenkapitalersatzrechts – Eine Untersuchung zur dogmatischen Legitimation der eigenkapitalähnlichen Sonderbehandlung von Gesellschafterfremdkapital in der Unternehmenskrise, Frankfurt am Main/Berlin/Bruxelles/New York/Oxford/Wien 2001 (Grundlagen des Eigenkapitalersatzrechts).

SCHULTE-MATTLER, HERMANN, Finanzwirtschaftliche Betrachtung der Eigen- und Fremdkapitalunterscheidung, in: Bundesverband Öffentlicher Banken Deutschlands (VÖB), Finanzkolloquium IAS 32 – Weiterentwicklung von IAS 32 zwingend erforderlich, Bonn August 2007, S. 93–110 (Eigen- und Fremdkapitalunterscheidung).

SCHULTE-MATTLER, HERMANN/GAUMERT, UWE, Regulatorisches und ökonomisches Eigenkapital, in: Handbuch ökonomisches Kapital, hrsg. v. Becker, Axel, Stuttgart 2008, S. 25–61 (Eigenkapital).

SIEGEL, THEODOR, Bilanzierung von Aktienoptionen und der Charakter eigener Anteile, in: Zum Erkenntnisstand der Betriebswirtschaftslehre am Beginn des 21. Jahrhunderts, Festschrift für Erich Loitlsberger zum 80. Geburtstag, hrsg. v. Wagner, Udo, Berlin 2001, S. 345–371 (Bilanzierung von Aktienoptionen).

SOLMECKE, HENRIK, Auswirkungen des Bilanzrechtsmodernisierungsgesetzes (BilMoG) auf die handelsrechtlichen Grundsätze ordnungsmäßiger Buchführung, 1. Aufl., Düsseldorf 2009 (GoB).

SÜCHTING, JOACHIM, Finanzmanagement, Theorie und Politik der Unternehmensfinanzierung, 6. Aufl., Wiesbaden 1995 (Finanzmanagement).

SWOBODA, PETER, Die Abgrenzung von Eigen- und Fremdkapital in betriebswirtschaftlicher Sicht, S. 42–81, in: Die Abgrenzung von Eigenkapital und Fremdkapital, Schriftenreihe des Österreichischen Forschungsinstituts für Sparkassenwesen, Sonderband, hrsg. v. Ruppe, Hans Georg/Swoboda, Peter/Nitsche, Günter, Wien 1985, S. 42–81 (Abgrenzung von Eigenkapital und Fremdkapital).

SWOBODA, PETER, Der Risikograd als Abgrenzungskriterium von Eigen- versus Fremdkapital, in: Information und Produktion–Beiträge zur Unternehmenstheorie und Unternehmensplanung, Festschrift zum 60. Geburtstag von Waldemar Wittmann, hrsg. v. Stöppler, Siegmar, Stuttgart 1985, S. 343–361 (Risikograd).

THIELE, STEFAN, Das Eigenkapital im handelsrechtlichen Jahresabschluß: rechtsformübergreifende und rechtsformspezifische Grundsätze für Ansatz und Ausweis des gesetzestypischen Eigenkapitals und der hybriden Finanzierungsformen, Düsseldorf 1998 (Eigenkapital).

WAGENHOFER, ALFRED/ EWERT, RALF, Externe Unternehmensrechnung, 2. Aufl., Berlin/ Heidelberg/ New York 2007 (Externe Unternehmensrechnung).

WEIDENHAMMER, SIMON, Zur Eigenkapitalsituation von Personenhandelsgesellschaften in der IFRS-Rechnungslegung, Freiburg im Breisgau 2007 (Eigenkapitalsituation).

WELLER, NIELS, Ausgewählte Aspekte der Bilanzierung von Mezzanine-Kapital in der Krise der GmbH, Hamburg 2007 (Mezzanine-Kapital).

WENGER, EKKEHARD, Managmentanreize und Kapitalallokation, in: Jahrbuch für Neue Politische Ökonomie, hrsg. v. Boettcher, Erik/ Herder-Dorneich, Philipp/ Schenk, Karl-Ernst, Tübingen 1987, S. 217–240 (Managementanreize und Kapitalallokation).

WIEDMANN, HARALD, Die Bewertungseinheit im Handelsrecht, in: Bilanzrecht und Kapitalmarkt, Festschrift für Adolf Moxter, hrsg. von Ballwieser, Wolfgang/ Böcking, Hans-Joachim/ Drukarczyk, Jochen/ Schmidt, Reinhard H., Düsseldorf 1994, S. 453–482 (FS Moxter).

WILLIAMSON, OLIVER E., The Economic Institutions of Capitalism, New York 1985 (Economic Institutions).

WILLIAMSON, OLIVER E., Markets and Hierachies. Analysis and Antitrust Implications, New York 1975 (Markets and Hierachies).

WOHLSCHIESS, VOLKER, Unternehmensfinanzierung bei asymmetrischer Informationsverteilung, Wiesbaden 1996 (Unternehmensfinanzierung).

Verzeichnis der Aufsätze

ADAM-MÜLLER, AXEL/WANGLER, CLEMENS, Das Positionspapier der Arbeitsgruppe Stock Options des Deutschen Standardisierungsrates: Implikationen für Bilanzierung und Besteuerung, in: KoR 2001, S. 1–14 (Stock Options).

ALCHIAN, ARMEN A./DEMSETZ, HAROLD, Production, Information Costs, and Economic Organization, in: American Economic Review, 1972, S. 777–795 (Production).

AMERICAN ACCOUNTING ASSOCIATION (Hrsg.), Response to the FASB Discussion Memorandum Distinguishing Between Liability and Equity Instruments and Accounting for Instruments with Characteristics of Both, in: Accounting Horizons, 1993, S. 105–113 (Response to the FASB Discussion).

ARBEITSKREIS EXTERNE UNTERNEHMENSRECHNUNG DER SCHMALENBACH-GESELLSCHAFT FÜR BETRIEBSWIRTSCHAFTSLEHRE E. V. (Hrsg.), Behandlung eigner Aktien nach deutschem Recht und US-GAAP unter besonderer Berücksichtigung der Änderungen des KonTraG, in: DB 1998, S. 1673–1677 (Behandlung eigner Aktien).

BAETGE, JÖRG/BRÜGGEMANN, BENEDIKT, Ausweis von Genussrechten auf der Passivseite der Bilanz des Emittenten, in: DB 2005, S. 2145–2152 (Genussrechte).

BAETGE, JÖRG/HAENELT, TIMO, Kritische Würdigung der Kapitalabgrenzung im IFRS-Abschluss und Darstellung des alternativen Loss Absorption Approach der EFRAG und des DSR, in: ZGR 2008, S. 296–323 (Loss Absorption Approach).

BAETGE, JÖRG/KIRSCH, HANS-JÜRGEN/LEUSCHNER, CARL-FRIEDRICH/JERZEMBEK, LOTHAR, Die Kapitalabgrenzung nach IFRS – Ein Vorschlag zur Modifizierung von IAS 32, in: DB 2006, S. 2133–2138 (Aufsatz zum Gutachten IAS 32).

BAETGE, JÖRG/WINKELJOHANN, NORBERT/HAENELT, TIMO, Die Bilanzierung des gesellschaftsrechtlichen Eigenkapitals von Nicht-Kapitalgesellschaften nach der novellierten Kapitalabgrenzung des IAS 32, in: DB 2008, S. 1518–1522 (Novellierte Kapitalabgrenzung des IAS 32).

BALLWIESER, WOLFGANG, IFRS für nicht kapitalmarktorientierte Unternehmen, in: IRZ 2006, S. 23–30 (IFRS für nicht kapitalmarktorientierte Unternehmen).

BALLWIESER, WOLFGANG/KÜTING, KARLHEINZ/SCHILDBACH, THOMAS, Fair value – Erstrebenswerter Wertansatz im Rahmen einer Reform der handelsrechtlichen Rechnungslegung?, in: BFuP 2004, S. 529–549 (Fair value).

BALLWIESER, WOLFGANG, Informations-GoB auch im Lichte von IAS und US-GAAP, in: KoR 2002, S. 115–121 (Informations-GoB).

BALZ, GERHARD K./ILINA, KSENIA, Kommanditkapital nach International Accounting Standards – Ist die GmbH & Co. KG kapitalmarkttauglich?, in: BB 2005, S. 2759–2763 (Kommanditkapital nach International Accounting Standards).

BARCKOW, ANDREAS/SCHMIDT, MARTIN, IASB Exposure Draft „Financial Instruments Puttable at Fair Value and Obligations Arising on Liquidation“, in: KoR 2006, S. 623–634 (IASB Exposure Draft).

BARCKOW, ANDREAS/SCHMIDT, MARTIN, Abgrenzung von Eigenkapital und Fremdkapital – Der Entwurf des IASB zu Änderungen an IAS 32, in: WPg 2006, S. 950–952 (Abgrenzung von Eigenkapital und Fremdkapital).

BERGER, ROLF/ GRÜNEWALD, HOLGER/ KOLB, SUSANNE, Zweifelsfragen bei der Abgrenzung von Eigen- und Fremdkapital bei Personengesellschaften nach IFRS, in: PiR 2005, S. 83–88 (Zweifelsfragen Eigen- und Fremdkapital).

BIGUS, JOCHEN/ SCHORN, PHILIPP, Eigenkapital und Bankenaufsicht, in: Das Wirtschaftsstudium 2009, S. 823–827 (Eigenkapital und Bankenaufsicht).

BIGUS, JOCHEN, Zur bilanziellen Abgrenzung von Eigen- und Fremdkapital, in: DBW 2007, S. 7–21 (Abgrenzung von Eigen- und Fremdkapital).

BIGUS, JOCHEN, Diskussion zur bilanziellen Kapitalabgrenzung – Erwiderung Dialogbeitrag, in: DBW 2007, S. 352–356 (Abgrenzung von Eigen- und Fremdkapital-Erwiderung).

BINGEL, ELMAR/ WEIDENHAMMER, SIMON, Ausweis des Eigenkapitals bei Personenhandelsgesellschaften im Handelsrecht, in: DStR 2006, S. 675–679 (Ausweis Eigenkapital Personenhandelsgesellschaften).

BLAUM, ULF, Amendments to IAS 32–Financial Instruments: Presentation and IAS 1–Presentation of Financial Statements: Puttable Instruments and Obligations Arising on Liquidation, in: IFRS Änderungskommentar 2009, hrsg. v. Vater, Hendrik/ Ernst, Edgar/ Hayn, Sven/ Knorr, Liesel/ Mißler, Peter, Stuttgart 2009, S. 121–132 (Amendments to IAS 32).

BOCK, VOLKER, Steuerliche und bilanzielle Aspekte mezzaniner Nachrang-Darlehen, in: DStR 2005, S. 1067–1072 (Mezzanine Nachrang-Darlehen).

BÖMELBURG, PETER/ LANDGRAF, CHRISTIAN/ LUCE, KARSTEN, Die Auswirkungen der Eigenkapitalabgrenzung nach IAS 32 (rev. 2008) auf deutsche Personengesellschaften, in: PiR 2008, S. 143–149 (Eigenkapitalabgrenzung).

BÖRNER, ACHIM-RÜDIGER, Verbindung von Kapitalerhöhung aus Gesellschaftsmitteln und Kapitalerhöhung gegen Bareinlage bei AG, in: DB 1988, S. 1254–1259 (Verbindung von Kapitalerhöhung).

BREKER, NORBERT/ HARRISON, DAVID A./ SCHMIDT, MARTIN, Die Abgrenzung von Eigen- und Fremdkapital, in: KoR 2005, S. 469–479 (Abgrenzung).

BROSER, MANUELA/ HOFFIAN, ANDREAS/ STRAUCH, JOACHIM, Bilanzierung des Eigenkapitals von Kommanditgesellschaften nach IAS 32 (rev. 2003), in: KoR 2004, S. 452–459 (Bilanzierung Kommanditgesellschaften).

BRÜGGEMANN, BENEDIKT/ LÜHN, MICHAEL/ SIEGEL, MIKOSCH, Bilanzierung hybrider Finanzierungsinstrumente nach HGB, IFRS und US-GAAP im Vergleich (Teil I, II), in: KoR 2004, S. 340–352, 389–402 (Hybride Finanzierungsinstrumente).

COASE, RONALD H., The Problem of Social Cost, in: Journal of Law and Economics, 2, 1960, S. 1–44 (Social Cost).

COASE, RONALD H., The Nature of the Firm, in: Economica, 4, 1937, S. 386–405 (Nature of Firm).

COENENBERG, ADOLF G./ BERGER, SIMON/ JOEST, ANDREAS, Kapitalabgrenzung nach IAS 32–Status Quo und Perspektive, in: Kirsch/ Thiele, Rechnungslegung und Wirtschaftsprüfung, Düsseldorf 2007, S. 139–169 (Kapitalabgrenzung nach IAS 32).

DASKE, HOLGER, Economic Benefits of Adopting IFRS or USGAAP, Have the Expected Cost of Equity Capital Really Decreased?, in: Journal of Business Finance & Accounting 2006, S. 329–373 (Economic Benefits).

FAMA, EUGENE F., Agency Problems and the Theory of the Firm, in: Journal of Political Economy 1980, S. 288–307 (Theory of the Firm).

FAMA, EUGENE F./JENSEN, MICHAEL C., Separation of Ownership and Control, in: Journal of Law and Economics, 1983, S. 301–325 (Separation).

FREIBERG, JENS, Die Bilanzierung von einfachen Anteilen nach IFRS, in: PiR 2006, S. 12–13 (Bilanzierung von einfachen Anteilen nach IFRS).

GASSEN, JOACHIM/FISCHKIN, MICHAEL/HILL, VERENA, Das Rahmenkonzept-Projekt des IASB und des FASB: Eine normendeskriptive Analyse des aktuellen Stands, in: WPg 2008, S. 874–882 (Rahmenkonzept-Projekt).

GEBHARDT, GÜNTHER, Bilanzierung zur Einziehung erworbener Aktien und Kapitalschutz, in: Rechnungslegung und Wirtschaftsprüfung, hrsg. v. Kirsch, Hans-Jürgen/Thiele, Stefan, Düsseldorf 2007, S. 191–215 (Bilanzierung zur Einziehung erworbener Aktien).

GOLLAND, FRANK/GEHLHAAR, LARS/GROSSMANN, KLAUS/EICKHOFF-KLEY, XENIA/JÄNISCH, CHRISTIAN, Mezzanine-Kapital, in: BB 2005, Special 4/2005, S. 1–32. (Mezzanine-Kapital).

HASBARGEN, ULRIKE/STAUSKE, EVA, IFRS 2 and FSAB Exposure Draft „Share-based Payment“: Auswirkungen auf Bilanzierung und Gestaltung aktienbasierter Vergütung, in: BB 2004, S. 1153–1158 (IFRS 2).

HENNRICHS, JOACHIM, IFRS: Eignung für Ausschüttungszwecke?, in: BFuP 2008, S. 415–432 (Eignung für Ausschüttungszwecke).

HENNRICHS, JOACHIM, Kündbare Gesellschaftereinlagen nach IAS 32. Ein Beispiel zur Auslegung und Rechtskontrolle von in Gemeinschaftsrecht übernommenen IFRS, in: WPg 2006, S. 1253–1262 (Kündbare Gesellschaftereinlagen nach IAS 32).

HENNRICHS, JOACHIM, Bilanzgestützte Kapitalerhaltung, HGB-Jahresabschuss und Maßgeblichkeitsprinzip – Dinosaurier der Rechtsgeschichte?, in: StuW 2005, S. 256–264 (Bilanzgestützte Kapitalerhaltung).

HENNRICHS, JOACHIM/DETTMEIER, MICHAEL/POESCHKE, MORITZ/SCHUBERT, DANIELA, Geplante Änderung der Kapitalabgrenzung nach ED IAS 32: Neues Eigenkapital für Personenhandelsgesellschaften, in: KoR 2007, S. 62–69 (Neues Eigenkapital).

HENSELMANN, KLAUS, Eigenkapital, in: Corporate Governance und Interne Revision, hrsg. v. Freidank, Carl-Christian/Peemöller, Volker, Berlin 2007, S. 463–476 (Eigenkapital).

HERZIG, NORBERT, IAS/IFRS und steuerliche Gewinnermittlung, in: WPg 2005, S. 211–235 (IAS/IFRS).

HERZIG, NORBERT, Spannungsverhältnis zwischen Finanzierungsfreiheit und fehlender Finanzierungsneutralität der Besteuerung, in: FR 1994, S. 589–602 (Spannungsverhältnis).

HERZOG, CORNELIA/EBERLI, PETER, Auf der Suche nach der geeigneten Definition von Eigenkapital: IAS 32 im Umbruch, in: Schweizer Treuhänder 2007, S. 839–844 (IAS 32).

HOFERT, SEBASTIAN/ARENDS, VOLKER, Intelligente rechtliche Gestaltung von Mezzanine-Finanzierungen, in: ZIP 2005, S. 1297–1305 (Mezzanine-Finanzierungen).

HOFFMANN, WOLF-DIETER/LÜDENBACH, NORBERT, Die Neuregelung des IASB zum Eigenkapital bei Personengesellschaften, in: DB 2006, S. 1797–1800 (Neuregelung des IASB).

HOFFMANN, WOLF-DIETER/LÜDENBACH, NORBERT, IFRS-Rechnungslegung für Personengesellschaften als Theater des Absurden, in: DB 2005, S. 404–409 (IFRS-Rechnungslegung für Personengesellschaften).

JANSEN, BERNHARD, Bilanzierung einer mit Rangrücktritt versehenen Verbindlichkeit in der Handels- und Steuerbilanz, in: BB 2005, S. 1895–1897 (Rangrücktritt).

KAMPMANN, HELGA, Zur aktuellen Diskussion um die Abgrenzung von Eigen- und Fremdkapital in der internationalen Rechnungslegung: Abkehr von der dichotomen Kapitalgliederung als Lösungsansatz?, in: KoR 2007, S. 185–192 (Abgrenzung von Eigen- und Fremdkapital).

KAMPMANN, HELGA/SCHWEDLER, KRISTINA, Zum Entwurf eines gemeinsamen Rahmenkonzepts von FASB und IASB, in: KoR 2006, S. 521–530 (Rahmenkonzept).

KAROLLUS, MARTIN, Voreinzahlung auf künftige Kapitalerhöhungen, in: DStR 1995, S. 1065–1070 (Voreinzahlung).

KEBEKUS, FRANK, IAS/IFRS und Insolvenzrecht, in: ZGR 2008, S. 275–283 (IAS/IFRS und Insolvenzrecht).

KIRSCH, HANNO, Besonderheiten des Eigenkapitalausweises und der Eigenkapitalveränderungsrechnung nach IAS, in: BuW 2002, S. 309–315 (Besonderheiten des Eigenkapitalausweises).

KIRSCH, HANNO, Die Eigenkapitalveränderungsrechnung im IFRS-Abschluss, in: StuB 2004, S. 1001–1009 (Eigenkapitalveränderungsrechnung 2004).

KIRSCH, HANNO, Erstellung der Eigenkapitalveränderungsrechnung und der Gesamtergebnisrechnung nach IFRS, in: KoR 2005, S. 528–534 (Eigenkapitalveränderungsrechnung 2005).

KIRSCH, HANNO, Die Unternehmensperspektive und die berichterstattende Einheit im Conceptual Framework, in: PiR 2008, S. 253–258 (Unternehmensperspektive).

KNABE, ANDREAS/WALTHER, URSULA, Zur Unterscheidung von Eigenkapital und Fremdkapital – Überlegungen zu alternativen Klassifikationsansätzen der Außenfinanzierung, in: Freiberger Arbeitspapiere, Nr. 8, Freiberg 2005 (Unterscheidung von Eigenkapital und Fremdkapital).

KRAFT, ERNST THOMAS, Die Abgrenzung von Eigen- und Fremdkapital nach IFRS – Darstellung anhand von Beispielen der Eigen- und Fremdkapitalfinanzierung, in: ZGR 2008, S. 324–356 (Abgrenzung).

KÜMPEL, THOMAS/STREICH, DANIEL, Eigenkapital nach International Financial Reporting Standards, in: BB, 2005, S. 71–79 (Eigenkapital).

KÜMPEL, THOMAS/PIEPENBURG, PETER, Ansatz von Finanzinstrumenten nach IAS 32 und IAS 39, Teil I, in: Das Neue Bilanz-Handbuch, Offenburg 2007, S. 1–16 (Ansatz von Finanzinstrumenten).

KÜTING, KARLHEINZ, Die mehrdimensionale Problemausweitung der IFRS-Bilanzierung – Perspektiven der Rechnungslegung, in: Der Schweizer Treuhänder, 2007, S. 220–238 (Mehrdimensionale Problemausweitung).

KÜTING, KARLHEINZ/KESSLER, HARALD, Eigenkapitalähnliche Mittel in der Handelsbilanz und im Überschuldungsstatus, in: BB 1994, S. 2103–2114 (Eigenkapitalähnliche Mittel).

KÜTING, KARLHEINZ/ DÜRR, ULRIKE, Mezzanine-Kapital – Finanzierungsentscheidung im Sog der Rechnungslegung, in: DB 2005, S. 1529–1535 (Mezzanine-Kapital).

KÜTING, KARLHEINZ/ DÜRR, ULRIKE, „Genüsse" in der Rechnungslegung nach HGB und IFRS sowie Implikationen im Kontext von Basel II, in: DStR 2005, S. 938–944 (Genüsse).

KÜTING, KARLHEINZ/ GATTUNG, ANDREAS, Der Principle Override nach IFRS – vom Mythos einer fairen Rechnungslegung (A)/ (B), in: PiR 2006, S. 33–37 (A), PiR 2006, S. 49–54 (B) (Principle Override nach IFRS).

KÜTING, KARLHEINZ/ WIRTH, JOHANNES/ DÜRR, ULRIKE, Personenhandelsgesellschaft durch IAS 32 (rev. 2003) vor der Schuldenfalle?, in: WPg 2006, S. 69–79 (Personenhandelsgesellschaft vor der Schuldenfalle).

KÜTING, KARLHEINZ/ WIRTH, JOHANNES/ DÜRR, ULRIKE, Standardkonforme Anwendung von IAS 32 (rev. 2003) im Kontext der konzernbilanziellen Rechnungslegung von Personenhandelsgesellschaft, in: WPg 2006, S. 345–355 (Standardkonforme Anwendung von IAS 32).

KÜTING, KARLHEINZ/ ERDMANN, MARK-KEN/ DÜRR, ULRIKE, Ausprägungsformen von Mezzanine-Kapital in der Rechnungslegung nach IFRS (Teil I), in: DB 2008, S. 941–948 (Mezzanine-Kapital).

KÜTING, KARLHEINZ/ ERDMANN, MARK-KEN/ DÜRR, ULRIKE, Ausprägungsformen von Mezzanine-Kapital in der Rechnungslegung nach IFRS (Teil II), in: DB 2008, S. 997–1002 (Mezzanine-Kapital).

KÜTING, KARLHEINZ/ REUTER, MICHAEL, Abbildung von eigenen Anteilen nach dem Entwurf des BilMoG – Auswirkungen in der Bilanzierungs- und Bilanzanalysepraxis, in: BB 2008, S. 658–662 (Abbildung).

KÜTING, KARLHEINZ/ REUTER, MICHAEL, Erfolgswirksame versus erfolgsneutrale Eigenkapitalkomponenten im IFRS-Abschluss – Gewöhnungsbedürftiger Gewinnausweis für deutsche Bilanzierer und Abschlussleser, in: PiR 2009, S. 44–49 (Eigenkapitalkomponenten).

LANGE, JENS, Rückstellungen für Stock Options in Handels- und Steuerbilanz, in: StuW 2001, S. 137–149 (Rückstellungen für Stock Options).

LANGE, JENS, Bilanzierung von Stock Options – Kritische Anmerkungen zu ausgewählten Aspekten von E-DRS 11, in: WPg 2002, S. 354–370 (Stock Options).

LEUNER, ROLF/ LEHMEIER, OLIVER, Renaissance von Stock Option Programmen – Eine vergleichende Analyse der Ausgestaltung von neu aufgelegten Stock Option Programmen der Jahre von 2004–2006, in: Der Finanzbetrieb 2007, S. 364–371 9 Stock Option).

LEUSCHNER, CARL-FRIEDRICH/ WELLER, HEINO, Qualifizierung rückzahlbarer Kapitaltitel nach IAS 32 – ein Informationsgewinn?, in: WPg 2005, S. 261–269 (Qualifizierung).

LÖW, EDGAR/ ANTONAKOPOULOS, NADINE, Die Bilanzierung ausgewählter Gesellschaftsanteile nach IFRS unter Berücksichtigung der Neuregelungen nach IAS 32 (rev. 2008), in: KoR 2008, S. 261–271 (Die Bilanzierung ausgewählter Gesellschaftsanteile).

LÜDENBACH, NORBERT/ HOFFMANN, WOLF-DIETER, Kein Eigenkapital in der IAS/ IFRS-Bilanz von Personengesellschaften und Genossenschaften?, in: BB 2004, S. 1042–1047 (Kein Eigenkapital in der IAS/ IFRS-Bilanz).

LÜDENBACH, NORBERT/FREIBERG, JENS, BB-IFRS-Report 2010, in: BB 2010, S. 3139–3144 (Weiterentwicklung).

LÜHN, MICHAEL, Ausweis von Genussrechten auf der Passivseite der IFRS-Bilanz, in: WPg 2006, S. 1529–1539 (Genussrechte).

MECKLING, WILLIAM H./JENSEN, MICHAEL C., Theory of the Firm: Managerial Behaviour, Agency Costs and Ownership Structure, in: Journal of Economics 1976, S. 305–360 (Theory of the Firm).

MENTZ, ALEXANDER, Eigenkapitalausweis nach ED IAS 32 und der Abfindungsanspruch des Gesellschafters einer Personenhandelsgesellschaft, in: DStR 2007, S. 453–460 (Eigenkapitalausweis nach ED IAS 32).

MILLER, MERTON H., The Modigliani-Miller Proposition after Thirty Years, in: Journal of Economic Perspectives 1988, S. 99–120 (Modigliani-Miller Proposition).

MODIGLIANI, FRANCO/MILLER, MERTON H., The Cost of Capital, Corporate Finance and the Theory of Investment, in: American Economic Review 1958, S. 261–297 (Cost of Capital).

MÜLLER, STEFAN/WELLER, NIELS/REINKE, JENS, Entwicklungstendenzen in der Eigenkapitalabgrenzung, in: DB 2008, S. 1109–1115 (Entwicklungstendenzen).

PAWELZIK, KAI UDO, Kommen Personengesellschaften durch den „ownership approach“ nach IFRS wieder zu Eigenkapital?, in: KoR 2006, S. 153–159 (Personengesellschaften).

PAWELZIK, KAI UDO, Eigenkapital bei Personengesellschaften nach IAS/IFRS, in: BBK 2005, S. 1137–1146 (Eigenkapital).

PENMAN, STEPHEN H., The Quality of Financial Statments: Perspectives from the Recent Stock Market Bubble, in: Accounting Horizons 2003, S. 77–96 (Quality of Financial Statements).

PELGER, CHRISTOPH, Entscheidungsnützlichkeit in neuem Gewand: Der Exposure Draft zur Phase A des Conceptual Framework-Projekts, in: KoR 2009, S. 156–163 (Exposure Draft).

PRINZ, ULRICH, Eigenkapitalvernichtende Konsequenzen freiwilliger IAS/IFRS, in: FR 2006, S. 566–572 (Eigenkapitalvernichtende Konsequenzen freiwilliger IAS/IFRS).

RAMMERT, STEFAN/MEURER, HOLGER, Geplante Änderungen in der Eigenkapitalabgrenzung nach IAS 32 – eine Erleichterung für deutsche Unternehmen?, in: PiR 2006, S. 1–6 (Geplante Änderungen).

RATHGEBER, ANDREAS, Eigen- und Fremdkapital als Derivate, in: WiST 2006, S. 133–140 (Eigen- und Fremdkapital).

ROSENFIELD, PAUL, The Focus of Attention in Financial Reporting, in: Abacus 2005, S. 1–20 (Focus of Attention).

RÜCKLE, DIETER, Das Eigenkapital der Personengesellschaften – Aktuelle Bilanzierungsprobleme nach IFRS und Ausblick, in: IRZ 2008, S. 227–233 (Eigenkapital der Personengesellschaften).

SCHABER, MATHIAS/ISERT, DIETMAR, Zur Abgrenzung von Eigenkapital und Fremdkapital nach IAS 32 (rev. 2003) – Teil I, in: KoR 2005, S. 299–310, – Teil II, in: KoR 2005, S. 357–364 (Abgrenzung).

SCHABER, MATHIAS/ ISERT, DIETMAR, Bilanzierung von Wandelanleihen nach IFRS, in: BB 2005, S. 2287–2292 (Wandelanleihen).

SCHABER, MATHIAS/ ISERT, DIETMAR, Bilanzierung von Hybridanleihen und Genussrechten nach IFRS, in: BB 2006, S. 2401–2407 (Hybridanleihen und Genussrechte).

SCHERTZINGER, ANDREAS/ SEIDENSTICKER, THORSTEN/ STOCK, REMMERT, Leben: Wie mit Eigenkapital-Management der Kapitalbedarf sinkt – Sicherheit nach Mass, in: Versicherungswirtschaft 2008, S. 1006–1010 (Eigenkapital-Management).

SCHILDBACH, THOMAS, Das Eigenkapital deutscher Unternehmen im Jahresabschluß nach IFRS – Analyse eines Problems, in: BFuP 2006, S. 325–341 (Das Eigenkapital deutscher Unternehmen nach IFRS).

SCHMIDBAUER, RAINER, Die Bilanzierung eigener Aktien im internationalen Vergleich, in: DStR 2002, S. 187–192 (Die Bilanzierung eigener Aktien).

SCHMIDT, MARTIN, Eigenkapital nach IAS 32 bei Personengesellschaften: aktueller IASB-Vorschlag und Aktivitäten anderer Standardsetzer, in: BB 2006, S. 1563–1566 (Eigenkapital nach IAS 32 bei Personengesellschaften).

SCHMIDT, MARTIN, Eigenkapital nach IAS 32, in: DSWR 2006, S. 198–201 (Eigenkapital nach IAS 32).

SCHMIDT, MARTIN, Die drei Ansätze des FASB zur Abgrenzung zwischen Eigen- und Fremdkapitalinstrumenten, in: IRZ 2008, S. 235–243 (Ansätze des FASB zur Abgrenzung).

SCHMIDT, MARTIN, IAS 32 (rev. 2008): Ergebnis- statt Prinzipienorientierung, in: BB 2008, S. 434–439 (Ergebnis- statt Prinzipienorientierung).

SCHNEIDER, DIETER, Bilanzrechtssprechung und wirtschaftliche Betrachtungsweise, in: BB 1980, S. 1225–1232 (Bilanzrechtssprechung).

SCHNEIDER, DIETER, Kapitalmarkteffizienz durch Jahresabschlussreformen?, in: Schriften des Verbandes öffentlicher Banken 1981, S. 5–42 (Kapitalmarkteffizienz).

SCHNEIDER, DIETER, Rechtsfindung durch Deduktion von Grundsätzen ordnungsmäßiger Buchführung aus gesetzlichen Jahresabschlusszwecken?, in: StuW 1983, S. 141–160 (Deduktion).

SCHNEIDER, DIETER, „Angemessen haftendes Eigenkapital" für Euronotes-Fazilitäten, in: Die Bank 1986, S. 560–568 (Haftendes Eigenkapital).

SCHNEIDER, DIETER, Lücken bei der Begründung einer Eigenkapitallücke, in: DB 1986, S. 2293–2298 (Eigenkapitallücke).

SCHNEIDER, DIETER, Messung des Eigenkapitals als Risikokapital, in: DB 1987, S. 185–191 (Messung Eigenkapital).

SCHNEIDER, DIETER, Erste Schritte zu einer Theorie der Bilanzanalyse, in: WPg 1989, S. 633–642 (Bilanzanalyse).

SCHNEIDER, DIETER, Theorie der Unternehmung und Theorie der Rechnungslegung, in: BFuP 1996, S. 471–502 (Theorien).

SCHUBERT, DANIELA, Die Einlage in Personenhandelsgesellschaften nach HGB-Bilanzrecht und IAS 32 (2003) – Eigen- oder Fremdkapital?, in: WM 2006, S. 1033–1040 (Einlage in Personenhandelsgesellschaften).

SCHUBERT, DANIELA, Eigenkapitalabgrenzung bei Personenhandelsgesellschaften mit besonderer Analyse von Liquidationsverpflichtungen nach (ED) IAS 32, in: PiR 2006, S. 251–256 (Eigenkapitalabgrenzung bei Personenhandelsgesellschaften).

SCHULTE-MATTLER, HERMANN/ GAUMERT, UWE, Finanzwirtschaftliche Betrachtung der Eigen- und Fremdkapitalunterscheidung, in: Die Bank, 2007, S. 93–110 (Eigen- und Fremdkapitalunterscheidung).

SCHULZE-OSTERLOH, JOACHIM, Rangrücktritt, Besserungsschein, eigenkapitalersetzende Darlehen – Voraussetzungen, Rechtsfolgen, Bilanzierung, in: WPg 1996, S. 97–106 (Rangrücktritt).

SIEGEL, THEODOR/ BAREIS, PETER, RÜCKLE, DIETER/ SCHNEIDER, DIETER/ SIGLOCH, JOCHEN/ STREIMS, HANNES/ WAGNER, FRANZ, Stille Reserven und aktienrechtliche Informationspflichten, in: Zeitschrift für Wirtschaftsrecht 1999, S. 2077–2085 (Stille Reserven).

SIEKER, SUSANNE, Die Personengesellschaft ohne Eigenkapital – ein juristischer Scherz?, in: ZIP 2007, S. 849–861 (Personengesellschaft).

SIGLOCH, JOCHEN/ EGNER, THOMAS, Bilanzierung von Aktienoptionen und ähnlichen Entlohnungsformen, in: BB 2000, S. 1878–1883 (Aktienoptionen).

SPANIER, GÜNTER/ WELLER, HEINO, Was unterscheidet Sichteinlagen von rückzahlbarem Eigenkapital in der Bankbilanz?, in: BB 2004, S. 2235–2237.

STARBATTY, NIKOLAUS, Exposure Draft Accounting for Financial Instruments with Characteristics of Liability, Equity, or Both – Bilanzierung von Wandelanleihen, in: KoR 2002, S. 183–190.

STEINER, M./ SCHIFFEL, S., Bilanzielle Kapitalabgrenzung von Eigen- und Fremdkapital: Stellungnahme zum Beitrag von Jochen Bigus „Zur bilanziellen Abgrenzung von Eigen- und Fremdkapital“, in: DBW 2007, S. 7–21 (Bilanzielle Kapitalabgrenzung).

THIEL, JOCHEN, Bilanzielle und steuerrechtliche Behandlung eigener Aktien nach der Neuregelung des Aktienerwerbs durch das KonTraG, in: DB 1998, S. 1583–1586 (Bilanzielle und steuerrechtliche Behandlung eigener Aktien).

TITMAN, SHERIDAN, The Modigliani-Miller Theorem and the Integration of Financial Markets, in: Financial Management 2002, S. 101–115 (Modigliani-Miller Theorem).

WAGNER, FRANZ W., Shareholder Value: Eine neue Runde im Konflikt zwischen Kapitalmarkt und Unternehmnensinteresse, in: BFuP 1997, S. 473–498 (Shareholder Value).

WEIDENHAMMER, SIMON, Vorgeschlagene Änderungen von IAS 32 –Personenhandelsgesellschaften im Windschatten der IFRS-Rechnungslegung, in: PiR 2006, S. 155–161 (Änderungen von IAS 32).

WEIDENHAMMER, SIMON, Die Bilanzierung von Beteiligungen und einfachen Anteilen an Personenhandelsgesellschaften im IRFS-Einzelabschluss, in: PiR 2006, S. 228–232 (Personenhandelsgesellschaften im IRFS-Einzelabschluss)

WEIDENHAMMER, SIMON, Ein neuer Vorschlag zur Kapitalabgrenzung – Das Diskussionspapier von DRS und EFRAG, in: PiR 2007, S. 191–197 (Neuer Vorschlag zur Kapitalabgrenzung).

WEITNAUER, WOLFGANG, Die Wandlung von Mezzanine in Eigenkapital, in: ZIP 2007, S. 1932–1936 (Mezzanine).

WHITTINGTON, GEOFFREY, Fair Value and the IASB/FASB Conceptual Framework Project: An Alternative View, in: Abacus 2008, S. 139–168 (Conceptual Framework Project).

WINKELJOHANN, NORBERT, Eigenkapital nach IFRS/Änderung zu IAS 32 Finanzierungsinstrumente: Darstellung und Interpretationsansätze vor dem Hintergund der Ausgestaltung von Gesellschaftsverträgen, in: DB 2009, S. 45–47 (Eigenkapital nach IFRS/Änderung).

WILLIAMSON, OLIVER E., The Vertical Integration of Production: Market Failure Considerations, in: American Economic Review 1971, S. 112–123 (Vertical Integration).

WILLIAMSON, OLIVER E., Corporate Finance and Corporate Governance, in: Journal of Finance 1988, S. 567–591 (Corporate Governance).

ZEITLER, FRANZ-CHRISTOPH, Regulierung und Aufsicht der Banken: Lehren aus der Krise, in: ifo Schnelldienst 2010, S. 3–6 (Regulierung und Aufsicht).

ZÜLCH, HENNING/ERDMANN, MARK-KEN/CLARK, JOYCE, Abgrenzung von Eigenkapital und Fremdkapital nach HGB und IFRS. Darstellung und Würdigung aktueller Entwicklungen unter besonderer Berücksichtigung des ED IAS 32, in: IRZ 2006, S. 227–232 (Abgrenzung nach HGB und IFRS).

ZÜLCH, HENNING/NELLESSEN, THOMAS, Die Überarbeitung der Rahmenkonzepte von IASB und FASB: aktueller Stand des Conceptual Framework-Project, in: PiR 2008, S. 270–273 (Überarbeitung der Rahmenkonzepte).

Verzeichnis der deutschen Rechtsquellen

Aktiengesetz (AktG) vom 06.09.1965, BGBl. I 1965, S. 1089–1184, zuletzt geändert durch Gesetz vom 25.05.2009, BGBl. I 2009, S. 1102–1137.

Einführungsgesetz zum Handelsgesetzbuch (EGHGB) vom 10.05.1897, RGBl. 1897, S. 437, zuletzt geändert durch Gesetz vom 25.05.2009, BGBl. I 2009, S. 1102–1137.

Gesetz zur Durchführung der Vierten, Siebenten und Achten Richtlinie des Rates der Europäischen Gemeinschaften zur Koordinierung des Gesellschaftsrechts (Bilanzrichtlinien-Gesetz – BiRiLiG) vom 19.12.1985, BGBl. I 1985, S. 2355–2433.

Gesetz zur Einführung internationaler Rechnungslegungsstandards und zur Sicherung der Qualität der Abschlussprüfung (Bilanzrechtsreformgesetz – BilReG) vom 4.12.2004, BGBl. I 2004, S. 3166–3182.

Gesetz zur Modernisierung des Bilanzrechts (Bilanzrechtsmodernisierungsgesetz – BilMoG) vom 25.05.2009, BGBl. I 2009, S. 1102–1137.

Gesetz zur Umsetzung der Richtlinie 2004/109/EG des Europäischen Parlaments und des Rates vom 15. Dezember 2004 zur Harmonisierung der Transparenzanforderungen in Bezug auf Informationen über Emittenten, deren Wertpapiere zum Handel auf einem geregelten Markt zugelassen sind, und zur Änderung der Richtlinie 2001/34/EG (Transparenzrichtlinie-Umsetzungsgesetz – TUG) vom 5.1.2007, BGBl. I 2007, S. 10–32.

Handelsgesetzbuch (HGB-BilMoG) vom 10.05.1897, RGBl. 1897, S. 219–436, geändert durch Gesetz vom 25.05.2009, BGBl. I 2009, S. 1102–1137.

Insolvenzordnung vom 5.10.1995, BGBl. I 1995, S. 2866, zuletzt geändert durch Gesetz vom 29.7.2009, BGBl. I 2009, S. 2355.

Wertpapiererwerbs- und Übernahmegesetz vom 20.12.2001, BGBl. I 2001, S. 3822, zuletzt geändert durch Gesetz vom 30.7.2009, BGBl. I 2009, S. 2479

Wertpapierhandelsgesetz vom 09.09.1998, BGBl. I 1998, S. 2708–2725, zuletzt geändert durch Gesetz vom 25.05.2009, BGBl. I 2009, S. 1102–1137.

Verzeichnis der Veröffentlichungen privater Standardsetzer und Regulierer

Basel Committee on Banking Supervision

BASEL COMMITTEE ON BANKING SUPERVISION (Hrsg.), Consultative Document: Strengthening the resilience of the banking sector, Dezember 2009, veröffentlicht im Internet unter: www.bis.org (Konsultationspapier: Basel III).

Committee of European Banking Supervisors (CEBS)

CEBS (Hrsg.), Implementation Guidelines for Hybrid Capital Instruments, December 2009 (Leitlinie: Hybrid Capital).

CEBS (Hrsg.), Consultation Paper on Implementation Guidelines regarding Instruments referred to in Article 57(a) of Directive 2006/48/EC recast, December 2009 veröffentlicht im Internet unter: www.c-ebs.org (Konsultationspapier: Hybrid Capital).

European Financial Reporting Advisory Group (EFRAG)

EFRAG (Hrsg.), Discussion Paper: Distinguishing between Liabilities and Equity, January 2008 veröffentlicht im Internet unter: www.efrag.org (DP Liabilities Equity).

Financial Accounting Standards Board (FASB)

FASB (Hrsg.), Milestone Draft-Proposed Classification for Single-Component Financial Instruments and Certain Other Instruments, Juli 2005, veröffentlicht im Internet unter: www.fasb.org (Milestone Draft-Proposed).

FASB (Hrsg.), Summary Principles for the Ownership Approach, April 2006, veröffentlicht im Internet unter: www.fasb.org (Ownership Approach).

FASB (Hrsg.), Preliminary Views, Financial Instruments with Characteristics of Equity, November 2007, veröffentlicht im Internet unter: www.fasb.org (PV Financial Instruments).

Institut der Wirtschaftsprüfer in Deutschland e. V. (IDW)

IDW (Hrsg.), Entwurf einer Verlautbarung Zur Bilanzierung von Genussrechten, in: WPg 1993, S. 446–451.

IDW (Hrsg.), Stellungnahme HFA 1/1994: Zur Behandlung von Genussrechten im Jahresabschluss von Kapitalgesellschaften, in: WPg 1994, S. 419–423.

IDW (Hrsg.), Ergänzung zur Stellungnahme HFA 1/1994: Zur Behandlung von Genussrechten im Jahresabschluss von Kapitalgesellschaften, in: WPg 1998, S. 891.

IDW (Hrsg.), Stellungnahme: Exposure Draft of Proposed Amendments to IAS 32 „Financial Instruments: Disclosure and Presentation“ – Liabilities and Equity, WPg 2004, S. 86–87.

IDW (Hrsg.), Entwurf einer Fortsetzung der IDW Stellungnahme zur Rechnungslegung: Einzelfragen zur Bilanzierung von Finanzinstrumenten nach IFRS (IDW ERS HFA 9 n.F.) Abgrenzung von Eigenkapital und Fremdkapital nach IAS 32, FN 2005, in: WPg 2005, S. 670–676.

IDW (Hrsg.), Stellungnahme: Discussion Paper – Preliminary Views on an Improved Conceptual Framework for Financial Reporting, Oktober 2006, veröffentlicht im Internet unter: www.iasb.org.

IDW (Hrsg.), Stellungnahme: Zur Rechnungslegung bei Finanzinstrumenten (IDW RS HFA 9), in: WPg 2006, S. 537–574.

IDW (Hrsg.), Stellungnahme zur Rechnungslegung: Einzelfragen zur Bilanzierung von Finanzinstrumenten nach IFRS (IDW RS HFA 9), in: WPg 2007, S. 83–84.

IDW (Hrsg.), Stellungnahme IASB ED 32, in: WPg 2006, S. 1478–1481.

International Accounting Standards Boards (IASB)

IASB (Hrsg.), Discussion Paper, Financial Instruments with Characteristics of Equity, Invitation to Comment, Februar 2008, veröffentlicht im Internet unter: www.iasb.org (DP Financial Instruments).

IASB (FASB) (Hrsg.), Exposure Draft: An improved Conceptual Framework for Financial Reporting. Chapter 1: The Objective of Financial Reporting. Chapter 2: Qualitative Characteristics and Constraints of Decision-useful Financial Reporting Information, May 2008, veröffentlicht im Internet unter: www.iasb.org (ED Conceptual Framework C1 and C2).

IASB (FASB) (Hrsg.), Discussion Paper: Prelimiary Views on an improved Conceptual Framework for Financial Reporting. The Reporting Entity, May 2008, veröffentlicht im Internet unter: www.iasb.org (DP Conceptual Framework).

IASB (FASB) (Hrsg.), Exposure Draft: An improved Conceptual Framework for Financial Reporting: The Reporting Entity, March 2010, veröffentlicht im Internet unter: www.iasb.org (ED Conceptual Framework Reporting Entity).

IASB (Hrsg.), Staff Paper: Financial Instruments with Characteristics of Equity, July 2010, veröffentlicht im Internet unter: www.iasb.org (SP Financial Instruments with Characteristics of Equity).

IASB (Hrsg.), Conceptual Framework for Financial Reporting 2010, September 2010 (Framework Revision Paper).

Über die Verfasserin

Geburtstag und -ort:	5. März 1978, Erfurt
Staatsangehörigkeit:	Deutsch
Abitur:	1997, Erfurt
Studium:	1997-2002, Bayerische Julius-Maximilians-Universität, Würzburg, Dipl.-Kffr. Univ.

Rechnungslegung und Wirtschaftsprüfung

Herausgegeben von Prof. (em.) Dr. Dr. h. c. Jörg Baetge, Münster, Prof. Dr. Hans-Jürgen Kirsch, Münster, und Prof. Dr. Stefan Thiele, Wuppertal

Band 30
Tim Hoffmann
Unternehmerische Nachhaltigkeitsberichterstattung – Eine Analyse des GRI G3.1-Berichtsrahmens
Lohmar – Köln 2011 • 292 S. • € 59,- (D) • ISBN 978-3-8441-0057-0

Band 31
Daniel Siegel
Die Bilanzierung latenter Steuern im handelsrechtlichen Jahresabschluss nach § 274 HGB
Lohmar – Köln 2011 • 300 S. • € 59,- (D) • ISBN 978-3-8441-0058-7

Band 32
Martin Jonas
Die Bildung von Bewertungseinheiten im handelsrechtlichen Jahresabschluss – Eine auslegende Untersuchung des § 254 HGB zur Bilanzierung von Sicherungszusammenhängen bei Industrie- und Handelsunternehmen
Lohmar – Köln 2011 • 288 S. • € 58,- (D) • ISBN 978-3-8441-0090-7

Band 33
Jan-Hendrik Gnändiger
Abbildungsmöglichkeiten komplexer Lieferantenbeziehungen der Automobilindustrie in der Rechnungslegung nach HGB und IFRS
Lohmar – Köln 2011 • 400 S. • € 66,- (D) • ISBN 978-3-8441-0101-0

Band 34
Jana Hecker
Kapitalausweis nach IFRS unter besonderer Berücksichtigung von Residualkapitalderivaten
Lohmar – Köln 2011 • 240 S. • € 56,- (D) • ISBN 978-3-8441-0115-7

JOSEF EUL VERLAG